이산수학

Discrete Mathematics

조민형 저

북스힐

머리말

이 교재는 "이산수학"이라는 과목명이 생소하여 "응용수학"이라는 과목명으로 금오공과대학교 응용수학과에서 개설되었을 때부터 시작하여, 그동안 강의하였던 강의노트와 교재를 참고로 수년간 첨가하는 방식으로 구성하였다.

학부 3학년 학생들을 대상으로 작성을 하여 선형대수와 미분방정식을 이미 학습한 학생들에게 도움이 되도록 하였지만 현재는 학부 2학년 학생들을 대상으로 수업을 하기 때문에 그들에게도 이해할 수 있도록 노력하였다. 시중에 나와 있는 많은 도서가 컴퓨터를 전공하는 학생들에게 적합하도록 구성이 되어, 수학 관련 학과 학생들이 학습하기에는 내용이 깊지 않아서 고민을 하게 되었다. 그러나 수학과 그 관련 학과에서는 수업의 대부분을 증명에 쏟는 낭비를 줄이도록 간략증명을 많이 도입하였다. 이산수학이나 그래프에서 다루어야 할 내용들이 자료구조와 네트워크, 수치해석, 선형계획법과 게임이론과 중복되는 부분이 많이 나타나서, 많은 중복 부분은 자료구조와 OR로 내용을 돌리고, 이 교재에서는 가급적 본문을 이해하고 문제풀이를 통하여 지식을 올리도록 하는 데 목표를 두었다.

저자에게 그래프 이론을 처음 접할 기회를 주신 미국 뉴멕시코 주립대학의 "현대 그래프 이론의 아버지"인 Frank Harary 교수(1921~2005)와 미국 엘파소에 있는 텍사스 대학(UTEP) 수학과의 Art Duval 교수에게 많은 도움을 받고 이 교재가 뼈대를 이루어 나가게 된 것을 감사드린다. 증명을 간단히 하여 전체적인 내용을 재미있게 수업을 하셨던 Harary 교수와 수업시간에 학생들에게 일일이 따지도록 하여 학생 스스로 이해할 수 있도록 강의하시는 Duval 교수의 수업방식에 많은 도움을 받았다.

그 이외에 한글용어와 설명을 위해 참고서적에 나타난 자료들도 많이 도움이 되었다. 그러나 본인의 부족함으로 아직도 많은 수정과 개선이 필요하다고 생각한다.

이 교재가 출판되도록 많은 힘을 써 주신 북스힐출판사 조승식 사장님과 편집부 직원 여러분의 노고와 교정을 보아준 학부학생 김슬기 양에게도 감사를 드린다. 그리고 앞으로도 수업을 하면서 미비한 점을 고쳐나갈 수 있기를 기대하고, 많은 지적을 바란다.

2014년 2월 경북 구미에서 조민형

"본 연구는 금오공과대학교교수연구년제에 의하여 연구된 실적물"임

차 례

PART 01

조합론

1장 기초지식

1.1 비둘기집 원리(pigeonhole principle)

비둘기집 원리는 독일 수학자인 디리클레(Dirichlet, 1805~1859)가 공식화하였기 때문에 Dirichletscher Schubfachschluss(디리클레의 서랍의 원리, Dirichlet drawer principle)라고도 한다. 또는 신발상자 원리(shoebox principle) 등의 다른 이름으로도 불리기도 한다.

정리 1 비둘기집 원리

$n+1$마리의 비둘기가 n개의 집에 들어갈 때, 적어도 어느 집에는 2마리 이상의 비둘기가 들어가게 된다.

이 정리 1의 증명은 귀류법을 이용한다. 여기서 2마리 이상의 비둘기가 들어간 집의 존재성만 확신하지, 어느 집에 비둘기가 2마리 이상 들어갔는가에 대한 정보는 알 수 없다.

예제 1

길이가 2인 정사각형 안에 임의로 5개의 점을 잡으면, 어느 두 점 사이의 거리가 $\sqrt{2}$보다 작은 두 점이 반드시 존재한다.

풀이 길이가 2인 정사각형을 길이가 1인 4개의 작은 정사각형으로 나누면, 비둘기 5마리를 4개의 비둘기집에 들여보내는 것과 같다. 따라서 어느 작은 정사각형 안에는 2개의 점이 들어가게 되고, 길이가 1인 정사각형 안에서 최대 거리는 대각선으로 $\sqrt{2}$ 이므로 위 사실이 성립하게 된다. ▩

예제 2

1부터 100까지 하나씩 적힌 100장의 카드가 있다. 이 중에 51장을 뽑으면 서로 배수관계가 되는 카드가 적어도 한 쌍이 뽑힐 수 있음을 보여라. 이것은 일반적으로 1부터 $2n$까지 카드에서 $n+1$ 카드를 뽑을 경우에도 성립함을 보일 수 있다.

풀이 뽑은 51장의 카드를 각각 $a_1, a_2, \cdots, a_{51}$이라 하자. 그리고 정수 a_i를 $a_i = 2^{k_i} b_i$로 나타낼 수 있다고 하자. 여기서 $i = 1, 2, \cdots, 51$이고 $k_i \geq 0$인 정수이며, b_i를 홀수라 하자. 100보다 작은 홀수는 50개이며, b_i는 51개이므로 비둘기집 원리에 의하여 서로 배수관계가 되는 한 쌍의 카드가 있게 된다. ▩

예제 3

$(kn)!$은 $(n!)^k$을 나눌 수 있음을 보여라.

풀이 같은 색의 구슬이 n개씩 있는데, 이런 구슬들이 k개씩 있다고 생각하자. 다항계수(23쪽 참조)를 참고하여 생각하여라. ▩

예제 4

이 세상에서 가장 많은 머리카락을 가진 사람의 머리카락의 개수가 k개라고 하자. 그러면 비둘기집 원리에 의해 $k+2$명이 있는 모임에서는 같은 머리카락의 개수를 가진 사람이 존재한다. 이때 머리카락이 하나도 없는 대머리가 있을 수 있으므로 $k+1$명이 아니고 $k+2$명이 되어야 함에 주의한다. ▩

예제 5

어떤 연수회에서는 7일 동안에 매일 시간단위로 전체 29시간을 학습하였다고 한다. 이 연수회에서는 하루에 평균 4시간 학습하였고 어떤 날은 적어도 5시간 학습한 셈이 된다. 그러면 어떤 연속된 2일 동안에 적어도 8시간을 학습하였음을 보여라.

풀이 k_i를 i일에 학습한 시간이라 하고 임의의 이틀 동안에 많아야 7시간 학습하였다면

$$k_1 + k_2 \leq 7,\ k_3 + k_4 \leq 7,\ k_5 + k_6 \leq 7,\ k_7 \leq 7$$

이 된다. 이들을 합하면 $k_1 + k_2 + \cdots + k_7 \leq 28$이 되어 $k_1 + k_2 + \cdots + k_7 = 29$인 것에 모순이 된다. ■

정리 2

분모가 n인 분수를 소수로 고치면 순환마디(period)는 많아야 $n-1$이 된다.

정의 1

a와 b가 법(modulo) $m > 0$에 대해 합동이라는 것은 m이 $a-b$를 나눌 경우이다. 이를 기호로 $a \equiv b \pmod{m}$로 나타낸디.

예제 6

임의의 자연수가 적혀 있는 k장의 카드(같은 숫자가 중복되어도 상관없음)에서 적당히 몇 장을 뽑으면 합이 k의 배수가 되도록 할 수 있다.

풀이 k장의 카드에 적힌 수가 $r_1,\ r_2,\ r_3,\ \cdots,\ r_k$라 하자. 그러면 순서대로 더해서 만들어지는 k개의 수

$$r_1,\ r_1 + r_2,\ r_1 + r_2 + r_3,\ \cdots,\ r_1 + r_2 + \cdots + r_k$$

에 대해 $(\mathrm{mod}\, k)$를 구한다. 그러면

(경우 1) 이 중 나머지가 0인 수가 있으면 그 수가 k의 배수가 된다.

(경우 2) 이 중 나머지가 0인 수가 없으면 (비둘기집 원리에 의해) 어느 2개는 같은 나머지(값)를 가지게 된다. 이 두 수를 $r_1 + \cdots + r_s$와 $r_1 + \cdots + r_t$라고 하면, $(s < t)$, 이 두수의 차

$$(r_1 + \cdots + r_t) - (r_1 + \cdots + r_s) = r_{s+1} + \cdots + r_t$$

가 k의 배수가 된다. ■

위 예제 6에서 예를 들어 5장의 카드가 3, 3, 3, 4, 4일 경우를 생각하자. 이 경우는 $3 = 3 \pmod 5$, $3+3 = 6 \equiv 1 \pmod 5$, $3+3+3 = 9 \equiv 4 \pmod 5$, $3+3+3+4 = 13 \equiv 3 \pmod 5$, $3+3+3+4+4 = 17 \equiv 2 \pmod 5$이다. 이 중 나머지가 같은 것은 3과 $3+3+3+4$로 $(3+3+3+4) - 3 = 3+3+4$로 이 3장을 뽑으면 합이 5의 배수가 되도록 할 수 있다.

예제 7

1, 11, 111, 1111,…로 이루어진 수열 중에는 2013으로 나누어지는 수가 (적어도 하나) 존재함을 보여라.

풀이 1부터 1이 연속하여 2014개로 이루어진 2014개의 수를 생각하자. 이 수를 2013으로 나누면 어느 두 나머지는 같은 것이 있게 된다. 이 나머지가 같은 두 수 중에 큰 수에서 작은 수를 빼면 111 ⋯ 111000 ⋯ 000이 된다. 그런데 2013은 2 또는 5로 나누어지지 않으므로 10으로도 나눠지지 않는다. 따라서 마지막 수에서 0을 제외한 수 111 ⋯ 111도 2013의 배수가 된다. ■

예제 8

어느 모임에서 원탁에 8명의 손님이 앉을 수 있도록 명찰을 놓았는데, 8명의 손님이 임의로 앉게 되어 좌석을 확인한 결과 어느 누구도 자기 자리에 앉지 않게 되었다. 그 원탁을 $\frac{1}{8}$씩 계속 같은 방향으로 회전시키면 어느 순간에는 적어도 2명이 자기 명찰이 있는 자리에 있게 됨을 보여라.

풀이 원탁을 $\frac{1}{8}$씩 8번 회전시키면 제자리에 돌아오게 되고, 원탁을 돌리기 전에 모두 틀린 자리에 앉았으므로 나머지 7가지에는 적어도 2명의 자리가 맞는 경우가 나타난다. ■

예제 9

한 변의 길이가 1인 정삼각형에 $2n^2+1$개의 점을 찍으면, 그 중 어떤 3개의 점은 반지름의 길이가 $\frac{10}{17n}$인 원 안에 존재하게 됨을 증명하여라.

풀이 다음 그림과 같이 한 변의 길이가 1인 정삼각형에 한 변의 길이가 $\frac{1}{2}$, $\frac{1}{3}$, $\frac{1}{4}$이 되는 작은 정삼각형으로 나누면 그 개수는 2^2, 3^2, 4^2개가 된다.

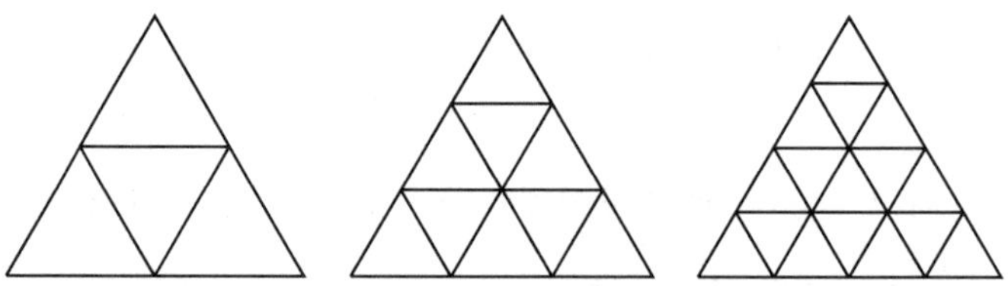

한 변의 길이가 $\frac{1}{n}$이면 n^2개의 작은 정삼각형이 생기고, $2n^2+1$개의 점을 찍으면 어느

작은 정삼각형 안에는 3개의 점이 들어가게 된다. 한 변의 길이가 $\frac{1}{n}$인 작은 정삼각형이면서 원에 내접하는 경우, 외접원의 반지름 r을 구하면

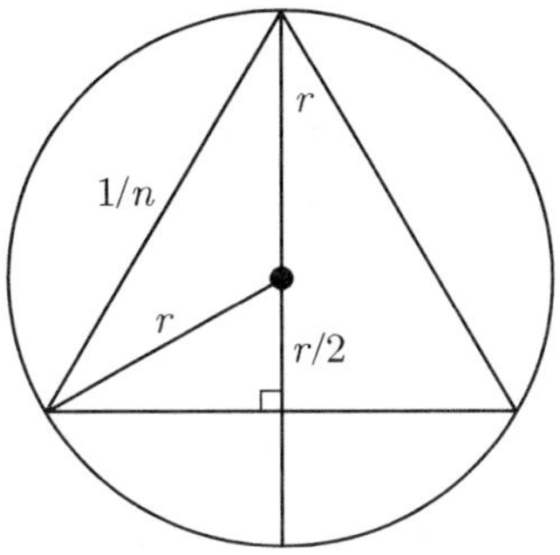

$$\frac{3r}{2} = \frac{\sqrt{3}}{2n} \text{에서 } r = \frac{1}{\sqrt{3}\,n} \le \frac{1}{1.7n} = \frac{10}{17n}.$$ ■

예제 10

어느 고등학교 입시담당교사는 9월 한 달 동안 매일 적어도 1명의 학생과 입시상담을 하려고 한다. 해당 학생 45명을 대상으로 주말이나 공휴일에도 상담을 하려고 할 때, 이 담임교사는 어느 기간 사이에는 14명의 학생을 연속적으로 상담하는 기간이 존재함을 보여라.

풀이 9월 1일부터 9월 k일까지 누적된 상담학생의 수를 c_k라 하면, 매일 적어도 1명을 상담하므로 $1 \le c_1 < c_2 < \cdots < c_{30} = 45$가 된다. 여기에 14를 더한

$$1+14 \le c_1+14 < c_2+14 < \cdots < c_{30}+14 = 45+14$$

즉, $15 \le c_1+14 < c_2+14 < \cdots < c_{30}+14 = 59$

가 된다. 그러면 $c_1, c_2, \cdots, c_{30}, c_1+14, c_2+14, \cdots, c_{30}+14$는 모두 59보다 작은 60개의 자연수가 된다. 따라서 비둘기집 원리에 의해, 이들 수 중에 적어도 2개의 수는 같게 된다. $c_1, c_2, \cdots, c_{30}$는 모두 다른 수이며, $c_1+14, c_2+14, \cdots, c_{30}+14$도 모두 다른 수가 되므로, $c_i = c_j + 14$를 만족하는 i와 j가 반드시 존재하게 된다. 그러므로 $j+1$번째 날부터 i번째 날까지는 정확히 14명의 학생을 상담하는 기간이 된다. ■

예제 11

1부터 126까지 수 중에서, 7개의 서로 다른 자연수를 뽑으면 그 중에서 어떤 두 수 x, y는 $1 < \frac{y}{x} \le 2$를 만족함을 보여라.

풀이 조건에서 7개의 수를 비둘기 7마리로 생각하고 6개의 비둘기집을 구성하여야 한다. 126보다 작거나 같은 자연수를 6개의 그룹으로 나눌 수 있는 방법은 두 수 x, y의 몫의 조건 $1 < \frac{y}{x} \leq 2$이므로,

1부터 시작하여 몫의 조건을 만족하려면 $\{1, 2\}$,

3부터 시작하여 몫의 조건을 만족하려면 $\{3, 4, 5, 6\}$,

7부터 시작하여 몫의 조건을 만족하려면 $\{7, 8, 9, 10, 11, 12, 13, 14\}$,

15부터는 $\{15, 16, 17, \cdots, 30\}$,

31부터는 $\{31, 32, \cdots, 62\}$,

63부터는 $\{63, 64, \cdots, 126\}$

이와 같이 126까지 계속하여 6개의 분할 집합으로 나누면 같은 집합에 속하는 큰 수와 작은 수의 몫은 1보다 크고 2보다 크지 않게 된다. 따라서 7개의 수를 뽑으면 어느 두 수는 같은 분할 집합에 속하게 된다. 이때 그 두 수를 x, y라 하면, 주어진 조건 $1 < \frac{y}{x} \leq 2$를 만족한다. ■

예제 12

여러 사람이 모인 모임에 가면, 모임 전에 이미 아는 사람도 있고 모르는 사람도 있다. 각 개인마다 아는 사람의 수가 다를 것이지만, 모임에는 아는 사람의 수가 같은 두 사람이 반드시 존재함을 보여라. "안다"는 것의 정의는 쌍방이 서로 알고 있다는 것이며, 나는 나 자신을 알지 못하는 것으로 한다.

풀이 모인 사람의 수를 n명이라고 하자. 아는 사람의 숫자는 0에서 자신을 제외해야 하므로 최대 $n-1$명이다. 그런데 아는 사람이 $n-1$명인 경우와 0명인 경우는 동시에 발생하지 않는다. 따라서 아는 사람의 경우는 0에서 $n-2$까지 또는 1에서 $n-1$까지 총 $n-1$가지 경우이고 사람의 수는 n명이므로 비둘기집 원리에 의해 적어도 어느 두 사람은 아는 사람의 수가 같다. ■

1.2 집합의 원소의 개수와 포함배제의 원리

여기서는 집합론에서 학습한 내용 중에 조합론에서 주로 이용할 결과들을 중심으로 살펴보기로 한다.

드모르간의 법칙(De Morgan's law)

A, B를 집합이라고 하자. 그러면

(1) $(A \bigcup B)^C = A^C \bigcap B^C$

(2) $(A \bigcap B)^C = A^C \bigcup B^C$

이 성립한다. 이 결과를 일반화하면 다음과 같다.

A_1, A_2, A_3, $\cdots$, A_n을 집합이라고 하면

(1) $(A_1 \bigcup A_2 \bigcup A_3 \bigcup \cdots \bigcup A_n)^C = A_1^C \bigcap A_2^C \bigcap A_3^C \bigcap \cdots \bigcap A_n^C$

(2) $(A_1 \bigcap A_2 \bigcap A_3 \bigcap \cdots \bigcap A_n)^C = A_1^C \bigcup A_2^C \bigcup A_3^C \bigcup \cdots \bigcup A_n^C$

이 성립한다.

포함배제의 원리(Principle of Inclusion-Exclusion, PIE)

A, B, C, D를 집합이라고 하고, $|A|$를 집합 A의 원소의 개수라 하자. 그러면

(1) $|A \bigcup B| = |A| + |B| - |A \bigcap B|$

(2) $|A \bigcup B \bigcup C| = |A| + |B| + |C|$

$$- |A \bigcap B| - |B \bigcap C| - |C \bigcap A| + |A \bigcap B \bigcap C|$$

(3) $|A \bigcup B \bigcup C \bigcup D|$

$$\begin{aligned} &= |A| + |B| + |C| + |D| \\ &\quad - |A \bigcap B| - |A \bigcap C| - |A \bigcap D| - |B \bigcap C| - |B \bigcap D| - |C \bigcap D| \\ &\quad + |A \bigcap B \bigcap C| + |A \bigcap B \bigcap D| + |A \bigcap C \bigcap D| + |B \bigcap C \bigcap D| \\ &\quad - |A \bigcap B \bigcap C \bigcap D| \end{aligned}$$

이 사실을 일반화하면 다음 결과를 얻을 수 있다.

정리 1 **포함배제의 원리**

U를 논의대상(universe of discourse)이 되는 일정한 집합으로 전체집합이라 하고 ($A_i \subset U$), $|A|$를 집합 A의 원소의 개수라 하자. 그러면

(1) $|A_1{}^c \cap A_2{}^c| = |U| - (|A_1| + |A_2|) + |A_1 \cap A_2|$

(2) $|A_1{}^c \cap A_2{}^c \cap A_3{}^c| = |U| - (|A_1| + |A_2| + |A_3|)$
$+ (|A_1 \cap A_2| + |A_1 \cap A_3| + |A_2 \cap A_3|) - |A_1 \cap A_2 \cap A_3|$

일반적으로

$$\begin{aligned}|A_1{}^c \cap A_2{}^c \cap \cdots \cap A_m{}^c| = |U| - \sum_{i=1}^{m} |A_i| &+ \sum_{1 \le i < j \le m} (|A_i \cap A_j|) \\ &- \sum_{1 \le i < j < k \le m} (|A_i \cap A_j \cap A_k|) + \cdots \\ &+ (-1)^m |A_1 \cap A_2 \cap \cdots \cap A_m|\end{aligned}$$

$$\begin{aligned}|A_1 \cup A_2 \cup \cdots \cup A_m| = \sum_{i=1}^{m} |A_i| &- \sum_{1 \le i < j \le m} (|A_i \cap A_j|) \\ &+ \sum_{1 \le i < j < k \le m} (|A_i \cap A_j \cap A_k|) - \cdots \\ &+ (-1)^{m+1} |A_1 \cap A_2 \cap \cdots \cap A_m|\end{aligned}$$

증명 $|A_1 \cup A_2 \cup \cdots \cup A_m| = |U| - |(A_1 \cup A_2 \cup \cdots \cup A_m)^c|$
$= |U| - |A_1{}^c \cap A_2{}^c \cap \cdots \cap A_m{}^c|$

에서 원하는 결과를 얻을 수 있다.

드모르간의 법칙과 포함배제의 원리에 의해

(1) $|A^c \cap B^c| = |U| - |A \cup B|$
$= |U| - |A| - |B| + |A \cap B|$

(2) $|A^c \cap B^c \cap C^c| = |U| - |A \cup B \cup C|$
$= |U| - |A| - |B| - |C|$
$+ |A \cap B| + |B \cap C| + |C \cap A| - |A \cap B \cap C|$

를 얻을 수 있다.

주의 차집합의 원소의 개수를 구할 때 주의하여야 한다.

$|A - B| = |A| - |A \cap B| = |A \cup B| - |B| \neq |A| - |B|$이다.

예제 1

1부터 100까지 자연수 중에서 2, 3, 5 어느 것으로도 나누어지지 않는 자연수는 몇 개인가?

풀이 $[n]$을 n을 넘지 않는 최대의 정수라고 하자. 그러면 1부터 100까지 자연수 중에서 2의 배수의 개수는 $[\frac{100}{2}] = 50$, 3의 배수의 개수는 $[\frac{100}{3}] = 33$, 5의 배수의 개수는 $[\frac{100}{5}] = 20$, 2와 3의 배수의 개수는 $[\frac{100}{6}] = 16$, 2와 5의 배수의 개수는 $[\frac{100}{10}] = 10$, 3과 5의 배수의 개수는 $[\frac{100}{15}] = 6$, 2와 3과 5의 배수의 개수는 $[\frac{100}{30}] = 3$이므로 포함배제의 원리에 의해

$$100-(50+33+20-16-10-6+3) = 100-74 = 26$$

개가 된다. ■

특히 부분집합의 원소의 개수를 구할 때 다음 정리가 도움이 된다.

정리 2

$|X| = n$이고, A, B, C가 X의 부분집합일 때

(1) $A \subset X$를 만족하는 A의 개수는 2^n이다.

(2) $A \subset B \subset X$를 만족하는 A, B의 개수는 3^n이다.

(3) $A \subset B \subset C \subset X$를 만족하는 A, B, C의 개수는 4^n이다.

(4) $A \cap B = \phi$를 만족하는 A, B의 개수는 3^n이다.

(5) $A \cup B = X$, $A \cap B = \phi$을 만족하는 A, B의 개수는 2^n이다.

증명 (2)만 증명을 하기로 한다. 나머지는 집합의 포함관계를 이용하여 (2)와 같은 방법으로 설명할 수 있다.

(2) $A \subset B \subset X$이므로 임의의 원소는 집합 A 안에 속하거나, 집합 $B-A$ 안에 속하거나, 집합 $X-B$ 안에 속하는 3가지 경우가 있다. n개의 원소 각각에 대해서 이 3가지 집합 중 하나에 속해야 하므로 전체 3^n가지가 있게 된다.

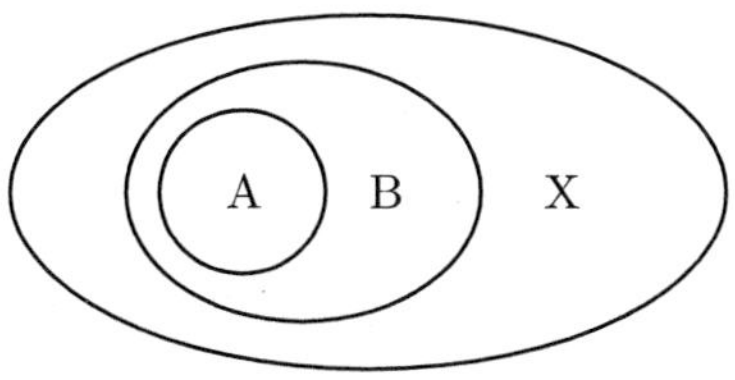

정의 1

함수 $f: X \to Y$에 대해

(1) $f(X) = Y$일 때, f를 전사함수(surjective function)라고 한다.

(2) $x_1 \neq x_2$이면 $f(x_1) \neq f(x_2)$일 때, f를 단사함수(injective function) 또는 일대일 함수(one-to-one function)라고 한다.

(3) f가 전사함수이면서 단사함수일 때, f를 전단사함수(injective function) 또는 일대일 대응(one-to-one correspondence)이라고 한다.

정리 3

집합 X, Y에서 $|X| = m$, $|Y| = n$이고, 함수 $f: X \to Y$에 대해

(1) 함수의 전체의 개수는 n^m이다.

(2) 일대일 함수의 개수는 $n(n-1)(n-2)\cdots(n-m+1)$이다.

(3) $n = m$이면 일대일 대응함수의 개수는 $n!$이다.

(4) $m \geq n$일 때 전사함수의 개수는 $n! \cdot$ (m개를 n개로 조 편성하는 방법의 수)이다.

(5) 증가함수[$a > b$이면 $f(a) \geq f(b)$]의 개수는 $\binom{n+m-1}{m}$이다. 여기서 $\binom{n}{m}$는 n개 중에서 m개를 뽑는 조합(combination)이다.

(6) 단조증가함수[$a > b$이면 $f(a) > f(b)$]의 개수는 $\binom{n}{m}$이다. 단, $n \geq m$.

(7) $n = m$일 때, $f(k) \neq k$인 함수의 개수는 $n! \cdot \left\{\frac{1}{2!} - \frac{1}{3!} + \frac{1}{4!} - \cdots + (-1)^n \frac{1}{n!}\right\}$이다.

예제 2

집합 A는 3개 이상의 원소를 가지며, 집합 B는 3개의 원소를 가질 경우 $f: A \to B$가 전사가 되는 개수를 구하여라.

풀이 $f: A \to B$ 인 함수는 3^n 개다. 이 중 B 의 임의의 하나의 원소에 대응하지 않는 함수는 2^n개이며, 이것은 $\binom{3}{1}$가지가 있다. 따라서 이 개수를 제외하여야 한다. 그런데 여기서 하나의 원소로 대응하는 함수가 중복하여 빠지게 되므로 포함배제의 원리에 의하여 $\binom{3}{2}$가지의 1^n을 포함시켜야 한다. 따라서 전사함수의 개수는 $3^n - \binom{3}{1}2^n + \binom{3}{2}1^n$개가 된다. ■

예제 3

다음 함수는 전사인가? 단사인가? 전단사인가? 단, $n = 0, 1, 2, \cdots$ 이다.

(1) $f(n) = n + (-1)^n$　　(2) $f(n) = n + 1$　　(3) $f(n) = |n - 1|$

풀이 (1) 전단사 (2) 단사, 1로 대응되는 원소가 없다.

(3) 전사, 0과 2는 1에 대응된다.

정의 2

임의의 자연수 n에 대해 n보다 작거나 같으면서 n과 서로소인 수의 개수를 $\phi(n)$으로 나타내고 Euler ϕ –함수라고 한다.

정리 4 Euler ϕ –함수

1부터 n까지 자연수 중에 n과 서로소인 자연수의 개수는

(1) p와 q가 서로소인 소수(prime)이면 $\phi(pq) = (p-1)(q-1) = pq\left(1-\frac{1}{p}\right)\left(1-\frac{1}{q}\right)$이다.

(2) $n = p_1^{\alpha_1} \cdot p_2^{\alpha_2} \cdot p_3^{\alpha_3} \cdot \cdots \cdot p_r^{\alpha_r}$ (α_i는 자연수)라고 할 때 $\phi(n) = n\prod_{i=1}^{r}\left(1-\frac{1}{p_i}\right)$이다. 여기서 $p_1, p_2, p_3, \cdots, p_r$은 서로 다른 소수이다.

증명 (포함배제의 원리) $1, 2, 3, \cdots, n$ 중에서 n과 서로소인 것을 구하기 위해, 먼저 p_1의 배수 $1 \cdot p_1, 2 \cdot p_1, 3 \cdot p_1, \cdots, \frac{n}{p_1} \cdot p_1$을 제외시켜야 한다. 이 개수는 $\frac{n}{p_1}$개이다. 그러면 남은 개수는

$$n - \frac{n}{p_1} = n\left(1 - \frac{1}{p_1}\right) \qquad \cdots \text{①}$$

이다. 다음에 p_2의 배수를 제외시켜야 한다. p_2의 배수는

$$1 \cdot p_2,\ 2 \cdot p_2,\ 3 \cdot p_2,\ \cdots,\ \frac{n}{p_2} \cdot p_2 \qquad \cdots \text{②}$$

으로, 여기에는 p_1의 배수가 있는데 이미 제외시켰다. 그런데 ②에서 p_1의 배수인 것은 p_1과 p_2의 최대공약수가 1[기호로 $gcd(p_1, p_2) = 1$]이므로, p_2의 개수 $1, 2, 3, \cdots, \frac{n}{p_2}$에서, p_1의 배수가 되는 것의 개수가 된다. 그러므로 p_2의 배수이지만 p_1의 배수가 아닌 것의 개수는, ①의 n에 $\frac{n}{p_2}$을 대입한 $\frac{n}{p_2}\left(1 - \frac{1}{p_1}\right)$이 된다. 따라서 이것을 빼면

$$n\left(1-\frac{1}{p_1}\right)-\frac{n}{p_2}\left(1-\frac{1}{p_2}\right)=n\left(1-\frac{1}{p_1}\right)\left(1-\frac{1}{p_2}\right) \quad \cdots \text{③}$$

다음 p_3의 배수를 제외시킨다.

이 경우 이미 p_1, p_2의 배수로 되어 있는 것은 제외되었다. 따라서 제외시키는 개수는 1, 2, 3, …, $\frac{n}{p_3}$에서 p_1, p_2의 배수가 되는 것을 제외한 것의 개수, 즉 ③에서 n에 $\frac{n}{p_3}$을 대입한 것 $\frac{n}{p_3}\left(1-\frac{1}{p_1}\right)\left(1-\frac{1}{p_2}\right)$이 된다. 그러므로 이것을 ③에서 빼면

$$n\left(1-\frac{1}{p_1}\right)\left(1-\frac{1}{p_2}\right)-\frac{n}{p_3}\left(1-\frac{1}{p_1}\right)\left(1-\frac{1}{p_2}\right)$$
$$=n\left(1-\frac{1}{p_1}\right)\left(1-\frac{1}{p_2}\right)\left(1-\frac{1}{p_3}\right)$$

이다. 이것을 반복하면 적용하면

$$\phi(n)=n\left(1-\frac{1}{p_1}\right)\left(1-\frac{1}{p_2}\right)\cdots\left(1-\frac{1}{p_r}\right)$$

을 얻을 수 있다.

1.3 수학적 귀납법

수학적 귀납법은 자연수 n에 대한 수학적 명제 $P(n)$의 타당성을 증명하는 데 사용하는 방법으로, 연역적인 방법과 대조된다. 수학적 귀납법은 기본단계(initial step)와 귀납단계(inductive step)가 성립함을 보임으로써 모든 자연수 n에 대해 $P(n)$이 참임을 보이는 증명방법이다.

즉, 수학적 귀납법(mathematical induction)은 증명방법 중 특별한 경우로 2가지 단계로 이루어져 있다.

단계 1. (기본단계) 첫 번째 것이 참(true)임을 보인다.

단계 2. (귀납단계) 어떤 것이 참이면 그 다음 것도 참(true)임을 보인다.

그러면 모든 것이 참(true)이 된다.

1) 제1종 수학적 귀납법(약한 수학적 귀납법: weak form of mathematical induction)

(1) 기본단계: $P(1)$이 참이다.

(2) 귀납단계: $P(n)$이 참이면 $P(n+1)$도 참이다.

그러면 모든 $n \geq 1$인 정수에 대해, $P(n)$은 참이다.

그러나 제1종 수학적 귀납법과 같이 $P(n)$이 참이라고 할 때 $P(n+1)$이 참인 것을 직접 보이면 좋겠지만 그렇지 못할 경우에는 앞의 명제가 모두 참임을 이용하여 $P(n+1)$이 참임을 보일 수 있다.

2) 제2종 수학적 귀납법(강한 수학적 귀납법: strong form of mathematical induction)

(1) 기본단계: $P(1)$이 참이다.

(2) 귀납단계: $P(1) \wedge P(2) \wedge \cdots \wedge P(n)$이 참이면 $P(n+1)$도 참이다.

그러면 모든 $n \geq 1$인 정수에 대해, $P(n)$은 참이다.

앞으로 제1종과 제2종을 특별히 구별할 필요가 없을 경우는 단지 수학적 귀납법이라고 나타낼 것이다.

예제 1

수학적 귀납법으로 $n \geq 1$이면, $n < 2^n$임을 보여라.

풀이 $n = 1$이면 $1 < 2$이므로 성립한다.

$n = k$일 때 성립한다고 가정하면 $k < 2^k$이고

양변에 1을 더하면 $k+1 < 2^k + 1 < 2^k + 2^k = 2 \cdot 2^k = 2^{k+1}$. ■

예제 2

3원짜리 우표와 5원짜리 우표를 이용하여 붙일 수 없는 금액을 구하여라. 단, 금액은 원 단위로 붙인다고 한다.

풀이 먼저 8원 이상은 모두 붙일 수 있음을 보인다.

$n = 8$은 $3+5$

$n=9$는 $3+3+3$

$n=k$일 때 3원과 5원짜리로 정확하게 붙일 수 있다고 가정하자. 그러면

$n=k+1$일 때

(1) $5 \in k$이면 5원짜리를 2개의 3원짜리로 바꾼다.

(2) k원이 3원짜리로만 되어 있으면 3개의 3원을 2개의 5원짜리로 바꾼다.

따라서 붙일 수 없는 금액은 1원, 2원, 4원, 7원이다. ■

예제 3

5원, 9원, 12원의 3종류의 우표로 붙일 수 없는 요금의 최대 금액은 얼마인가?

풀이 3종류의 우표를 이용하여 붙일 수 없는 금액은 1, 2, 3, 4, 6, 7, 8 , 11, 13, 16원이다. 따라서 16원이다. 20(원)부터는

$$5+5+5+5 \overset{+1}{\rightarrow} 12+9 \overset{+1}{\rightarrow} 12+5+5 \overset{+1}{\rightarrow} 9+9+5 \overset{+1}{\rightarrow}$$

$$12+12 \overset{+1}{\rightarrow} 5+5+5+5+5$$

로 매 5단계마다 반복되어 20 이후는 모두 붙일 수 있음을 알 수 있다. ■

예제 4

14 이상의 자연수는 3과 8의 합으로만 나타낼 수 있음을 보여라.

풀이 (제2종 수학적 귀납법을 이용) $n=14$이면 $14=8+3+3$이 되어 14는 3과 8의 합으로 나타낼 수 있다. 이제 $14 \le j \le k$인 자연수 k들이 모두 3과 8의 합으로 나타난다고 가정하고 $k+1$도 나타낼 수 있음을 보이자.

여기서 $k=(k-3)+3$이므로 k보다 작은 자연수 $k-2$는 귀납법 가정에 의해 3과 8의 합으로 나타나는 수이므로 k도 $k-2$에 3을 더하면 나타낼 수 있게 된다. 그러므로 $n \ge 14$인 자연수 n은 3과 8의 합으로 나타낼 수 있다. ■

연습문제 1

1. 1부터 6,300까지(6,300개 자연수 중에서) 3이나 5, 7로 나누어지지 않는 자연수는 몇 개인가?

2. 어떤 산악인이 12일 동안에 102시간 산행을 하였다고 한다. 이 산악인은 어느 연속된 2일 동안 적어도 17시간을 산행하였음을 보여라.

3. 임의의 정삼각형은 그보다 작은 변으로 이루어진 2개의 정삼각형으로 덮을 수 없음을 보여라.

4. m과 n이 임의의 자연수라면 $2^n - 2^m$이 2013의 배수가 되는 2^m, 2^n이 존재함을 보여라.

5. 200 이하인 101개의 서로 다른 자연수 중에는 서로소인 두 수가 존재함을 보여라.

6. $k^2 + 1$개의 서로 다른 수로 이루어진 수열이 있을 때, 이 수열 중에는 $k + 1$개로 이루어진 증가 또는 감소하는 부분수열이 있음을 증명하여라.

7. 1부터 $2n$까지 자연수 중에서 임의로 $n + 1$개의 수를 뽑으면 그중에는 서로소인 2개의 자연수가 반드시 포함됨을 보여라.

8. 1에서 2001까지의 자연수 중에서 임의로 11개의 자연수를 뽑으면 이들 중에는 반드시 $1 < \dfrac{m}{n} \leq 2$를 만족하는 두 자연수 m, n이 존재함을 보여라.

9. kn개의 과자를 n개의 접시 위에 모두 담을 경우, 어느 접시에는 k개 이상의 과자가 들어갈 수 있음을 보여라. 단, n과 k는 자연수이다.

10. 500보다 작은 자연수 중에서 2, 3, 5, 7의 어느 것으로도 나눠지지 않는 수는 몇 개인가?

11. $a_1, a_2, \cdots, a_{100}$이 100개의 양수이며 ${a_1}^2 + {a_2}^2 + \cdots + {a_{100}}^2 > 10,000$과

$a_1 + a_2 + \cdots + a_{100} < 300$을 만족한다고 한다. 그러면 이 100개의 수 중에서 어떤 3개의 수의 합이 100보다 크게 되는 경우가 나타남을 보여라.

12. 500보다 크지 않은 자연수 중에 2, 3, 5, 7로 나누어지는 것은 몇 개인가?

13. 한 변의 길이가 1인 정사각형의 내부에 9개의 점이 주어져 있다. 이 점들을 꼭짓점으로 하는 삼각형을 만들었을 때, 그 넓이가 $\frac{1}{8}$을 넘지 않는 삼각형이 존재함을 증명하여라.

14. 임의의 정수(중복될 수도 있음)가 하나씩 적힌 5장의 숫자카드가 있다. 이 중에 적당히 3장을 취하여 그 수의 합을 구하면 3의 배수가 되도록 할 수 있음을 보여라.

15. 5원, 9원, 12원의 3가지 동전을 사용하는 나라에서 어떤 물건을 사기 위해서는 정확한 금액을 지불해야 한다고 한다. 이때 이들 동전만을 사용하여 지불할 수 없는 금액은 어떤 것들인가?

연습문제 1 – 문제풀이

1. 힌트 포함배제의 원리를 이용한다.
답 2,880개

4. 힌트 수열 $2^1, 2^2, 2^3, \cdots, 2^{2013}, 2^{2014}$에서 $2,\ 2+2^2,\ 2+2^2+2^3,\ \cdots,$
$2+2^2+\cdots+2^m=2^{m+2}-2,\ \cdots,\ 2+2^2+\cdots+2^n=2^{n+2}-2,\ \cdots$를
생각하여라.

10. 답 115

12. 답 385개

14. 힌트 귀류법을 이용

15. 답 1, 2, 3, 4, 6, 7, 8, 11, 13, 16

2장 조합론의 기초

이 장을 시작하기 전에 먼저 “서로 다른”이라든지 “서로 같은”이라는 것에 대하여 알아보기로 하자. “서로 다른”이란 영어로 “distinguishable”을 말하며 그 의미는 “구별할 수 있는, 분간할 수 있는, 다른”이다. “서로 같은”이란 영어로 “indistinguishable”을 말하며 그 의미는 “구별할 수 없는, 분간할 수 없는, 동일한 (종류의)”로 생각하기로 한다. 따라서 “구별되는”과 “서로 다른”이 같은 의미로 쓰이기도 할 것이며, “구별되지 않는”과 “서로 같은”이 서로 구별되지 않게 쓰일 것이다.

2.1 순열과 조합

m개의 서로 다른 물건(distinguishable object)으로부터 r개를 택하는 방법은 다음과 같이 4가지를 생각할 수 있다.

순서를 고려?	반복을 허용?	명칭	방법의 수	명칭
예	아니오	r-순열	$P(m,r)$	순열
예	예	반복을 허용한 r-순열	$P^R(m,r)$	중복순열
아니오	아니오	r-조합	$C(m,r)$	조합
아니오	예	반복을 허용한 r-조합	$C^R(m,r)$	중복조합

참고 중복순열을 배열(arrangement)이라고 하는 경우도 있다.

먼저 이들 각각을 순서대로 수식으로 나타내면 다음과 같다.

순열 $P(m,r)=\dfrac{m!}{(m-r)!}$

중복순열 $P^R(m,r)=m^r$

조합 $C(m,r)=\dbinom{m}{r}=\dfrac{m!}{r!\,(m-r)!}$

중복조합 $C^R(m,r)=C(m+r-1,r)=\dfrac{(m+r-1)!}{r!(m-1)!}$

참고 저자에 따라 $P(m,r)={}_mP_r$, $P^R(m,r)={}_m\Pi_r$, $C(m,r)={}_mC_r$, $C^R(m,r)={}_mH_r$와 같이 표시하여 나타내기도 한다. 여기서 P는 permutation(순열), C는 combination(조합), H는 homogeneous product(중복조합)에서 나왔다.

예제 1

2개의 원소로 이루어진 집합에서 2개의 원소를 뽑을 때, 즉 $m=2$이고 $r=2$일 때, $C(m,r)$, $P(m,r)$, $C^R(m,r)$, $P^R(m,r)$을 각각 구하여라.

풀이 편의상 그 2개의 원소를 a와 b라 하면

$C(2,2)=1$이다. 왜냐하면 ab 하나뿐이다.

$P(2,2)=2$이다. 왜냐하면 ab, ba 둘이다.

$C^R(2,2)=3$이다. 왜냐하면 aa, ab, bb 셋이다.

$P^R(2,2)=4$이다. 왜냐하면 aa, ab, ba, bb 넷이다. ▩

일반적으로 n개의 공을 k개의 상자에 넣는 방법은 다음과 같은 8가지가 있을 수 있다. 단, $n\geq k$이다.

공이 구별되는가?	상자가 구별되는가?	빈 상자일 수 있는가?	방법의 수
예	예	예	k^n
예	예	아니오	$k!\left\{ n \atop k \right\}$
아니오	예	예	$C(k+n-1, n)$
아니오	예	아니오	$C(n-1, k-1)$
예	아니오	예	$\left\{ n \atop 1 \right\}+\left\{ n \atop 2 \right\}+\cdots+\left\{ n \atop k \right\}$
예	아니오	아니오	$\left\{ n \atop k \right\}$
아니오	아니오	예	$p_1(n)+p_2(n)+\cdots+p_k(n)$
아니오	아니오	아니오	$p_k(n)$

여기서 $\left\{ n \atop k \right\}$는 제2종 Stirling number이고 $p_k(n)$은 n을 정확히 k개로 나눌 수 있는 분할의 수(number of partition)이다. 이것들에 대해서는 2장(2.5와 2.6)과 4장에서 다시 자세히 언급하기로 한다.

$n_1+n_2+\cdots+n_k=n$이고, n_i가 모두 음이 아닌 정수인 경우

$$(x_1+x_2+\cdots+x_k)^n=\sum\frac{n!}{n_1!n_2!\cdots n_k!}x_1^{\ n_1}x_2^{\ n_2}\cdots x_k^{\ n_k}$$

으로 전개된다.

예제 2

$m=3$이고, $n=4$일 경우는 x_1, x_2, x_3을 편의상 간단히 x, y, z라 하면

$$(x+y+z)^4=x^4+\frac{4!}{3!1!}x^3y+\frac{4!}{3!1!}x^3z+\frac{4!}{3!1!}y^3z+\cdots+\frac{4!}{2!2!}x^2y^2+\cdots+z^4$$

과 같이 전개된다. 일반적으로 이와 같은 경우 각 항에 해당하는 계수를 다항계수라고 한다. ■

예제 3

$(a+b+c)^n$을 전개하였을 때 일반항은 $\frac{n!}{n_1!\,n_2!\,n_3!}a^{n_1}b^{n_2}c^{n_3}$으로 나타난다.

여기서, $n_1+n_2+n_3=n$, $n_1, n_2, n_3 \ge 0$인 정수이다.

정리 1

n개의 서로 다른 공과 k개의 서로 다른 상자가 있을 경우, 상자 1에 n_1, 상자 2에 n_2, $\cdots$, 상자 k에 n_k를 넣는 방법의 수(즉, 서로 다른 배열의 수)는 다항계수(multinomial coefficient)

$$\begin{aligned} C(n\,;n_1, n_2, \cdots, n_k) &= \binom{n}{n_1, n_2, \cdots, n_k} = \frac{n!}{n_1!\,n_2!\cdots n_k!} \\ &= C(n, n_1)\cdot C(n-n_1, n_2)\cdot \cdots \cdot C(n-n_1-\cdots-n_{k-1}, n_k) \\ &= \binom{n}{n_1}\binom{n-n_1}{n_2}\binom{n-n_1-n_2}{n_3}\cdots\binom{n-n_1-n_2-\cdots-n_{k-1}}{n_k} \end{aligned}$$

이다. (단, $n=n_1+n_2+\cdots+n_k$)

예제 4

$(a+b+c+d)^8$을 전개하였을 때, $a^2b^2cd^3$의 계수를 구하여라.

풀이 $\binom{8}{2,\ 2,\ 1,\ 3} = \frac{8!}{2!2!1!3!} = 1680.$

예제 5

$banana$의 6개의 문자를 배열시키는 방법은 몇 가지인가?

풀이 $banana$는 a가 3개, n이 2개, b가 1개로 이루어져 있다.

따라서 $\binom{6}{3}\binom{3}{2}\binom{1}{1}=60$ 즉 $\frac{6!}{3!2!1!}=60$이다. 그리고 3개, 2개, 1개의 순서를 바꾼

$\binom{6}{3}\binom{3}{1}\binom{2}{2}=60$, $\binom{6}{2}\binom{4}{1}\binom{3}{3}=60$, $\binom{6}{2}\binom{4}{3}\binom{1}{1}=60$, $\binom{6}{1}\binom{5}{2}\binom{3}{3}=60$, $\binom{6}{1}\binom{5}{3}\binom{1}{1}=60$도

역시 성립함을 알 수 있다.

2.2 이항계수와 그 성질

n이 양의 정수일 때, $(a+b)^n$의 전개식은

$$(a+b)^n = a^n + \binom{n}{1}a^{n-1}b + \binom{n}{2}a^{n-2}b^2 + \cdots + \binom{n}{r}a^{n-r}b^r + \cdots + \binom{n}{n-1}ab^{n-1} + b^n$$

로 주어지며 이것을 이항정리(binomial theorem)라고 한다. 수학적 귀납법으로 이 사실을 확인할 수 있다.

이항정리에서 $\binom{n}{r}a^{n-r}b^r$을 $(a+b)^n$의 전개식의 일반항, 계수 $\binom{n}{r}$을 이항계수라고 한다. 이 이항계수 $\binom{n}{r}$이 n개에서 r개를 선택하는 조합인 $C(n, r)$과 같다는 사실에 주목하여야 한다. 따라서 우리는 $\binom{n}{r} = C(n, r)$로 나타낼 수 있다. $\binom{n}{r}$을 "n choose r"로 읽는다.

예제 1

(1) n이 자연수이면 $\binom{n}{0} = \binom{n}{n} = 1$, $\binom{n}{1} = n$이 성립한다.

(2) $0 \le r \le n$이면 $\binom{n}{r} = \dfrac{n!}{r!(n-r)!}$, $r > n$이면 $\binom{n}{r} = 0$이다. ▩

예제 2

70^{30}을 69와 69^2으로 나눌 때 나머지는 각각 얼마인가?

풀이 이항정리에서 $70^{30} = (69+1)^{30} = \sum_{r=0}^{30}\binom{30}{r}(69)^r(1)^{30-r}$을 얻을 수 있다.

이 식의 우변에서

(1) $r \ge 1$인 경우는 ($r=0$인 경우만 제외하고) 모두 69의 배수가 되므로 $r=0$인 경우의 나머지만 구하면 된다. 따라서 70^{30}을 69로 나눌 때의 나머지는 1이 된다.

(2) $r \ge 2$인 경우는 ($r=0$인 경우와 $r=1$인 경우만 제외하고) 모두 69^2의 배수가 되므로 $r=0$인 경우와 $r=1$인 경우의 나머지만 구하면 된다. 따라서 70^{30} 을 69^2 으로 나눌 때의 나머지는 $1+69\times 30 = 2071$을 $69^2 = 4761$로 나눌 때의 나머지이므로 2071이다. ▩

파스칼 삼각형

파스칼 삼각형처럼 흥미로운 수의 배열은 없을 것이다. 역사적으로 파스칼 삼각형은 서기 1300년 이전에 중국에서 이미 알려져 있었고, 파스칼(Blaise Pascal, 1623~1662)보다도 약 600년 전에 《Rubiyat》라는 책을 쓴 우마르 하이얌(Omar Khayyam, 1048~1131)도 알고 있었다. 따라서 엄밀히 말하면 'Khayyam 삼각형' 또는 'Ying Hui 삼각형'이라고 해야 할 것이다. 이 파스칼 삼각형에서 나타나는 이항계수는 특히 조합수학(combinatorial mathematics)의 중심 분야인 이항등식(binomial identity)에 상당히 중요한 역할을 하므로 이에 대하여 몇 가지 관계식을 살펴보기로 한다.

1
1 1
1 2 1
1 3 3 1
1 4 6 4 1
1 5 10 10 5 1
1 6 15 20 15 6 1
1 7 21 35 35 21 7 1
1 8 28 56 70 56 28 8 1
… … … … … … … … … … … … … … …

예제 3

이 파스칼 삼각형 안에 다음 사실에 대하여 조사하여라. 일부 내용은 앞으로 학습하면서 확인하도록 한다.

(1) 어떤 수를 중심으로 둘러싸고 있는 6개의 수의 곱을 구하여라. 어떤 규칙이 있는가? 이 수의 곱이 어떤 수의 제곱수인 것을 확인할 수 있는가?

(2) 이 삼각형에서 나오는 임의 수를 이 삼각형에 있는 비스듬히 연속된 다른 수들의 합으로만 나타내려고 한다. 어떻게 하면 되는가? 일명 하키스틱 등식(Hockey Stick Identity)이라고 한다.

(3) 이 삼각형에서 피보나치수열을 구하려면 어떻게 해야 하는가? (5장 연습문제 30번 참조)

(4) 각 자리의 수에 홀수이면 1로 짝수이면 0으로 대응시키면 어떤 규칙을 가지는 삼각형이 만들어지는가?

(5) 각 자리의 수를 3으로 나누어 나머지가 0인 수를 0, 나머지가 1인 수를 1, 나머지가 2인 수를 2로 나타내면 어떤 규칙이 나타나는가?

(6) 파스칼 삼각형을 확장하여 파스칼 피라미드(Pascal Pyramid)를 만들고 규칙을 찾아라. 이 피라미드는 $(a+b+c)^n$의 계수를 구하는 데 도움을 준다. 이를 이용하여 $(2a+3b+4c)^n$의 계수를 구하여라.

(7) 파스칼 삼각형에서 양끝의 1을 제외하고는 같은 행(줄)에 있는 원소가 모두 짝수가 되는 n은 어떤 값을 가지는 경우인가? 이 사실을 이용하여 $n=16$일 때를 확인하여라.

참고로 $n=16$이면 1, 16, 120, 560, 1820, 4368, 8008, 11440, 12870, 11440, 8008, 4368, 1820, 560, 120, 16, 1이 된다. 실제로 파스칼 삼각형의 각 행에서 처음과 마지막 1을 제외하고, 그 행의 모든 원소가 짝수일 필요충분조건은 $n=2^k$(k는 자연수)인 경우이다.

(8) 양끝의 1을 제외하고 같은 행(줄)에 있는 임의의 두 원소는 서로소가 아님을 보여라. ▒

예제 4

파스칼 삼각형에서 각 행마다 홀수의 개수를 구하여라.

풀이 각 수를 이진수로 고치면 0 1 10 11 100 101 110 111 1000 ⋯ 이고

여기서 1의 개수는 각각 0 1 1 2 1 2 2 3 1 ⋯ 이다.

파스칼 삼각형에서 각 행마다 홀수의 개수는 1 2 2 4 2 4 4 8 2 ⋯ 이고 이것은 t=(n을 이진수로 전개했을 때 1의 개수)라고 하면 원하는 답은 2^t개이다. ▒

예제 5

다음 관계식은 쉽게 확인할 수 있다. 단, 각 식에서 분모는 0 이 아니다.

(1) $\binom{p}{q}=\frac{p}{q}\binom{p-1}{q-1}$ (1)을 축소공식(reduction formula)이라고 한다.

(2) $\binom{p}{q}=\frac{p}{p-q}\binom{p-1}{q}$

(3) $\binom{p}{q}=\frac{p-q+1}{q}\binom{p}{q-1}$ (3)을 카르다노의 연속법칙(Cardano's rule of succession)이라고 한다.

(4) $\binom{p+q}{p}=\binom{p+q}{q}$ ▒

예제 6

자연수 n, m에서 $n>m$일 때, $\binom{n}{m}=\frac{n!}{m!\,(n-m)!}=\binom{n}{n-m}$을 보여라. 이것을 "factorial notation & symmetry"라고 한다.

풀이 (방법 1) 조합의 정의를 이용하여 바로 얻을 수 있다.

(방법 2) $\binom{n}{m}$은 n명 중에서 m명을 뽑는 방법의 수이고, 이것은 n명 중에 $n-m$명을 뽑지 않는 방법의 수와 같으므로 $\binom{n}{m}=\binom{n}{n-m}$이 성립한다.

예제 7

위 이항정리는 다음 성질을 가지고 있다. 여기서 이항계수 $\binom{n}{m}$은 순서를 고려하지 않고 n개의 서로 다른 물건으로부터 m개를 뽑는 방법의 수이다.

(1) 우변의 항은 $n+1$개이다.

(2) 우변의 항의 a의 지수는 n에서 시작해서 차례로 1씩 감소하고, b의 지수는 1씩 증가하므로, 어느 항에서도 (a의 지수)+(b의 지수)$=n$이다.

(3) 계수는 좌우대칭이 된다. 즉, $\binom{n}{r}=\binom{n}{n-r}$이므로 $a^{n-r}b^r$의 항의 계수와 a^rb^{n-r}의 항의 계수가 같다.

예제 8

이항계수 $\binom{n}{m}$은 다음과 같은 여러 가지 사실을 만족한다. 특별한 언급이 없으면 문자들은 음이 아닌 정수라고 한다.

(1) $\sum_{k=0}^{n}\binom{n}{k}=\binom{n}{0}+\binom{n}{1}+\cdots+\binom{n}{n}=2^n$ 이를 행합(row summation)이라고 한다.

(2) $\binom{n}{0}-\binom{n}{1}+\cdots+(-1)^n\binom{n}{n}=0$

(3) $\binom{n}{0}+\binom{n}{2}+\binom{n}{4}+\cdots=\binom{n}{1}+\binom{n}{3}+\binom{n}{5}+\cdots=2^{n-1}$

(4) $\sum_{k=0}^{n}k\binom{n}{k}=0\binom{n}{0}+1\binom{n}{1}+2\binom{n}{2}+\cdots+n\binom{n}{n}=n\cdot 2^{n-1}$

(5) $\sum_{k=0}^{n}k^2\binom{n}{k}=n(n+1)\cdot 2^{n-2}$

증명 (1) $(1+x)^n=\binom{n}{0}+\binom{n}{1}x+\binom{n}{2}x^2+\cdots+\binom{n}{r}x^r+\cdots+\binom{n}{n}x^n$에서 $x=1$을 대입하면 결과를 얻을 수 있다.

(2) $(1+x)^n=\binom{n}{0}+\binom{n}{1}x+\binom{n}{2}x^2+\cdots+\binom{n}{r}x^r+\cdots+\binom{n}{n}x^n$에서 $x=-1$을 대입하면 결과를 얻을 수 있다.

(3) 위 (2)의 결과에서 음항을 이항하면 얻을 수 있다.

(4) (방법 1) $\sum_{k=0}^{n} k\binom{n}{k} = \sum_{k=1}^{n} k\binom{n}{k} = \sum_{k=1}^{n} k\binom{n-1}{k-1} = n \cdot 2^{n-1}$

(방법 2) $(x+1)^n = \sum_{k=0}^{n}\binom{n}{k}x^k$ 의 양변을 x로 미분하면

$$n(x+1)^{n-1} = \sum_{k=0}^{n}\binom{n}{k}kx^{k-1}$$

이고, 이 식의 양변에 $x=1$을 대입하면

$$\sum_{k=0}^{n} k\binom{n}{k} = n \cdot 2^{n-1}$$

(방법 3) n명이 모인 모임에서 임의의 인원이 가입하여 구성되는 위원회를 만들어 대표 1명을 뽑는 방법을 생각하자.

k명으로 구성된 위원회는 $\binom{n}{k}$개가 있다. 각 위원회에서 대표를 뽑는 방법은 k개이므로 전체는 $\sum_{k=0}^{n} k\binom{n}{k}$가지이다.

그리고 이 위원회에서 대표를 뽑는 방법이 n가지이며, 나머지 $n-1$명은 위원회에 가입하든지 가입하지 않든지 각각 2가지가 있으므로 2^{n-1}가지이다. 따라서 전체는 $n \cdot 2^{n-1}$가지가 된다.

(5) $\sum_{k=0}^{n} k^2\binom{n}{k} = \sum_{k=0}^{n}\left\{(k^2-k)\binom{n}{k} + k\binom{n}{k}\right\}$

$$= \sum_{k=0}^{n} k(k-1)\binom{n}{k} + \sum_{k=1}^{n} k\binom{n}{k}$$

$$= n(n-1)\sum_{k=2}^{n}\binom{n-2}{k-2} + n\sum_{k=1}^{n}\binom{n-1}{k-1}$$

$$= n(n-1) \cdot 2^{n-2} + n \cdot 2^{n-1}$$

$$= n(n+1)2^{n-2}$$

■

예제 9

n이 자연수일 때, $\binom{2n}{n} = \binom{n}{0}^2 + \binom{n}{1}^2 + \cdots + \binom{n}{n}^2 = \sum_{i=0}^{n}\binom{n}{i}^2$.

증명 (방법 1) $(1+x)^{2n} = [(1+x)^n]^2$에서 좌변과 우변에서 각각 x^n의 계수를 구하여 비교한다.

좌변 $(1+x)^{2n}$에서 x^n 의 계수는 $\binom{2n}{n}$이다. 그리고 우변

$$\left[\binom{n}{0}+\binom{n}{1}x+\binom{n}{2}x^2+\cdots+\binom{n}{n}x^n\right]^2$$

에서 x^n의 계수는

$$\binom{n}{0}\binom{n}{n}+\binom{n}{1}\binom{n}{n-1}+\binom{n}{2}\binom{n}{n-2}+\cdots+\binom{n}{n}\binom{n}{0}$$

이다.

$\binom{n}{r}=\dfrac{n!}{r!\,(n-r)!}=\binom{n}{n-r}$을 이용하면

$$\binom{n}{0}^2+\binom{n}{1}^2+\cdots+\binom{n}{n}^2=\sum_{i=0}^{\infty}\binom{n}{i}^2=\binom{2n}{n}$$

이 성립한다.

(방법 2) n명씩 2개의 집단 A, B에 있는 전체 $2n$명 중에서 합해서 n명을 뽑는 방법은 A에서 0명 B에서 n명, A에서 1명 B에서 $n-1$명, A에서 2명 B에서 $n-2$명, $\cdots$, A에서 $n-1$명 B에서 1명, A에서 n명 B에서 0명을 뽑는 방법이 있다. 그리고 이 방법은 서로 중복되는 경우가 없고, 이들을 합한 값은, n명씩 2개의 집단 A, B에 있는 전체 $2n$명 중에서 합해서 n명을 뽑는 방법에서 제외되는 것이 없으므로

$$\binom{n}{0}\binom{n}{n}+\binom{n}{1}\binom{n}{n-1}+\binom{n}{2}\binom{n}{n-2}+\cdots+\binom{n}{n}\binom{n}{0}$$

은 $\binom{2n}{n}$과 같다.

여기서 $\binom{n}{r}=\binom{n}{n-r}$을 이용하면 원하는 결과를 얻을 수 있다.

(방법 3) 수학적 귀납법을 이용한다. 이 방법은 앞의 두 방법보다는 계산이 복잡하므로 여기서 자세한 풀이는 생략한다. ■

예제 10

수학적 귀납법을 이용하여, 임의의 실수 α와 정수 k에 대하여 다음이 성립함을 보여라.

$$\binom{\alpha}{k}=\binom{\alpha-1}{k-1}+\binom{\alpha-1}{k}$$

풀이 i) $k<0$ 일 때 : (좌변)$=0$, (우변)$=0$.

ii) $k=0$ 일 때 : (좌변)$=1$, (우변)$=1$.

iii) $k=1$ 일 때 : (좌변)$=\alpha$, (우변)$=1+(\alpha-1)=\alpha$ 이므로 성립한다.

iv) $k\geq 2$ 일 때 :

$$\binom{\alpha-1}{k-1}+\binom{\alpha-1}{k}=\frac{(\alpha-1)(\alpha-2)\cdots(\alpha-k+1)}{(k-1)!}+\frac{(\alpha-1)(\alpha-2)\cdots(\alpha-k)}{k!}$$
$$=\frac{(\alpha-1)(\alpha-2)\cdots(\alpha-k+1)}{k!}(k+\alpha-k)$$
$$=\frac{\alpha(\alpha-1)(\alpha-2)\cdots(\alpha-k+1)}{k!}=\binom{\alpha}{k}$$ ■

예제 11

n, k가 음이 아닌 정수이고, $1\leq k\leq n-1$ 일 때, 다음이 성립함을 보여라.

$$\binom{n}{k}=\binom{n-1}{k-1}+\binom{n-1}{k}$$

(이것을 binomial recurrence 또는 summation identity라 한다.)

풀이 n명으로 구성된 모임에서 k명의 위원으로 구성된 $\binom{n}{k}$개의 위원회를 특별한 한 사람 A를 포함하는 경우와 A를 포함하지 않는 경우로 분류할 수 있으며 이 두 경우는 모든 경우를 포함하며 서로소이다.

(1) A를 포함하지 않는 경우는 $n-1$명의 사람들로부터 k명을 뽑아 위원회를 구성하는 방법의 수는 $\binom{n-1}{k}$이다.

(2) A를 포함하는 경우는 $n-1$명의 사람들로부터 $k-1$명을 뽑아 위원회를 구성하는 방법의 수는 $\binom{n-1}{k-1}$이다. 그러므로, $\binom{n}{k}=\binom{n-1}{k-1}+\binom{n-1}{k}$. ■

예제 12

(Vandermonde convolution) 음이 아닌 정수 m,n,p에 대해

$$\sum_{k=0}^{p}\binom{m}{k}\binom{n}{p-k}=\binom{m}{0}\binom{n}{p}+\binom{m}{1}\binom{n}{p-1}+\cdots+\binom{m}{p}\binom{n}{0}=\binom{m+n}{p}$$

임을 보여라.

풀이 (방법 1) 위 식의 좌변에 $\sum x_p$를 취하면

$$\sum_{p=0}^{m+n}\left[\sum_{k=0}^{p}\binom{m}{k}\binom{n}{p-k}\right]x_p$$

이고, 고등미적분에서 학습한 Cauchy product에 의해

$$\sum_{p=0}^{m+n}\left[\sum_{k=0}^{p}\binom{m}{k}\binom{n}{p-k}\right]x_p=\left[\sum_{k=0}^{m}\binom{m}{k}x^k\right]\left[\sum_{l=0}^{n}\binom{n}{l}x^l\right]$$

이 된다. 이항정리에 의해 마지막 식 우변은

$$\begin{aligned}\left[\sum_{k=0}^{m}\binom{m}{k}x^k\right]\left[\sum_{l=0}^{n}\binom{n}{l}x^l\right]&=(1+x)^m(1+x)^n\\&=(1+x)^{m+n}\\&=\sum_{p=0}^{m+n}\binom{m+n}{p}x^p\end{aligned}$$

따라서 양변에서 x^p의 계수를 비교하면

$$\sum_{k=0}^{p}\binom{m}{k}\binom{n}{p-k}=\binom{m+n}{p}$$

을 얻을 수 있다.

(방법 2) 예를 들어 m명의 남성과 n명의 여성 중에서 p명을 뽑는 방법을 생각하자. 남성을 k명 뽑으면 여성을 $p-k$명 뽑으면 된다. 이때 k는 0부터 p까지 가능하고 이들은 모든 경우를 포함하고 중복되는 경우가 없으므로 모두 더하면 이 등식이 성립한다. ■

예제 13

n이 자연수일 때, 다음을 보여라.

(1) $\binom{2n}{2}=2\cdot\binom{n}{2}+n^2$

(2) $\binom{2n+2}{n+1}=\binom{2n}{n+1}+2\binom{2n}{n}+\binom{2n}{n-1}$

풀이 (1) $2n$개에서 2개를 뽑는 방법은 $2n$을 2개의 n개의 원소를 갖는 분할된 집합에서 ① 어느 한 집합에서 2개를 뽑는 방법인 $\binom{n}{2}\times 2$가지와 ② 각각 집합에서 1개씩 뽑는 방법인 $\binom{n}{1}\times\binom{n}{1}=n\times n$가지 방법이 있다. 그런데 이 ①과 ②는 서로 독립이고 이 이외의 방법은 없으므로 원하는 결과를 얻을 수 있다.

(2) $2n+2$명 중에서 $n+1$명을 뽑는 방법은 $2n+2$명을 $2n$명과 나머지 2명을 A와 B라고 하자. 그러면 ① A와 B를 모두 제외하면 $2n$명 중에서 $n+1$명을 뽑아야 하므로 $\binom{2n}{n+1}$가지와 ② A가 포함되고 B가 제외되면 $\binom{2n}{n}$가지가 있고, 반대로 A가 제외되

고 B가 포함되면 $\binom{2n}{n}$가지가 있으므로, 이 2명 중에 1명이 제외되는 방법은 $2\binom{2n}{n}$가지이고 ③ A와 B가 모두 포함되면 $2n$명 중에서 $(n+1)-2=n-1$명을 뽑아야 한다. 이때 이 ①, ②, ③은 모든 경우를 포함하고 중복되는 경우가 없으므로 $\binom{2n+2}{n+1}=\binom{2n}{n+1}+2\binom{2n}{n}+\binom{2n}{n-1}$이 성립한다. ■

예제 14

$n \geq 0$인 모든 정수에 대해 $\binom{n}{r}$이 정수가 됨을 증명하여라.

풀이 (수학적 귀납법 이용) $\binom{0}{r}=1$이므로 $n=0$일 때 성립한다. k보다 작은 모든 음이 아닌 정수에 대해 이 값이 정수가 된다면, 귀납적 가설에 의해 $\binom{k-1}{r-1}$과 $\binom{k-1}{r}$은 정수가 된다. 따라서 이 둘을 합한 $\binom{k-1}{r-1}+\binom{k-1}{r}=\binom{n}{r}$ 역시 정수가 된다. ■

예제 15

연속한 n개의 정수의 곱은 $n!$의 배수가 됨을 보여라.

풀이 연속한 n개의 정수를 $x+1$, $x+2$, $\cdots$, $x+n$이라고 하면, 그 곱은

$$(x+1)(x+2)\cdots(x+n)=\frac{(x+n)!}{x!}=n!\cdot\frac{(x+n)!}{x!\,n!}=n!\cdot\binom{x+n}{n}$$

여기서 $\binom{x+n}{n}$은 $x+n$에서 n을 뽑는 경우의 수이므로 0 또는 자연수가 된다. 따라서 연속한 n개의 정수의 곱은 $n!$의 배수가 된다. ■

참고 $\binom{2n}{n}=\binom{2a}{a}\binom{2b}{b}$을 만족하는 정수해는 존재하지 않는다. (참고문헌 [16])

2.3 배열(arrangement)과 교란(derangement)

n개의 서로 다른 물건을 일렬로 배열하는 방법의 수는 $n!$인데 이것은 n개 물건의 순열(permutation)이 된다. 이 n개 중에 n_1, n_2, $\cdots$, n_k(단, $n=n_1+n_2+\cdots+n_k$)씩 같은 종류일 경우 배열하는 방법의 수는 다항계수 $\binom{n}{n_1,\ n_2,\ \cdots,\ n_k}$가 된다. 교란

(derangement)이란 물건 i가 i번째 위치에 놓이지 않도록 하는 물건의 순열을 말한다.

교란은 니콜라스 베르누이(Nicolaus Bernoulli, 1687~1759)와 그의 두 조카인 자코브 베르누이(Jakob Bernoulli, 1654~1705), 요한 베르누이(Johann Bernoulli, 1667~1748)에 의해 "잘못 전달된 편지(misaddressed letter) 문제"로 처음 생각하게 되었으며 나중에 오일러(Leonhard Euler, 1707~1783)도 이 문제에 관심을 가지게 되었다.

예제 1

$\{1, 2, 3, 4\}$를 일렬로 배열하는 것은 $4! = 24$가지이고, 이중 교란은

2143, 2341, 2413, 3142, 3412, 3421, 4123, 4312, 4321

으로 9가지이다. ▒

예제 2

n개 원소의 교란의 수 D_n은 점화식

$$D_1 = 0,\ D_2 = 1,\ D_n = (n-1)(D_{n-1} + D_{n-2}) \quad \cdots \quad (◉)$$

을 만족한다. 여기에서

$$D_n = n!\left(1 - \frac{1}{1!} + \frac{1}{2!} - \frac{1}{3!} + \cdots + (-1)^n \frac{1}{n!}\right) \approx n!\,e^{-1}$$

을 얻을 수 있다. ▒

예제 3 게으른 선생님 문제

어느 반의 학생이 n명이라고 한다. 수학 선생님이 학생들이 본 퀴즈 답지를 걷어서, 어느 누구도 자신이 쓴 답지를 받지 않도록 다시 학생들에게 나눠주고 채점을 하게 하였다. 이와 같은 방법은 몇 가지가 있는가?

증명 한 반이 n명인 경우 자신의 답지를 채점하지 않도록 하기 위해서는 n명의 학생을 번호순으로 1, 2, 3, ⋯ , n이라고 하자. 그리고

$A_1 =$ 학생 1에게 1번 학생답지가 전달되는 배열(arrangement)의 집합

$A_2 =$ 학생 2에게 2번 학생답지가 전달되는 배열의 집합

…………

$A_n =$ 학생 n에게 n번 학생답지가 전달되는 배열의 집합

그러면 적어도 하나의 답지가 제대로 위치를 찾을 수 있는 배열의 수

$$= |A_1 \cup A_2 \cup \cdots \cup A_n|$$

$$= |A_1| + |A_2| + \cdots + |A_n| \qquad : \leftarrow \binom{n}{1} \text{ 개의 항}$$

$$- |A_1 \cap A_2| - |A_1 \cap A_3| - \cdots - |A_{n-1} \cap A_n| \qquad : \leftarrow \binom{n}{2} \text{ 개의 항}$$

$$+ |A_1 \cap A_2 \cap A_3| + \cdots + |A_{n-2} \cap A_{n-1} \cap A_n| \qquad : \leftarrow \binom{n}{3} \text{ 개의 항}$$

$$\cdots\cdots\cdots\cdots\cdots\cdots$$

$$+ (-1)^{n+1} |A_1 \cap A_2 \cap \cdots \cap A_n| \qquad : \leftarrow \binom{n}{n} \text{ 개의 항}$$

$$= (n-1)! + (n-1)! + \cdots + (n-1)! \qquad : \leftarrow \binom{n}{1} \text{ 개의 항}$$

$$- (n-2)! - (n-2)! - \cdots - (n-2)! \qquad : \leftarrow \binom{n}{2} \text{ 개의 항}$$

$$+ (n-3)! + (n-3)! + \cdots + (n-3)! \qquad : \leftarrow \binom{n}{3} \text{ 개의 항}$$

$$\cdots\cdots\cdots\cdots\cdots\cdots$$

$$+ (-1)^{n+1} (n-n)! \qquad : \leftarrow \binom{n}{n} \text{ 개의 항}$$

$$= \binom{n}{1}(n-1)! - \binom{n}{2}(n-2)! + \binom{n}{3}(n-3)! - \cdots + (-1)^{n+1}\binom{n}{n}(n-n)!$$

$$= \frac{n!}{1!(n-1)!}(n-1)! - \frac{n!}{2!(n-2)!}(n-2)! + \frac{n!}{3!(n-3)!}(n-3)! - \cdots + (-1)^{n+1}\frac{n!}{n!(n-n)!}(n-n)!$$

$$= \frac{n!}{1!} - \frac{n!}{2!} + \frac{n!}{3!} - \cdots + (-1)^{n+1}\frac{n!}{n!}$$

그러므로 어느 한 학생도 자신의 답지를 채점하지 못할 배열의 수는

$$= n! - \left(\frac{n!}{1!} - \frac{n!}{2!} + \frac{n!}{3!} - \cdots + (-1)^{n+1}\frac{n!}{n!}\right)$$

$$= n!\left(1 - \frac{1}{1!} + \frac{1}{2!} + \frac{1}{3!} + \cdots + (-1)^n \frac{1}{n!}\right)$$

이 된다. ■

예제 4

n이 충분히 큰 값이면 $\dfrac{D_n}{n!} \sim e^{-1} \approx 0.37$. 즉 n개의 순열 중 약 38 %가 교란임을 보여라.

풀이 예제 3에서 어떤 학생이 자신의 답지를 받을 확률은 $\dfrac{1}{n}$이므로, 자신의 답지를 받지 못할 확률은 $1-\dfrac{1}{n}$이다. 그러므로 n명 모두 자신의 답지를 받지 못할 확률은 $\left(1-\dfrac{1}{n}\right)^n$이다. 따라서 n이 충분히 크다면

$$\lim_{n\to\infty}\left(1-\frac{1}{n}\right)^n = e^{-1} = \frac{1}{e}$$

이 된다. ■

예제 5

예제 2의 위 점화식 (◉)으로부터 처음 몇 항을 직접 구하면

$$D_1 = 0,\ D_2 = 1,\ D_3 = 2,\ D_4 = 9,\ D_5 = 44,\ D_6 = 265,\ D_7 = 1854,$$
$$D_8 = 14833,\ D_9 = 133496,\ D_{10} = 1334961,\ \cdots,\ D_n = nD_{n-1} + (-1)^n.$$

따라서 $D_n \equiv (-1)^n \pmod{n}$이므로 D_n은 홀수와 짝수가 교대로 나타난다. ■

참고 D_n을 subfactorial 또는 rencontres(프랑스어이며 영어로 encounter의 뜻) number라고 부르기도 한다.

$\displaystyle\sum_{n=0}^{\infty} D_n \frac{t^n}{n!} = \frac{e^{-t}}{1-t}$이 성립한다. (3.2 지수적 생성함수 참고)

2.4 카탈란 수(Catalan number)

카탈란 수(Catalan number) c_n은 우리 주변에서 상당히 자주 만날 수 있지만 피보나치 수(Fibonacci number)만큼은 잘 알려져 있지 않다. 참고문헌 [7]을 살펴보면 많은 도움이 되리라 생각한다. 이것은

$$c_0 = 1,\ c_{n+1} = c_0c_n + c_1c_{n-1} + c_2c_{n-2} + \cdots + c_nc_0 \ \ (n \geq 0)$$

으로 나타낼 수 있다. 먼저 이 수가 이루는 수열을 살펴보기로 하자.

1, 1, 2, 5, 14, 42, 132, 429, 1430, 4862, 16796, …

카탈란 수는 수학자 오일러가 "고정된 볼록 다각형을 대각선이 서로 교차하지 않는 삼각형으로 나누었을 때 그 방법이 몇 가지가 있겠는가?"라고 스스로 질문한 후에 발견했다는 일화가 있다. 그는 다음과 같은 점화식을 얻었다.

$$c_{n-2} = \frac{2 \cdot 6 \cdot 10 \cdots (4n-10)}{(n-1)!} \qquad (n \geq 3)$$

위 식에 $n=3$을 대입하면 $c_1 = \frac{2}{2!} = 1$, $n=4$를 대입하면 $c_2 = \frac{2 \cdot 6}{3!} = 2$, … 등을 얻을 수 있다.

그러면 이 수의 성질이 일상생활에서 60여 가지 이상으로 나타난다고 하는데, 그 중 몇 가지 경우를 간단히 살펴보기로 하자. c_n을 카탈란 수라고 하자.

(1) $c_n = \frac{1}{n+1}\binom{2n}{n} = \binom{2n}{n} - \binom{2n}{n+1}$

(2) 생성함수(generating function) $\frac{1-\sqrt{1-4x}}{2x}$를 멱급수로 표시하였을 때 계수들이다. (3장 연습문제 22번 참조)

(3) 점화식 : $c_0 = 1$, $(n+2)c_{n+1} = (4n+2)c_n$ $(n \geq 0)$ (7장 연습문제 16번 참조)

(4) $2n$명의 사람이 식탁에 둥글게 앉아 있을 때 그들의 팔이 서로 교차되지 않고 n쌍의 악수를 할 수 있는 방법의 수로 예를 들어 $2n=6$ 즉 $n=3$인 경우는 다음과 같다.

(5) 두 후보자 A, B가 선거에서 A가 B보다 뒤쳐지지 않을 때 n개의 투표권의 방법의 수

(6) 눈금이 1 간격인 좌표평면상에서 $(0,0)$에서 (n,n)까지 매 단계마다 한쪽 좌푯값을 증가시키며 나아갈 때, $y=x$상의 점들과 진행 도중에 가로지르지 않는 경로의 수

(7) n개의 변(edge)을 갖는 plane rooted tree의 개수

(8) n개의 내부 노드(internal node)를 갖는 서로 다른 이진(binary) tree의 개수
예를 들어 $n=3$일 때는 $c_3=5$이고 그것들은

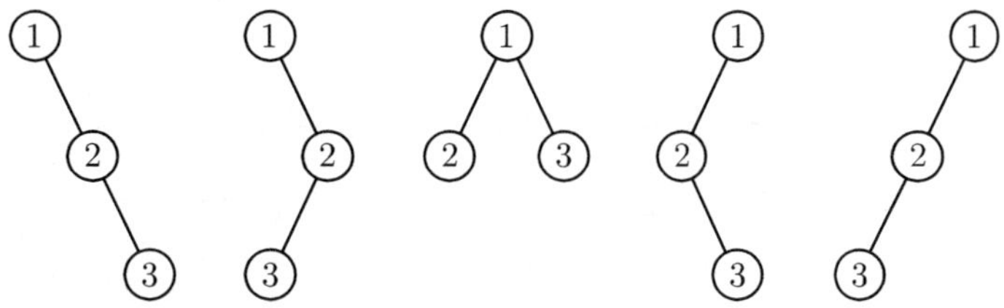

전위순회(preorder)	123	123	123	123	123
중위순회(inorder)	123	132	213	231	321
후위순회(postorder)			231		

(9) 임의의 $(n+2)$각형을 $(n-1)$개의 서로 만나지 않는 대각선을 그어 n개의 삼각형으로 나누는 방법의 개수. 예를 들어 $n=4$이면, $c_2=2$이다.

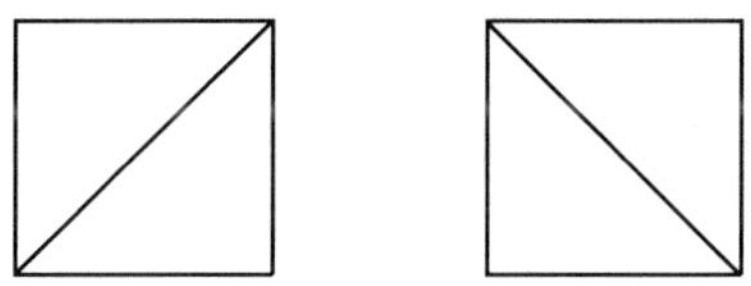

그리고, $n=5$이면, $c_3=5$이다.

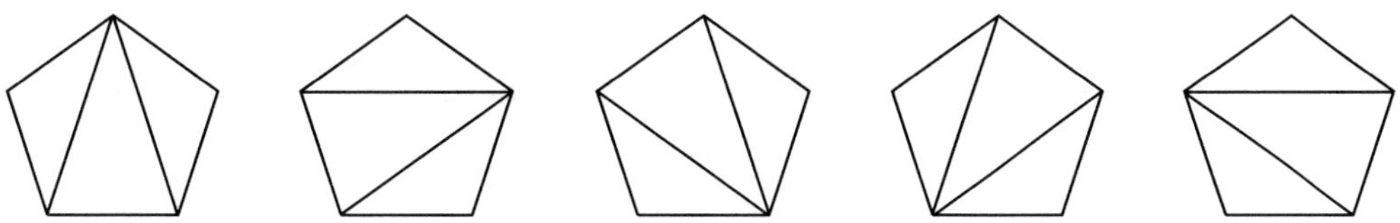

(10) 1 , 2 , 3 , ⋯ , n개의 node를 순서대로 스택(stack)을 이용하여 만들 수 있는 순열의 개수이다.

(11) 카탈란 수 c_n은 다음을 만족한다.

$$c_n = \frac{1}{2}\frac{1}{2n+1}\binom{2n+2}{n+1} \quad (n \geq 0\text{인 정수})$$

$$c_n = \binom{2n-1}{n} - \binom{2n-1}{n-2} \quad (n \geq 2\text{인 정수})$$

예제 1

입장료 오천 원인 어떤 극장에서 $2n$명의 관객이 매표소 앞에 줄을 서 있다. 이들 중 n명은 오천 원권 한 장만 가지고 있고, 나머지 n명은 만 원권 한 장만 가지고 있다고 한다. 그런데 표를 팔기 시작할 때에는 매표소에는 돈이 전혀 없기 때문에, 극장에선 앞사람에게 받은 오천 원을, 나중에 만 원을 내는 사람에게 거슬러 주어야 한다. 이때 줄을 서 있는 관객들은 매표소 직원만을 상대로 하고, 고객끼리는 잔돈을 주고받지 않으며 매표소 앞에 줄을 서 있는 순서대로 표를 판다고 한다. 이 $2n$명의 관객이 임의로 줄을 섰을 때 매표소에서 $2n$장의 표를 (거스름돈이 없어서 표를 팔지 못하는 경우가 없이) 모두 팔 수 있는 확률을 구하여라.

풀이 $\dfrac{c_n}{\frac{(2n)!}{n!n!}}$, 여기서 c_n은 카탈란 수이다. ■

카탈란 수는 $c_n = \dfrac{1}{n-1}\dbinom{2n-2}{n-2}$이다. 이는 주어진 n개의 수 $A_1, A_2, \cdots, A_n$을 곱할 때 본래의 곱의 순서를 유지하고 (결합을 달리하여 곱을) 계산할 수 있는 방법의 수와 같다.

정리 1

n개의 수를 결합법칙을 이용하여 곱하는 방법의 개수를 c_n이라할 때 c_n을 구하여라.

증명 n개의 수를 $\alpha_1, \alpha_2, \cdots, \alpha_n$이라 하자. 그러면 곱 $\alpha_1\alpha_2\alpha_3\cdots\alpha_n$을

앞 1개와 뒤 $n-1$개로 나누면 $\alpha_1(\alpha_2\alpha_3\cdots\alpha_n)$ … ①

앞 2개와 뒤 $n-2$개로 나누면 $(\alpha_1\alpha_2)(\alpha_3\cdots\alpha_n)$ … ②

앞 3개와 뒤 $n-3$개로 나누면 $(\alpha_1\alpha_2\alpha_3)(\alpha_4\cdots\alpha_n)$ … ③

… … …

앞 $n-2$개와 뒤 2개로 나누면 $(\alpha_1\alpha_2\cdots\alpha_{n-2})(\alpha_{n-1}\alpha_n)$ … ④

앞 $n-1$개와 뒤 1개로 나누면 $(\alpha_1 \alpha_2 \cdots \alpha_{n-1})\alpha_n$ … ⑤

이 된다. ①은 $c_1 c_{n-1}$개, ②는 $c_2 c_{n-2}$개, ③은 $c_3 c_{n-3}$개, … , ④는 $c_{n-2} c_2$개, ⑤는 $c_{n-1} c_1$개이므로 c_n의 개수는 이들의 합이 된다. 따라서

$$c_n = c_1 c_{n-1} + c_2 c_{n-2} + c_3 c_{n-3} + \cdots + c_{n-2} c_2 + c_{n-1} c_1 \quad (n \geq 2)$$

이 된다.

예제 2

$n=4$일 때, $A_1 A_2 A_3 A_4$를 순서를 유지하고 곱하는 방법은 $(A_1 A_2)(A_3 A_4)$, $((A_1 A_2) A_3) A_4$, $(A_1 (A_2 A_3)) A_4$, $A_1((A_2 A_3) A_4)$, $A_1(A_2(A_3 A_4))$이므로 $c_4 = 5$이다. ■

예제 3

$2n$명의 선거권자가 두 후보 A와 B에게 투표를 한 다음, 개표 도중에는 A 후보가 B 후보보다 진적이 없지만 최종결과는 두 후보가 각각 n표씩을 얻어 비겼다고 할 때, 이런 경우는 몇 가지가 있는가?

풀이 좌표평면에서 점 $(1,0)$을 출발하여 점 $(n+1, n)$에 도착하는 경로 중에서 $y=x$를 지나지 않는 경로의 수를 구하는 것과 같다. 점 $(1,0)$을 출발하여 점 $(n+1,n)$에 도착하는 경로 중에서 $y=x$를 지나는 경로의 수는 점 $(0,1)$을 출발하여 점 $(n+1,n)$에 도착하는 경로의 수와 같다. 따라서 점 $(1,0)$을 출발하여 점 $(n+1,n)$에 도착하는 경로의 수에서 점 $(0,1)$을 출발하여 점 $(n+1,n)$에 도착하는 경로의 수를 뺀 값이 된다. 그러므로

$$c_n = \binom{2n}{n} - \binom{2n}{n+1} = \frac{(2n)!}{(n+1)!n!} \quad (n \geq 1)$$

로 주어진다. ■

예제 4

$c_n = \dfrac{1}{n+1}\dbinom{2n}{n}$이 정수가 됨을 보여라.

풀이 이 문제를 풀기 위해서는 정수론의 기초지식이 필요하다.

① 먼저 $m, n \geq 1$이고, m과 n의 최대공약수를 $k = \gcd(m,n)$라 하면 $\dbinom{m}{n}$은 $\dfrac{m}{k}$의 배수가 됨을 보인다. 그리고 $\dbinom{m}{n}$은 $\dfrac{m-n+1}{\gcd(m+1, n)}$의 배수가 됨을 보인다.

② 위 ①의 2개의 사실에서 각각 $\binom{2n}{n}$는 짝수이며, $m=2n$이라 하면 $\gcd(m+1, n)=1$이므로 $\binom{2n}{n}$은 $n+1$의 배수가 됨을 보이면 된다. ■

2.5 Stirling number

수 $(-1)^{n-m}\begin{bmatrix} n \\ m \end{bmatrix}$은 정확히 m cycle을 갖는 n개의 기호의 순열의 수이다. 항 $\begin{bmatrix} n \\ m \end{bmatrix}$을 Stirling number(또는 제1종 Stirling number)라 한다. 그것은 수치적으로 다음과 같이 계산된다. 여기서 말하는 m cycle이란 현대대수학에서 나오는 $(a_1, a_2, \cdots, a_n)$과 같은 치환(permutation)을 말한다.

$$\begin{bmatrix} n \\ m \end{bmatrix} = \sum_{k=0}^{n-m} (-1)^k \binom{n-1+k}{n-m+k}\binom{2n-m}{n-m-k}\begin{Bmatrix} n-m-k \\ k \end{Bmatrix}$$

예제 1

4개의 원소로 이루어진 집합 $\{a, b, c, d\}$에 대해, 정확히 2 cycle을 포함하는 순열은 $\begin{bmatrix} 4 \\ 2 \end{bmatrix}=11$이다. 그것들을 조사하면

$$\begin{pmatrix} 1\,2\,3\,4 \\ 2\,3\,1\,4 \end{pmatrix}=(123)(4), \quad \begin{pmatrix} 1\,2\,3\,4 \\ 3\,1\,2\,4 \end{pmatrix}=(132)(4), \quad \begin{pmatrix} 1\,2\,3\,4 \\ 3\,2\,4\,1 \end{pmatrix}=(134)(2),$$

$$\begin{pmatrix} 1\,2\,3\,4 \\ 4\,2\,1\,3 \end{pmatrix}=(143)(2), \quad \begin{pmatrix} 1\,2\,3\,4 \\ 2\,4\,3\,1 \end{pmatrix}=(124)(3), \quad \begin{pmatrix} 1\,2\,3\,4 \\ 4\,1\,3\,2 \end{pmatrix}=(142)(3),$$

$$\begin{pmatrix} 1\,2\,3\,4 \\ 1\,3\,4\,2 \end{pmatrix}=(234)(1), \quad \begin{pmatrix} 1\,2\,3\,4 \\ 1\,4\,2\,3 \end{pmatrix}=(243)(1), \quad \begin{pmatrix} 1\,2\,3\,4 \\ 2\,1\,4\,3 \end{pmatrix}=(12)(34),$$

$$\begin{pmatrix} 1\,2\,3\,4 \\ 3\,4\,1\,2 \end{pmatrix}=(13)(24), \quad \begin{pmatrix} 1\,2\,3\,4 \\ 4\,3\,2\,1 \end{pmatrix}=(14)(23).$$

■

참고 점화식(recurrence relation)으로 나타내면 $\begin{bmatrix} n+1 \\ m \end{bmatrix}=\begin{bmatrix} n \\ m-1 \end{bmatrix}-n\begin{bmatrix} n \\ m \end{bmatrix}$이다.

Stirling cycle number $\begin{Bmatrix} n \\ k \end{Bmatrix}$는 n을 k개의 block으로 나누는 방법의 수이다. (이것을 제2종 Stirling number라고 한다.) 이것은 n개의 구분이 되는 공을 k개의 구분이 되지

않는 상자에 빈 상자가 하나도 생기지 않도록 놓는 방법과 동치이다. 이 Stirling number는 수치적으로 다음과 같이 계산된다.

$$\left\{ {n \atop k} \right\} = \frac{1}{k!} \sum_{i=0}^{k} (-1)^{k-i} \binom{k}{i} i^n, \quad \text{여기서 } n, k \text{ 는 자연수이고 } n \geq k \text{ 이다.}$$

예제 2

$\left\{ {4 \atop 3} \right\} = 6$이다. 왜냐하면 집합 $\{1, 2, 3, 4\}$를 다음과 같은 6가지 방법으로 나눌 수 있기 때문이다.

$\{1\}, \{2\}, \{3, 4\} : \{1\}, \{3\}, \{2, 4\} : \{1\}, \{4\}, \{2, 3\} :$

$\{2\}, \{3\}, \{1, 4\} : \{2\}, \{4\}, \{1, 3\} : \{3\}, \{4\}, \{1, 2\}$ ■

예제 3

4개의 서로 다른 공 $\{a, b, c, d\}$를 2개의 구별이 되지 않는 상자에 빈 상자가 생기지 않도록 넣는 방법은 $\left\{ {4 \atop 2} \right\} = \frac{1}{2!} \sum_{i=0}^{2} (-1)^{2-i} \binom{2}{i} i^4 = 7$가지이다. 이것을 열거하면

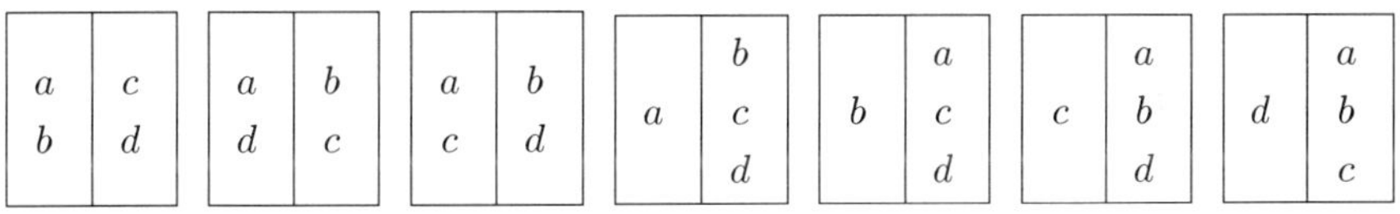

■

정리 1

n개의 서로 다른 공을 k개의 구별이 되는 상자에 빈 상자가 생기지 않도록 넣는 방법은 $k! \left\{ {n \atop k} \right\}$가지이다.

예제 4

4개의 서로 다른 공 $\{a, b, c, d\}$를 3개의 구별이 되는 상자에 빈 상자가 생기지 않도록 넣는 방법은 $3! \left\{ {4 \atop 3} \right\} = 3! \frac{1}{3!} \sum_{i=0}^{3} (-1)^{3-i} \binom{3}{i} i^4 = 36$가지이다. ■

예제 5

예제 4를 다음과 같이 풀이할 수도 있다.

(방법 1) ○ 를 공이라고 하고, ㅣ를 상자를 구분하는 표시라 하면

○ ○ ○ ○ 은 4개의 공을 배열하는 방법으로 4!가지이고

○ v○ v○ v○와 같이 v 표시한 3군데에 중에 2곳에 ㅣ로 상자 구분을 할 수 있으므로 어느 한 상자에는 2개의 공이 들어갈 수 있다. 따라서

$$\frac{4!}{2!1!1!} \times \binom{3}{2} = 36$$

가지가 된다.

(방법 2) A는 4개의 원소, B는 3개의 원소를 가질 때 $f: A \to B$가 전사함수가 되는 가짓수를 구하는 문제와 같다.

위 예제 4와는 다른 방법인 포함배제의 원리(inclusion-exclusion principle)를 이용하면

$$3^4 - \binom{3}{1} 2^4 + \binom{3}{2} 1^4 = 36$$

으로 3^4은 $f: A \to B$인 전체 함수의 개수이고, $\binom{3}{1} 2^4$는 B 중의 어느 한 원소로 가지 않는 경우의 수이고, $\binom{3}{2} 1^4$은 B 중의 어느 두 원소로 가지 않는 경우의 수이다. ▒

2.6 Bell number

서로 다른 n개의 색을 가진 구슬을 서로 구별되지 않는 n개의 상자 안에 넣는다고 할 때 몇 가지 방법이 가능한지 조사해 보자.

① $n=1$이면 1가지 방법밖에는 없다. 즉

a

$B_1 = 1$

② $n=2$이면 2가지 방법이 있을 수 있다. 2개의 구슬 전부를 어느 한쪽 상자에 넣거나, 하나씩 따로 상자에 넣는 것이다.

a	b

와

ab	

$B_2 = 2$

③ $n=3$이면 5가지 방법이 있다. 편의상 구슬을 a, b, c라 하면

a	b	c

$a\ b$	c	

$a\ c$	b	

$b\ c$	a	

$a\ b\ c$		

그러면 $n=4$일 때를 조사해 보면 15개의 방법이 있다는 것을 알게 된다. 따라서 n이 증가하면 방법의 수열은 다음과 같이 나타난다.

$$1,\ 2,\ 5,\ 15,\ 52,\ 203,\ 877,\ 4140,\ \cdots$$

이것은 스코틀랜드 태생의 미국 수학자인 에릭 템플 벨(Eric Temple Bell, 1883~1960)을 기념하여 Bell number라고 부른다. 그 이유는 비록 Bell number는 Bell보다 오래전에 인식되었지만, Bell이 처음으로 그것들을 깊이 있게 분석하고 그 중요성을 보여주었기 때문이다.

n-번째 Bell number B_n은 n개의 원소를 갖는 집합의 분할의 수를 나타낸다. 계산상으로는 $B_n = \sum_{m=1}^{n} \left\{ {n \atop m} \right\}$으로 여기서 $\left\{ {n \atop m} \right\}$는 제2종 Stirling number이다.

예제 1

$n=4$일 때, $\left\{ {4 \atop 1} \right\} = 1$, $\left\{ {4 \atop 2} \right\} = 7$, $\left\{ {4 \atop 3} \right\} = 6$, $\left\{ {4 \atop 4} \right\} = 1$이다. 따라서

$$B_4 = \left\{ {4 \atop 1} \right\} + \left\{ {4 \atop 2} \right\} + \left\{ {4 \atop 3} \right\} + \left\{ {4 \atop 4} \right\} = 15$$

가 됨을 알 수 있다. 그리고 $B_4 = 15$임을 보이기 위해서는 4개의 원소로 이루어진 집합 $\{a, b, c, d\}$에 대해 다음과 같이 15가지 방법이 있음을 확인할 수 있다.

a	c	bd		a	d	bc		b	c	ad	
b	d	ac		c	d	ab		$abcd$			
ab	cd			ac	bd			ad	bc		
a	b	c	d	a	bcd			b	acd		
c	abd			d	abc			a	b	cd	

벨에 의해 발견된 B_n에 대한 재미있는 성질은 Bell number에 대한 생성함수는

$\sum_{n=0}^{\infty} \frac{B_n}{n!} x^n = \exp(e^x - 1)$라는 사실이다. 이 결과 n-번째 Bell number에 대한 Dobinski 공식(Dobinski's formula) $B_n = e^{-1} \sum_{m=0}^{\infty} m^n / m!$을 얻을 수 있다.

$$B_1 = 1,\ B_2 = 2,\ B_3 = 5,\ B_4 = 15,\ B_5 = 52,\ B_6 = 203,$$
$$B_7 = 877,\ B_8 = 4140,\ B_9 = 21147,\ B_{10} = 115975,\ \cdots$$

계승다항식(factorial polynomial) $x^{(n)}$은 x부터 시작하여 1씩 감소하는 n개의 수의 곱이다. 즉, $x^{(n)} = x(x-1)\cdots(x-n+1)$으로 정의한다. 특히 $x^{(0)} = 1$로 정의한다.

$$n > 0\text{이면, } x^{(n)} = \begin{bmatrix} n \\ 1 \end{bmatrix} x + \begin{bmatrix} n \\ 2 \end{bmatrix} x^2 + \cdots + \begin{bmatrix} n \\ n \end{bmatrix} x^n.$$

예제 2

$$x^{(3)} = x(x-1)(x-2) = 2x - 3x^2 + x^3 = \begin{bmatrix} 3 \\ 1 \end{bmatrix} x + \begin{bmatrix} 3 \\ 2 \end{bmatrix} x^2 + \begin{bmatrix} 3 \\ 3 \end{bmatrix} x^3.$$ ■

일반지수(ordinary power) x^n은 x를 n번 곱한 것을 말하며 다음과 같이 나타낼 수 있다. $n > 0$이면, $x^n = \begin{Bmatrix} n \\ 1 \end{Bmatrix} x^{(1)} + \begin{Bmatrix} n \\ 2 \end{Bmatrix} x^{(2)} + \cdots + \begin{Bmatrix} n \\ n \end{Bmatrix} x^{(n)}$이다.

예제 3

$$x^3 = \begin{Bmatrix} 3 \\ 1 \end{Bmatrix} x^{(1)} + \begin{Bmatrix} 3 \\ 2 \end{Bmatrix} x^{(2)} + \begin{Bmatrix} 3 \\ 3 \end{Bmatrix} x^{(3)}.$$ ■

연습문제 2

1. $\binom{k}{k}+\binom{k+1}{k}+\binom{k+2}{k}+\cdots+\binom{n-1}{k}+\binom{n}{k}=\binom{n+1}{k+1}$임을 증명하여라. 단, $n \geq k$.

2. $(1-\sqrt{2})^n = a_n - \sqrt{2}\,b_n$이라 할 때, a_n과 b_n을 이항계수를 이용하여 나타내어라. 단, a_n, b_n은 정수를 나타낸다.

3. 다음이 성립함을 보여라.

(1) $0 \leq j \leq i-1$일 때 $\binom{i}{j}+\binom{i}{j+1}=\binom{i+1}{j+1}$이다.

(2) $0 \leq p$, $0 \leq s$일 때 $\sum_{i=0}^{s}\binom{p+i}{p}=\binom{p+s+1}{p+1}$이다.

4. 개인 사물함의 잠금장치로 많이 이용하는 자물쇠에 8개의 버튼 중에 4개를 누르면 열리는 것이 있다. 이 자물쇠를 열기 위해서는 최대 몇 번의 시행이 필요한가?

5. 우리나라 로또(Lotto)는 1부터 45까지 45개의 숫자 중에 6개를 선택하는 방식을 사용하고 있다. 로또 광고에는 6개의 숫자가 일치하면 1등이고, 5개의 숫자가 일치하고 보너스 숫자가 일치하면 2등이며, 5개의 숫자가 일치하면 3등이며, 4개의 숫자가 일치하면 4등, 3개의 숫자가 일치하면 5등이라고 되어 있다. 그러면 이 경우 각 등수에 당첨될 확률을 구하여라.

6. '파워볼'은 미국의 대부분의 주(州)와 워싱턴 D.C.에서 판매되는데, 하얀 공 59개 중 5개, 빨간 공 35개 중 1개를 뽑아 6개의 당첨 번호를 뽑는 방식이다. 1등 당첨될 확률을 구하여라.

7. 다음 이항계수에 대한 성질이 성립함을 보여라. 특별한 언급이 없으면 k, m, n, r, s는 음이 아닌 정수라고 한다.

(1) $\binom{n}{k}\binom{k}{m}=\binom{n}{m}\binom{n-m}{k-m}$ (이것을 Newton's Identity라 한다.)

(2) $\binom{2n}{n} = \frac{2^n(2n-1)!!}{n!} = \frac{2^n(2n-1)(2n-3)\cdots 3\cdot 1}{n!}$

(3) 이항계수 $\binom{n}{m}$은 $(1+x)^n = \sum_{m=0}^{n}\binom{n}{m}x^m$과 $(1-x)^{-m-1} = \sum_{n=m}^{\infty}\binom{n}{m}x^{n-m}$의 생성함수(3장 참조)가 된다.

(4) $\binom{n}{n} + \binom{n+1}{n} + \binom{n+2}{n} + \cdots + \binom{n+m}{n} = \binom{n+m+1}{n+1}$

[이를 열합(column summation)이라고 한다.]

(5) $\sum_{k=0}^{m}\binom{m}{k}\binom{n}{r+k} = \binom{m+n}{m+r}$

(6) $\sum_{k=0}^{m}\binom{m-k}{r}\binom{n+k}{s} = \binom{m+n+1}{r+s+1}$

(7) $\sum_{m=k}^{n}\binom{m}{k} = \binom{n+1}{k+1}$

(8) 자연수 $k < m, n$일 때, $\sum_{j=0}^{k}\binom{n}{j}\binom{m}{k-j} = \binom{n+m}{k}$

(9) n과 r이 자연수일 때, $\sum_{k=0}^{r}\binom{n+k}{k} = \binom{n+r+1}{r}$

(10) $m \le n$이면, $\sum_{k=0}^{m}\binom{n}{k}\binom{n}{m-k} = \binom{2n}{m}$

$0 < m \le n$이면, $\sum_{k=0}^{m}(-1)^k\binom{n-k}{n-m}\binom{n}{k} = 0$

(11) $1\binom{n}{1} - 2\binom{n}{2} + \cdots + (-1)^{n+1}n\binom{n}{n} = 0$

(12) $2n$개의 물체 중에 n개가 동일하다고 한다. 이런 $2n$개의 물체 중 n개를 뽑는 방법은 몇 가지인가?

(13) $3n+1$개의 물체 중에 n개가 동일하다고 한다. 이런 $3n+1$개의 물체 중 n개를 뽑는 방법은 몇 가지인가?

(14) 자연수 n에 대하여 등식 $\binom{n}{n} + \binom{n+1}{n} + \binom{n+2}{n} = \binom{n+3}{n+1}$이 성립함을 증명하여라.

(15) $\binom{n}{2} + \binom{n-1}{2} = (n-1)^2$

(16) $\frac{1}{n}\binom{mn}{m} = \binom{nm-1}{m-1}$

(17) $n\binom{n}{r} = (r+1)\binom{n}{r+1} + r\binom{n}{r},\ 0 \le r \le k \le n$.

(18) $\dfrac{1}{n+1}\binom{n-1}{m}\binom{n+1}{m+1} = \dfrac{1}{m+1}\binom{n-1}{m}\binom{n}{m}$

(19) $\binom{a-1}{b-1}\binom{a}{b+1}\binom{a+1}{b} = \binom{a-1}{b}\binom{a}{b-1}\binom{a+1}{b+1}$임을 증명하여라.

8. 다음을 증명하여라.

$$\binom{k}{2} + \binom{n-k}{2} + k(n-k) = \binom{n}{2}$$

9. $\sum_{i=1}^{n} \begin{bmatrix} n \\ i \end{bmatrix} = n!$임을 보여라.

10. $\begin{bmatrix} n \\ k \end{bmatrix}$는 $\dfrac{1}{(1+x)(1+2x)\cdots(1+nx)}$에서 x^k의 계수임을 보여라.

11. $\begin{bmatrix} n+1 \\ k \end{bmatrix} = n\begin{bmatrix} n \\ k \end{bmatrix} + \begin{bmatrix} n \\ k-1 \end{bmatrix}$임을 보여라.

12. 다음이 성립함을 보여라. 단, $n > 0$이다.

(1) $\left\{ \begin{matrix} n \\ 1 \end{matrix} \right\} = 1$

(2) $\left\{ \begin{matrix} n \\ 2 \end{matrix} \right\} = 2^{n-1} - 1$

(3) $\left\{ \begin{matrix} n \\ n-1 \end{matrix} \right\} = \binom{n}{2}$

13. $\left\{ \begin{matrix} n \\ k \end{matrix} \right\}$는 $\dfrac{1}{(1-x)(1-2x)\cdots(1-kx)}$에서 x^n의 계수임을 보여라.

14. (1) $k > 0$이면 $\left\{ \begin{matrix} n+1 \\ k \end{matrix} \right\} = k\left\{ \begin{matrix} n \\ k \end{matrix} \right\} + \left\{ \begin{matrix} n \\ k-1 \end{matrix} \right\}$임을 보여라.

(2) $n > 0$이면 $\left\{ \begin{matrix} 0 \\ 0 \end{matrix} \right\} = 1$, $\left\{ \begin{matrix} n \\ 1 \end{matrix} \right\} = 1$, $\left\{ \begin{matrix} n \\ 2 \end{matrix} \right\} = 2^{n-1} - 1$, $\left\{ \begin{matrix} n \\ 0 \end{matrix} \right\} = \left\{ \begin{matrix} 0 \\ n \end{matrix} \right\} = 0$임을 보여라.

15. $n \ge 0$에 대해, $B_{n+1} = \sum_{i=0}^{n} \binom{n}{n-i} B_i$임을 보여라. 단, $B_0 = 1$이다.

16. $n! = \sum_{r=0}^{n} \binom{n}{r} D_{n-r}$ 임을 보여라.

17. 1번부터 30번까지 번호가 붙은 한반 30명이 있는 어느 학급에서 성적순으로 다시 세웠더니 n명$(0 \le n \le 30)$이 제 위치에 놓였다고 한다. 이와 같은 경우의 수를 구하여라. 단, D_n은 n개의 원소를 갖는 교란의 수라고 한다.

18. 카탈란 수와 관련된 문제로 n개의 모자를 차례대로 한 번씩 썼다가 벗는다고 할 때 모자를 모두 한 번씩 썼다가 벗는 방법은 모두 몇 가지인가? 단 모자를 여러 개 겹쳐서 써도 된다고 한다.

19. 다음 그림에서 A에서 B로 가는 최단거리는 몇 가지인가?

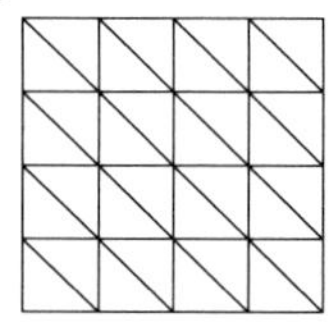

20. 모든 정수 $0 < b < a$에 대해, $\binom{a}{b}$는 a의 배수가 됨을 보여라.

21. $\binom{a+b+c}{a,\ b,\ c} = \dfrac{(a+b+c)!}{a!\,b!\,c!}$ 이라고 정의하자. 그러면

$\binom{a+b+c}{a,\ b,\ c} = \binom{a+b+c-1}{a-1,\ b,\ c} + \binom{a+b+c-1}{a,\ b-1,\ c} + \binom{a+b+c-1}{a,\ b,\ c-1}$ 임을 보여라.

22. 문제 21과 같은 방법으로 이차원에서는

$\binom{a+b}{b} = \binom{a+b-1}{b} + \binom{a+b-1}{b-1}$ 이 성립함을 보여라.

23. $2\binom{n}{1} + 4\binom{n}{2} + 6\binom{n}{3} + \cdots + 2n\binom{n}{n}$ 을 구하여라.

24. $\binom{n}{0} + 3\binom{n}{1} + 5\binom{n}{2} + \cdots + (2n+1)\binom{n}{n}$ 을 구하여라.

연습문제 2 – 문제풀이

1. 힌트 $\binom{n+1}{k+1}=\binom{n}{k}+\binom{n}{k+1}$을 반복 이용한다.

풀이
$$\begin{aligned}\binom{n+1}{k+1} &= \binom{n}{k}+\binom{n}{k+1}\\ &= \binom{n}{k}+\binom{n-1}{k}+\binom{n-1}{k+1}\\ &= \binom{n}{k}+\binom{n-1}{k}+\binom{n-2}{k}+\binom{n-2}{k+1}\\ &= \binom{n}{k}+\binom{n-1}{k}+\binom{n-2}{k}+\binom{n-3}{k}+\binom{n-3}{k+1}\\ &\cdots\cdots\cdots\cdots\\ &= \binom{n}{k}+\binom{n-1}{k}+\binom{n-2}{k}+\cdots+\binom{k+1}{k}+\binom{k}{k}\end{aligned}$$

4. 답 $\binom{8}{4}=70$번

5. 풀이 다음에 각각의 확률을 계산하였다. 특히 2등 당첨 확률 계산에 주의하여라.

1등에 당첨될 확률은 $\dfrac{1}{\binom{45}{6}}=\dfrac{1}{8145060}$.

2등에 당첨될 확률은 $\dfrac{\binom{6}{5}\binom{39}{1}}{\binom{45}{6}}\times\dfrac{1}{39}=\dfrac{6}{8145060}=\dfrac{1}{1357510}$.

3등에 당첨될 확률은 $\dfrac{\binom{6}{5}\binom{38}{1}}{\binom{45}{6}}=\dfrac{228}{8145060}\ (\approx\dfrac{1}{35724})$.

4등에 당첨될 확률은 $\dfrac{\binom{6}{4}\binom{39}{2}}{\binom{45}{6}}=\dfrac{11115}{8145060}\ (\approx\dfrac{1}{733})$.

5등에 당첨될 확률은 $\dfrac{\binom{6}{3}\binom{39}{3}}{\binom{45}{6}} = \dfrac{182780}{8145060}$ $\left(\approx \dfrac{1}{45}\right)$.

8. 풀이 n개의 원소를 갖는 집합을 k개의 원소를 갖는 부분집합과 나머지 $n-k$개의 원소를 갖는 2개의 서로소인 집합으로 나눈다. 그러면 n개에서 2개를 뽑는 방법은 k $(k<n)$개에서 2개를 뽑든지, $n-k$개에서 2개를 뽑든지, 각각의 집합에서 하나씩 뽑는 3가지의 경우가 된다.

17. 답 $\binom{30}{n}D_n$

19. 힌트 A에서 B로 가려면 ↘와 ↓와 →를 이용해야 한다. 이때 ↘ 방향을 포함하는 경우는 0번, 1번, 2번, 3번, 4번이고 이들은 모든 경우를 포함하면서 중복되지 않으므로 합하면 된다.

답 $\dfrac{8!}{4!4!} + \dfrac{7!}{3!3!} + \dfrac{6!}{2!2!2!} + \dfrac{5!}{3!} + 1 = 321$가지가 된다.

21. 풀이 이것은 가로 a, 세로 b, 높이 c를 길이로 가지는 공간상에서의 직육면체를 생각하자. 이 직육면체의 한 꼭짓점 A에서 출발하여 가장 멀리 떨어져 있는 꼭짓점 B로 가는 방법을 생각하면, B에 도달하기 위해서는 가로, 세로, 높이 방향으로 바로 전 단계인 3개의 꼭짓점을 통과해야 한다. 이것은 중복됨이 없고 모든 경우를 포함하는 것으로 우변과 같은 3개의 합으로 나타난다.

3장 생성함수

이 장에서는 어떤 조건을 만족하는 집합의 원소를 헤아리는 방법에 대하여 학습하기로 한다. 이 경우는 모든 조건을 만족하는 원소를 빠짐없이, 중복되지 않게 헤아리는 것이 중요하다. 먼저 일반적 생성함수를 이용하는 방법에 대하여 학습한다.

3.1 일반적 생성함수(ordinary generating functions)

예제 1

12개의 사과를 세 사람에게 각각 c_1, c_2, c_3개를 나누어 주는 데, $c_1 \geq 4$, $c_2 \geq 2$, $2 \leq c_3 \leq 5$가 되도록 나누어 줄 수 있는 방법의 개수를 구하여라.

풀이 $f(x) = (x^4 + x^5 + x^6 + x^7 + x^8)(x^2 + x^3 + x^4 + x^5 + x^6)(x^2 + x^3 + x^4 + x^5)$

에서 x^{12}의 계수와 같게 된다. 그 이유는

c_1	c_2	c_3	c_1	c_2	c_3	c_1	c_2	c_3	c_1	c_2	c_3	c_1	c_2	c_3
4	3	5	5	2	5	6	2	4	7	2	3	8	2	2
4	4	4	5	3	4	6	3	3	7	3	2			
4	5	3	5	4	3	6	4	2						
4	6	2	5	5	2									

이고, c_1, c_2, c_3을 더해서 12가 되는 것은 $f(x)$에서 x^{12}의 계수로 그 값은 14가 된다. ■

예제 2

빨강, 파랑, 노랑, 하양의 4가지 색의 풍선이 각각 24개씩 있다. 이 중에서 24개를 뽑으려고 한다. 이때 노랑이 짝수 개이고 하양이 적어도 6개가 되는 방법의 수를 구하여라.

풀이 빨강 : $x^0 + x^1 + x^2 + x^3 + \cdots + x^{24}$

파랑 : $x^0 + x^1 + x^2 + x^3 + \cdots + x^{24}$

노랑 : $x^0 + x^2 + x^4 + x^6 + \cdots + x^{24}$

하양 : $x^6 + x^7 + x^8 + x^9 + \cdots + x^{24}$

$$f(x) = (1 + x^1 + x^2 + x^3 + \cdots + x^{24})^2 (1 + x^2 + x^4 + x^6 + \cdots + x^{24})$$
$$(x^6 + x^7 + x^8 + \cdots + x^{24})$$

에서 x^{24}의 계수를 구하는 것과 같다. ■

예제 3

음이 아닌 4개의 정수의 합이 25가 되는 방법은 몇 가지가 있는가?

참고 이 문제는 $c_1 + c_2 + c_3 + c_4 = 25$의 해의 개수, $c_i \ge 0 (1 \le i \le 4)$를 구하는 것과 같다.

풀이 $f(x) = (1 + x^1 + x^2 + x^3 + \cdots + x^{25})^4$

$$= \left(\frac{1 - x^{26}}{1 - x}\right)^4 = (1 - x^{26})^4 (1 - x)^{-4}$$

에서 x^{25}의 계수와 같다. 그런데 이것은

$f(x) = (1 + x^1 + x^2 + x^3 + \cdots)^4 = \left(\frac{1}{1 - x}\right)^4$에서 x^{25}의 계수와 같다.

이 둘을 비교하여라. ■

참고 미국에서 현재 통용되는 동전은 penny(1 cent), nickel(5 cent), dime(10 cent), quarter(25 cent), half dollar(50 cent), dollar(100 cent)의 6종류가 있다. 미국에서는 덴버(Denver), 필라델피아(Philadelphia), 샌프란시스코(San Francisco)에 있는 조폐소에서 주로 동전을 발행하고 있다. 각 동전은 만들어진 곳을 동전의 연도 옆이나 밑에 표시하는데, 아무 표시가 없거나 P가 적혀있으면 필라델피아에서, S가 적혀있으면 샌프란시스코에서, D가 적혀있으면 덴버에서 만든 것이다. 최근 미국 동전의 앞뒤 모습이 예전과 달라졌으며 25 cent 동전은 1999년부터 매년 5개 주씩 2008년까지 50개 주의 이름과 그 주를 대표하는 상징물을 동전에 넣어 발행하고 있다.

왼쪽부터 차례대로 penny(1 cent), nickel(5 cent), dime(10 cent), quarter(25 cent), half dollar(50 cent)와 dollar 동전. 윗줄은 앞면, 아랫줄은 뒷면 모습이다.

예제 4

penny와 nickel을 이용하여 n cent를 만드는 방법은 몇 가지인가?

풀이 penny(1 cent)로는 $x^0 + x^1 + x^2 + x^3 + \cdots$

nickel(5 cent)로는 $x^0 + x^5 + x^{10} + x^{15} + \cdots$

를 구성할 수 있으므로 n cent를 구성하려면

$$f(x) = (x^0 + x^1 + x^2 + x^3 + \cdots)(x^0 + x^5 + x^{10} + x^{15} + \cdots)$$

에서 x^n의 계수를 구하면 된다. ■

예제 5

n cent를 penny, nickel, dime으로 구성할 수 있는 경우의 수는

1 cent	$x^0 + x^1 + x^2 + x^3 + \cdots$
5 cent	$x^0 + x^5 + x^{10} + x^{15} + \cdots$
10 cent	$x^0 + x^{10} + x^{20} + x^{30} + \cdots$

으로부터

$$f(x) = (x^0 + x^1 + x^2 + \cdots)(x^0 + x^5 + x^{10} + \cdots)(x^0 + x^{10} + x^{20} + \cdots)$$

에서 x^n의 계수를 구하면 된다. ■

예제 6

1달러를 penny, nickel, dime, quarter, half dollar를 이용하여 거슬러 줄 수 있는 방법은 몇 가지인가? 이들 동전 중에 각각 한 종류의 동전을 제외하고 나머지 동전들을 사용하여 1달러

를 거슬러 줄 방법은 무엇인가?

풀이 1달러를 penny, nickel, dime, quarter, half dollar를 이용하여 거슬러 줄 수 있는 방법은 모두 292가지이다. 1센트 동전(penny)을 사용하지 않을 경우 40가지, 5센트 동전(nickel)을 사용하지 않을 경우 40가지, 10센트 동전(dime)을 사용하지 않을 경우 74가지, 25센트 동전(quarter)을 사용하지 않을 경우 158가지, 50센트 동전(half dollar)을 사용하지 않을 경우 242가지가 있다. ■

정의 1

$a_0, a_1, a_2, \cdots$을 실수열(a sequence of real numbers)이라 하자. 그러면

$$f(x) = a_0 + a_1 x + a_2 x^2 + \cdots = \sum_{i=0}^{\infty} a_i x^i$$

를 주어진 수열에 대한 **(일반적) 생성함수**((ordinary) generating function)라고 한다.

주의 위 생성함수 $f(x)$에서 초항이 상수항 a_0으로 나타남에 주의하여라. 그리고 이 실수열은 무한개의 항으로 이루어졌으므로 유한수열일 경우는 마지막 항 이후는 모두 0이 계속된다고 생각한다.

고등학교에서 학습한 등비수열의 항의 합에 대하여 복습하기로 하자.

(1) 초항이 a이고 공비(common ratio)가 r인 등비수열의 처음 n항까지의 합은

$$a + ar + ar^2 + \cdots + ar^{n-1} = \frac{a(1-r^n)}{1-r}$$

으로 나타난다.

(2) 초항이 a이고 공비(common ratio)가 r인 무한등비급수

$$a + ar + ar^2 + \cdots + ar^{n-1} + \cdots$$

는 $|r| < 1$일 때 수렴하고 그 값은 $\frac{a}{1-r}$이다.

참고 $\frac{a}{1-r} = a + ar + ar^2 + \cdots + ar^{n-1} + \cdots$ 을 직접 분자 a를 분모 $1-r$로 나누어 얻을 수 있음에 주목하여라.

예제 7

n이 자연수이면

$$(1+x)^n = \binom{n}{0} + \binom{n}{1}x + \binom{n}{2}x2 + \cdots + \binom{n}{n}x^n$$

이므로 $(1+x)^n$는 수열 $\binom{n}{0}$, $\binom{n}{1}$, $\binom{n}{2}$, $\cdots$, $\binom{n}{n}$, 0, 0, 0, $\cdots$ 에 대한 생성함수이다. ▒

예제 8

(1) n이 자연수일 때

$$1 - x^{n+1} = (1-x)(1 + x + x^2 + \cdots + x^n)$$

이므로

$$\frac{1-x^{n+1}}{1-x} = 1 + x + x^2 + x^3 + \cdots + x^n\ ,\ |x| < 1$$

는 수열 1, 1, 1, ⋯ , 1, 0, 0, 0,⋯ 에 대한 생성함수이다.

└ n+1개 ┘

(2) $\frac{1}{1-x} = 1 + x + x^2 + \cdots\ ,\ |x| < 1$

$\frac{1}{1-x}$ 는 수열 1, 1, 1, 1, ⋯ 에 대한 생성함수이다.

(3) $\frac{1}{1-x} = 1 + x + x^2 + \cdots$ 의 양변을 미분하면

$$\frac{d}{dx}\left(\frac{1}{1-x}\right) = 1 + 2x + 3x^2 + 4x^3 + \cdots$$

이므로 $\frac{1}{(1-x)^2}$ 는 수열 1, 2, 3, 4, ⋯ 의 생성함수이다.

그리고 $\frac{x}{(1-x)^2} = 0 + x + 2x^2 + 3x^3 + \cdots$ 이므로 이것은 수열 0, 1, 2, 3, ⋯ 에 대한 생성함수이다.

(4) $\frac{d}{dx}\left(\frac{x}{(1-x)^2}\right) = \frac{x+1}{(1-x)^3} = 1 + 2^2x + 3^2x^2 + 4^2x^3 + \cdots$

는 수열 1^2, 2^2, 3^2, 4^2, $\cdots$ 에 대한 생성함수이다. ▒

예제 9

다음 각 수열에 대한 생성함수를 구하여라.

(1) $1, 1, 1, 1, \cdots$

(2) $1,\ 1,\ 0,\ 1,\ 1,\ 1,\ 1,\ 1,\ \cdots$

(3) $1, 1, 1, 3, 1, 1, 1, \cdots$

(4) $0, 2, 6, 12, 20, 30, 42, \cdots$

풀이 (1) $f(x) = \dfrac{1}{1-x} = 1 + x + x^2 + x^3 + \cdots$

(2) $f(x) = \dfrac{1}{1-x} - x^2$

(3) $f(x) = \dfrac{1}{1-x} + 2x^3$

(4) $0^2+0,\ 1^2+1,\ 2^2+2,\ 3^2+3,\ 4^2+4,\ 5^2+5,\ 6^2+6,\ \cdots$ 이므로

$$f(x) = \frac{x}{(1-x)^2} + \frac{x+1}{(1-x)^3}\ .$$

예제 10

n이 자연수일 때 $(1+x)^{-n}$을 구하기로 하자. 먼저 이항정리에 의해

$$(a+b)^n = a^n + \binom{n}{1} a^{n-1}b + \cdots + b^n,\ n \in Z^+$$

이다. 그러면 자연수 n 대신에 t가 유리수인 경우는 $t = \dfrac{q}{p}$라 하면

$$(a+b)^t = (a+b)^{\frac{q}{p}} = [(a+b)^q]^{\frac{1}{p}}$$

로 고쳐서 생각할 수 있다. 그러면 자연수 n에 대해 $\binom{-n}{r}$을 생각하자.

$$\begin{aligned}\binom{-n}{r} &= \frac{(-n)(-n-1)\cdots(-n-r+1)}{r!}\\ &= \frac{(-1)^r(n)(n+1)\cdots(n+r-1)}{r!}\\ &= \frac{(-1)^r(n+r-1)!}{(n-1)!r!}\\ &= (-1)^r\binom{n+r-1}{r}\end{aligned}$$

그러므로 n이 자연수이면

$$(1+x)^{-n} = \sum_{r=0}^{\infty} (-1)^r \binom{n+r-1}{r} x^r$$

이 결과에 x 대신 $-x$를 대입하면

$$(1-x)^{-n}=\sum_{r=0}^{\infty}\binom{n+r-1}{r}x^r$$

을 얻을 수 있다. ■

예제 11

n개의 서로 다른 물건 중에서 r개를 (반복허용) 선택할 수 있는 방법의 수는

$$f(x)=(1+x+x^2+x^3+\cdots)^n=\left(\frac{1}{1-x}\right)^n=(1-x)^{-n}=\sum_{r=0}^{\infty}\binom{n+r-1}{r}x^r$$

이다. 따라서 x^r의 계수는 $\binom{n+r-1}{r}$이고 이것은 $C^R(n,r)={}_nH_r$으로 중복조합으로 나타남에 주목하여라. 즉, $\binom{n+r-1}{r}={}_nH_r=C^R(n,r)$이 된다. ■

예제 12

$(1-2x)^{-7}$에서 x^5의 계수를 구하여라.

풀이 $(1-2x)^{-n}=[1+(-2x)]^{-n}=\sum_{r=0}^{\infty}(-1)^r\binom{n+r-1}{r}(-2x)^r$

$n=7$, $r=5$를 대입하면 x^5의 계수를 구할 수 있다. 즉,

$$(-1)^5\binom{7+5-1}{5}(-2)^5=2^5\binom{11}{5}=32\cdot\frac{11!}{5!6!}.$$ ■

예제 13

$f(x)=(x^2+x^3+x^4+\cdots)^4$에서 x^{15}의 계수를 구하여라.

풀이 $x^2+x^3+x^4+\cdots=x^2(1+x+x^2+\cdots)=x^2\dfrac{1}{1-x}$ 이므로

$$(x^2+x^3+x^4+\cdots)^4=x^8\frac{1}{(1-x)^4}$$

$\dfrac{1}{(1-x)^4}=(1-x)^{-4}$에서 x^7의 계수를 찾으면 된다.

$(1-x)^{-4}=\sum_{r=0}^{\infty}\binom{n+r-1}{r}x^r$에서 $n=4$, $r=7$이면 x^7의 계수는 $\binom{10}{7}=\dfrac{10!}{7!3!}=120$

이다. ■

참고 여기서 이미 학습한 사항을 다시 확인할 수 있다.

① 순열 $P(n, r) = n(n-1)\cdots(n-r+1) = \dfrac{n!}{(n-r)!}$

② 중복순열 $P^R(n, r) = n\cdots n = n^r$

③ 조합 $C(n, r) = \binom{n}{r} = \dfrac{P(n, r)}{r!} = \dfrac{n!}{r!(n-r)!} = C(n, n-r)$

④ 중복조합 $C^R(n, r) = \binom{n+r-1}{r} = C(n+r-1, r)$

예제 14

$(a+b+c)^5$에서 항의 개수와 항의 종류를 구하여라.

풀이 항의 개수는 $P^R(3, 5) = 3^5$개로 중복순열이 되고,

항의 종류는 $C^R(3, 5) = \binom{3+5-1}{5} = 21$개로 중복조합이 된다. ■

예제 15

30명의 학급학생이 3명의 후보자에게 무기명으로 투표할 경우 방법의 수를 구하여라.

풀이 ${}_3H_{30} = \binom{3+30-1}{30} = \binom{32}{30} = 496$가지. ■

참고 투표에서 기명투표는 중복순열이 되고, 무기명투표는 중복조합이 된다.

예제 16

24개의 연탄을 4명의 생활보호 대상자에게 각각 3개 이상, 8개 이하로 나누어 주는 방법의 수를 구하여라.

풀이 $f(x) = (x^3 + x^4 + \cdots + x^8)^4$에서 x^{24}의 계수를 구하는 것과 같다.

$f(x) = [x^3(1 + x + \cdots + x^5)]^4 = x^{12}\left[\dfrac{1-x^6}{1-x}\right]^4$이므로

$g(x) = \left[\dfrac{1-x^6}{1-x}\right]^4$라 하면, $g(x)$에서 x^{12}의 계수를 구하면 된다.

$$\begin{aligned} g(x) &= (1-x^6)^4(1-x)^{-4} \\ &= \left[\binom{4}{0} - \binom{4}{1}x^6 + \binom{4}{2}x^{12} - \binom{4}{3}x^{18} + \binom{4}{4}x^{24}\right] \times \end{aligned}$$

$$\left[\binom{-4}{0}+\binom{-4}{1}(-x)+\binom{-4}{2}(-x)^2+\cdots\right].$$

여기서 x^{12}의 계수는 $(1-x^6)^4$과 $(1-x)^{-4}$의 곱에서 x의 지수가 12가 되는 항끼리의 곱의 계수만을 구하면 된다. 즉, 곱해서 x^{12}을 이루는 항의 계수는

$(1-x^6)^4$에서 상수항과 $(1-x)^{-4}$에서 x^{12}의 계수의 곱

$(1-x^6)^4$에서 x^6의 계수와 $(1-x)^{-4}$에서 x^6의 계수의 곱

$(1-x^6)^4$에서 x^{12}의 계수와 $(1-x)^{-4}$에서 상수항의 곱

의 합이 된다. 따라서

$$\binom{-4}{12}(-1)^{12}-\binom{4}{1}\binom{-4}{6}(-1)^6+\binom{4}{2}\binom{-4}{0}$$
$$=\binom{15}{12}-\binom{4}{1}\binom{9}{6}+\binom{4}{2}$$
$$=455-336+6=125.$$

■

예제 17

$\dfrac{1}{(x-3)(x-2)^2}$에서 x^8의 계수를 구하여라.

풀이 분모가 인수분해가 되는 경우는 부분분수법을 이용하는 것이 좋다.

$$\frac{1}{(x-3)(x-2)^2}=\frac{A}{x-3}+\frac{B}{x-2}+\frac{C}{(x-2)^2}$$

에서 $A=1$, $B=-1$, $C=-1$을 얻을 수 있다.

$$\frac{1}{x-3}=\frac{-1}{3(1-\frac{x}{3})}=-\frac{1}{3}(1-\frac{x}{3})^{-1}$$

$$\frac{-1}{x-2}=\frac{1}{2(1-\frac{x}{2})}=\frac{1}{2}(1-\frac{x}{2})^{-1}$$

$$\frac{-1}{(x-2)^2}=\frac{-1}{4(1-\frac{x}{2})^2}=-\frac{1}{4}(1-\frac{x}{2})^{-2}$$

여기서 각각의 항에 대하여 x^8의 계수를 구한 다음 그것을 모두 더한다. 그 결과는 $-\dfrac{1}{3^9}+\dfrac{1}{2^9}-\dfrac{1}{2^{10}}(9)$가 된다.

■

예제 18

$\{1, 2, \cdots, 15\}$에서 연속되지 않은 4개의 수를 뽑는 방법은 몇 가지인가?

풀이 (방법 1) 뽑아 놓은 수를 크기 순서로 C_1, C_2, C_3, C_4라 하면

$1 \le C_1 < C_2 < C_3 < C_4 \le 15$이므로

$$\alpha_1 = C_1 - 1 \ge 0$$
$$\alpha_2 = C_2 - C_1 \ge 2$$
$$\alpha_3 = C_3 - C_2 \ge 2$$
$$\alpha_4 = C_4 - C_3 \ge 2$$
$$\alpha_5 = 15 - C_4 \ge 0$$

$\alpha_1 + \alpha_2 + \alpha_3 + \alpha_4 + \alpha_5 = 14$이므로 이 문제는

$$f(x) = (1 + x + x^2 + \cdots)^2 (x^2 + x^3 + \cdots)^3$$

에서 x^{14}의 계수를 구하는 것과 같다.

$$f(x) = \left(\frac{1}{1-x}\right)^2 x^6 \left(\frac{1}{1-x}\right)^3 = x^6 \left(\frac{1}{1-x}\right)^5$$

이므로 여기서 $\left(\frac{1}{1-x}\right)^5$의 x^8의 계수를 구하면 된다.

$\frac{1}{(1-x)^n} = \sum_{i=0}^{n} \binom{n+i-1}{i} x^i$이므로 $i = 8$, $n = 5$를 대입하면

$$\binom{n+i-1}{i} = \binom{5+8-1}{8} = \binom{12}{8}$$

(방법 2) 크기 순서대로 C_1, C_2, C_3, C_4를 뽑았다고 하면

$0 < C_1 < C_2 < C_3 < C_4 < 16$이므로

0과 C_1 사이의 수의 개수를 α_1이라 하면 $\alpha_1 \ge 0$

C_1과 C_2 사이의 수의 개수를 α_2라 하면 $\alpha_2 \ge 1$

C_2과 C_3 사이의 수의 개수를 α_3이라 하면 $\alpha_3 \ge 1$

C_3과 C_4 사이의 수의 개수를 α_4라 하면 $\alpha_4 \ge 1$

C_4과 16 사이의 수의 개수를 α_5라 하면 $\alpha_5 \ge 0$

그러면 $\alpha_1 + \alpha_2 + \alpha_3 + \alpha_4 + \alpha_5 = 15 - 4 = 11$ (15개 중에서 4개를 뽑았으므로)

$$\alpha_1 \ge 0,\ \alpha_5 \ge 0,\ \alpha_2,\ \alpha_3,\ \alpha_4 \ge 1$$

$g(x) = (1+x+x^2+\cdots)^2(x+x^2+x^3+\cdots)^3$에서 x^{11}의 계수를 구한다.

$$g(x) = \left(\frac{1}{1-x}\right)^2 x^3 \left(\frac{1}{1-x}\right)^3 = x^3(1-x)^{-5}$$

따라서 $(1-x)^{-5}$에서 x^8의 계수를 구하는 것으로 이후는 (방법 1)과 동일하다. ■

위 예에서 뽑는 순서는 고려하지 않음을 주의하여라. n개의 원소를 가지는 집합을 $\{1, 2, 3, \cdots, n\}$이라고 하자. 그러면 $n=7$일 경우는 1가지, $n=8$일 경우는 5가지 방법이 있음을 알 수 있다. 이를 일반화하여라. (3장 연습문제 11(1)번, 5장 연습문제 13번, 7장 예제 3 참조)

예제 19

$x_1+x_2+x_3+x_4+x_5 < 15$를 만족하는 음이 아닌 정수해의 개수를 구하여라.

풀이 $k=0, 1, 2, \cdots, 14$일 때 각각 $x_1+x_2+x_3+x_4+x_5=k$를 만족하는 정수해를 구하여 합하여 얻을 수 있다. 그러나 좌변에 음이 아닌 정수 x_6을 더하면

$$x_1+x_2+x_3+x_4+x_5+x_6=14$$

를 만족하는 정수해의 개수를 구하는 것과 동치이다.

그 이유는 $x_6=0, 1, 2, \cdots, 9$일 때 각각에 대해

$$x_1+x_2+x_3+x_4+x_5=k$$

는 $k=14, 13, 12, \cdots, 6, 5$가 대응하기 때문이다.

따라서 원하는 해는 $\binom{6+14-1}{14} = \binom{19}{14} = \binom{19}{5}$이다. ■

3.2 지수적 생성함수(exponential generating function)

일반적 생성함수는 서로 다른 종류인 대상물을 선택하는 조합의 개수를 구할 때 이용하고, 지수적 생성함수는 서로 다른 대상물을 선택하여 나열하는 순열의 개수를 구할 때 이용한다.

정의 1

실수열 $a_0, a_1, a_2, a_3, \cdots$ 에 대해

$$f(x) = a_0 + a_1 x + a_2 \frac{x^2}{2!} + a_3 \frac{x^3}{3!} + \cdots = \sum_{i=0}^{\infty} a_i \frac{x^i}{i!}$$

를 주어진 수열에 대하여 **지수적 생성함수**(exponential generating function)라고 한다.

예제 1

$e^x = 1 + x + \frac{x^2}{2!} + \frac{x^3}{3!} + \cdots$ 은 수열 1, 1, 1, $\cdots$ 에 대한 지수적 생성함수이다. 또한 e^x는 수열 $1, 1, \frac{1}{2!}, \frac{1}{3!}, \cdots$ 에 대한 일반적 생성함수(ordinary generating function)이다. ■

예제 2

$MINNIE$에서 4개의 문자를 뽑아서 배열할 경우 가능한 모든 방법의 수를 구하여라.

풀이 n개의 문자열 중에서 p개, q개, r개, $\cdots$ 가 같은 문자일 때 n개를 택하여 만들 수 있는 순열의 수는 $\frac{n!}{p!\,q!\,r!\cdots}$이다. 단, $p+q+r+\cdots = n$. 이를 이용하면

$IINN$	$\frac{4!}{2!\,2!}$	$IMNN$	$\frac{4!}{2!}$
$IIMN$	$\frac{4!}{2!}$	$MENN$	$\frac{4!}{2!}$
$IIEN$	$\frac{4!}{2!}$	$IENN$	$\frac{4!}{2!}$
$IIME$	$\frac{4!}{2!}$	$INME$	$4!$

이것을 지수적 생성함수로 나타내면

문자 I는 0, 1, 2번 사용가능하므로 : $1 + x + \frac{x^2}{2!}$

문자 N는 0, 1, 2번 사용가능하므로 : $1 + x + \frac{x^2}{2!}$

문자 M은 0, 1번 사용가능하므로 : $1 + x$

문자 E는 0, 1번 사용가능하므로 : $1 + x$

이므로

$$f(x) = \left(1 + x + \frac{x^2}{2!}\right)\left(1 + x + \frac{x^2}{2!}\right)(1+x)(1+x) = \left(1 + x + \frac{x^2}{2!}\right)^2 (1+x)^2$$

에서 $\frac{x^4}{4!}$의 계수를 구한다.

$f(x)=\left(1+x+\frac{x^2}{2!}\right)^2(1+x)^2$에서 x^4를 포함하는 경우는

$$\frac{x^2}{2!}\cdot\frac{x^2}{2!}+\frac{x^2}{2!}\cdot x\cdot x\cdot 1+\frac{x^2}{2!}\cdot x\cdot 1\cdot x+\frac{x^2}{2!}\cdot 1\cdot x\cdot x+$$
$$\cdots+x\cdot x\cdot x\cdot x=102\cdot\frac{x^4}{4!}$$

에서 $\frac{x^4}{4!}$의 계수로 102를 얻는다. 따라서 102가지이다.

예제 3

$e^x=1+x+\frac{x^2}{2!}+\frac{x^3}{3!}+\cdots$ 이고 $e^{-x}=1-x+\frac{x^2}{2!}-\frac{x^3}{3!}+-\cdots$ 이므로, 이 두 식을 더하거나 뺀 다음 2로 나누면 각각

$$\frac{e^x+e^{-x}}{2}=1+\frac{x^2}{2!}+\frac{x^4}{4!}+\cdots$$
$$\frac{e^x-e^{-x}}{2}=x+\frac{x^3}{3!}+\frac{x^5}{5!}+\cdots$$

을 얻을 수 있다.

예제 4

빨강, 하양, 파랑, 검정의 4가지 색깔로 12개씩 48개의 깃발을 가진 배가 있을 때, 이 중 12개의 깃발을 긴 막대에 위에서부터 아래로 수직으로 매달아서 다른 배에게 신호를 보내려고 한다. 단, 파랑(Blue)을 짝수 개 사용하고, 검정(Black)을 홀수 개 사용할 경우 몇 가지 신호를 보낼 수 있는가?

풀이 $f(x)=\left(1+x+\frac{x^2}{2!}+\frac{x^3}{3!}+\cdots\right)^2\left(1+\frac{x^2}{2!}+\frac{x^4}{4!}+\cdots\right)\left(x+\frac{x^3}{3!}+\frac{x^5}{5!}+\cdots\right)$

에서 $\frac{x^{12}}{12!}$의 계수를 구하면 된다.

$$f(x)=(e^x)^2\cdot\frac{e^x+e^{-x}}{2}\cdot\frac{e^x-e^{-x}}{2}$$
$$=\frac{1}{4}e^{2x}\left(e^{2x}-e^{-2x}\right)$$

$$= \frac{1}{4}(e^{4x} - 1)$$

$$= \frac{1}{4}\left(\sum_{i=0}^{\infty} \frac{(4x)^i}{i!} - 1\right)$$

$$= \frac{1}{4}\sum_{i=1}^{\infty} \frac{(4x)^i}{i!}$$

따라서 $\frac{x^{12}}{12!}$의 계수는 $\frac{1}{4} \cdot 4^{12} = 4^{11}$ ■

예제 5

어느 회사에서 11명의 신입사원을 4개 부서에 각 부서마다 적어도 1명 이상을 배치하려고 한다. 그 방법의 수를 구하여라. 이 경우 11명의 사람이 구별되며, 4개의 부서도 서로 다르다고 한다.

풀이 $f(x) = \left(x + \frac{x^2}{2!} + \frac{x^3}{3!} + \cdots\right)^4 = (e^x - 1)^4 = e^{4x} - 4e^{3x} + 6e^{2x} - 4e^x + 1$

$f(x)$의 $\frac{x^{11}}{11!}$의 계수는?

$4^{11} - 4(3^{11}) + 6(2^{11}) - 4(1^{11})$ ■

이 장을 마치면서 간단하지만 처음부터 n항까지의 합을 계수로 가지는 합연산자 (summation operator) $\frac{1}{1-x}$에 대하여 알아보기로 하자.

합연산자(summation operator)

$f(x)$가 x^n의 계수로 a_n을 가지는 생성함수이면, 즉

$f(x) = a_0 + a_1 x + a_2 x^2 + a_3 x^3 + \cdots$ 이면

$$f(x) \cdot \frac{1}{1-x} = (a_0 + a_1 x + a_2 x^2 + a_3 x^3 + \cdots)(1 + x + x^2 + \cdots)$$

$$= a_0 + (a_0 + a_1)x + (a_0 + a_1 + a_2)x^2 + (a_0 + a_1 + a_2 + a_3)x^3 + \cdots$$

이므로 $f(x) \cdot \frac{1}{1-x}$은 x^n의 계수가 $\sum_{i=0}^{n} a_i$인 생성함수가 된다.

연습문제 3

1. 다음 수열에 대한 생성함수를 구하여라.

(1) 1, -1, 1, -1, $\cdots$.

(2) 0, 0, 0, 6, -6, 6, -6, 6, -6,$\cdots$.

(3) 1, 0, 1, 0, 1, 0, 1, 0, 1, $\cdots$.

(4) 1, 2, 4, 8, 16, 32, $\cdots$.

2. $\left(3x^2 - \dfrac{2}{x}\right)^{15}$ 에서 상수항의 계수를 구하여라.

3. $f(x) = (x + x^2 + x^3 + x^4 + x^5 + x^6)^{18}$ 에서 x^{30} 의 계수를 구하여라.

4. $f(x) = (x^5 + x^8 + x^{11} + x^{14} + x^{17})^{10}$ 에서 x^{83} 의 계수를 구하여라.

5. 1부터 6까지 한 번씩 적힌 주사위를 12번 던졌을 때 나오는 수의 합이 30이 되는 확률을 구하여라.

6. $\{1,\ 2,\ \cdots,\ 50\}$ 에서 연속되지 않은 7개의 수를 뽑는 방법은 몇 가지인가?

7. $c_1 + c_2 + c_3 + c_4 = 13$, $-4 \le c_1$, $-3 \le c_2$, $-5 \le c_3 \le 8$, $0 \le c_4$ 를 만족하는 정수해는 몇 가지인가?

8. 다음을 만족하는 정수해는 몇 가지가 있는가?

(1) $c_1 + c_2 + c_3 + c_4 = 13$, $c_1, c_2, c_3, c_4 \ge 0$.

(2) $c_1 + c_2 + c_3 = 9$, $c_1 \ge -1$, $c_2 \ge -3$, $c_3 \ge -5$.

(3) $c_1 + c_2 + c_3 = 9$, $c_1 > -1$, $c_2 > -3$, $c_3 > -5$.

(4) $c_1 + c_2 + c_3 = 9$, $c_1 \ge 0$, $c_2 \ge -2$, $c_3 \ge -4$.

9. 1부터 99,999까지의 수에서 자리수의 합이 12가 되는 수는 몇 개인가?

10. x_1, x_2, x_3이 모두 자연수일 때, $1 \le x_1 + x_2 + x_3 < 7$을 만족하는 방법은 몇 가지인가?

11. (1) $n \ge 2m-1$일 때 $S = \{1, 2, \cdots, n\}$에서 연속된 두 수를 포함하지 않도록 m개의 수를 뽑는 방법의 수는 $\binom{n-m+1}{m}$임을 보여라.

(2) 우리나라 로또는 45개의 숫자에서 6개를 선택하여 표시한다고 한다. 이때 선택한 6개의 숫자가 연속된 두 수를 포함하지 않는 확률을 구하여라.

12. 다음을 증명하여라.

m과 n이 자연수일 때 $x_1 + x_2 + \cdots + x_n = m$의

(1) 양수해는 $\binom{m-1}{n-1}$ 개다.

(2) 음이 아닌 정수해는 $\binom{m+n-1}{m}$ 개다.

(3) $x_1 > c_1,\ x_2 > c_2,\ \cdots,\ x_n > c_n$

(단, c_i는 임의의 고정된 정수)인 정수해는 $\binom{m-c_1-c_2-\cdots-c_n-1}{n-1}$ 개다.

13. (1) $x_1 + x_2 + x_3 + x_4 = 26$, $1 \le x_i \le 9$, $i = 1, 2, 3, 4$의 정수해의 개수를 구하여라.

(2) $x_1 + x_2 + x_3 + x_4 = 6$, $x_1 \le 8$, $x_2 \le 7$, $x_3 \le 4$, $x_4 \le 3$의 정수해의 개수를 구하여라.

(3) $x_1 + x_2 + x_3 + x_4 = 14$, $1 \le x_i \le 6$, $i = 1, 2, 3, 4$의 정수해의 개수를 구하여라.

(4) $x_1 + x_2 + x_3 + x_4 + x_5 + x_6 = 34$, $x_i\,(i = 1, 2, \cdots, 6)$는 10보다 작거나 같은 양의 짝수일 때, 정수해의 개수를 구하여라.

14. 4개의 노랑깃발, 4개의 주홍깃발, 4개의 빨강깃발을 가지고 위에서 아래로 10개의 깃발을 이용하여 신호를 보낼 때 몇 가지 방법이 있는가?

15. 10개의 다른 장난감을 일렬로 서 있는 4명의 아이에게 다음 조건으로 나눠줄 수 있는 방법을 구하여라.

(1) 첫 번째 아이에게 적어도 1개의 장난감을 준다.

(2) 두 번째 아이에게 적어도 2개의 장난감을 준다.

(3) 첫 번째 아이에게 적어도 1개의 장난감을 주고, 두 번째 아이에게 적어도 2개의 장난감을 준다.

16. A와 B를 집합이라고 할 때, 다음을 보여라.

(1) $|A-B|=k$를 만족하는 A, B의 개수는 $\binom{n}{k}\cdot 3^{n-k}$이다.

(2) $|A\cap B|=k$를 만족하는 A, B의 개수는 $\binom{n}{k}\cdot 3^{n-k}$이다.

(3) $|A\cup B|=k$를 만족하는 A, B의 개수는 $\binom{n}{k}\cdot 3^{k}$이다.

17. 10명의 선거인이 3명의 후보자에 투표할 때

(1) 한 사람씩 적는 기명투표를 한다면 몇 가지 경우가 나타나는가?

(2) 한 사람씩 적는 무기명 투표를 한다면 몇 가지 경우가 나타나는가?

18. 1달러, 2달러, 5달러, 10달러, 20달러의 지폐를 이용하여 84달러를 지불하는 방법은 몇 가지가 되는가?

19. 부정방정식 $a_1+a_2+\cdots+a_n=k$에서

(1) 음이 아닌 정수해의 개수는 ${}_nH_k=\binom{n+k-1}{r}$개이고

(2) 양의 정수해의 개수는 ${}_nH_{k-n}=\binom{k-1}{k-n}$개이다. 단, $k\ge n$

임을 증명하여라.

20. (1) $x_1+x_2+x_3+x_4=26$, $1\le x_i\le 9$, $i=1, 2, 3, 4$의 해는 몇 가지인가?

(2) $x_1+x_2+x_3+x_4=6$, $x_1\le 8$, $x_2\le 7$, $x_3\le 4$, $x_4\le 3$의 해는 몇 가지인가?

(3) $x_1+x_2+x_3+x_4=14$, $1\le x_i\le 6$, $i=1, 2, 3, 4$의 해는 몇 가지인가?

(4) $x_1+x_2+x_3+x_4=1$, $-3\le x_i\le 3$, $i=1, 2, 3, 4$의 해는 몇 가지인가?

21. $x_1+x_2+x_3+x_4=26$의 양의 정수해 중에서 $x_i>x_2(i=1, 3, 4)$를 만족하는 양의 정수해는 몇 개인가?

22. 카탈란 수의 생성함수를 구하여라.

23. 다음과 같은 단어에서 4개의 문자를 뽑아서 배열할 경우 가능한 모든 방법의 수를 각각 구하여라.

(1) *CHERNOBYL* (체르노빌)

(2) *MISSISSIPPI* (미시시피)

(3) *RAMANUJAN* (라마누잔)

(4) *HULLABALOO* (소음,큰 소동)

연습문제 3 – 문제풀이

1. 풀이 (1) $\frac{1}{1-x} = 1 + x + x^2 + x^3 + \cdots$ 의 계수가 1, 1, 1, 1, $\cdots$ 이므로

$\frac{1}{1+x} = 1 - x + x^2 - x^3 + \cdots$ 는 수열 1, −1, 1, −1, $\cdots$ 의 생성함수가 된다.

(2) $\frac{6x^3}{1+x} = 0 + 0x + 0x^2 + 6x^3 - 6x^4 + \cdots$ 가 생성함수가 된다.

(3) $\frac{1}{1-x^2} = 1 + x^2 + x^4 + x^6 + \cdots$ 가 생성함수가 된다.

(4) $\frac{1}{1-2x} = 1 + 2x + 4x^2 + 8x^3 + \cdots$ 가 생성함수가 된다.

2. 풀이 $\left(3x^2 - \frac{2}{x}\right)^{15} = \left[\frac{1}{x}(3x^3 - 2)\right]^{15} = \left(\frac{1}{x}\right)^{15}(3x^3 - 2)^{15}$ 이므로

$(3x^3 - 2)^{15}$ 에서 x^{15} 의 계수를 구하면 된다.

3. 풀이 $f(x) = x^{18}(1 + x + x^2 + \cdots + x^5)^{18} = x^{18}\left(\frac{1-x^6}{1-x}\right)^{18}$

$\left(\frac{1-x^6}{1-x}\right)^{18}$ 에서 x^{12} 의 계수를 구하면 된다.

4. 풀이

$$\begin{aligned} f(x) &= [x^5(1 + x^3 + x^6 + x^9 + x^{12})]^{10} \\ &= x^{50}(1 + x^3 + x^6 + x^9 + x^{12})^{10} \end{aligned}$$

여기서 $(1 + x^3 + x^6 + x^9 + x^{12})^{10}$ 에서 x^{33} 의 계수를 구한다.

$$\begin{aligned} g(x) &= (1 + x^3 + x^6 + x^9 + x^{12})^{10} \\ &= \left[\frac{(1-x^{15})}{1-x^3}\right]^{10} = [(1-x^{15})(1-x^3)^{-1}]^{10} \end{aligned}$$

5. 풀이 주사위를 던졌을 때 매번 나오는 값은 1부터 6까지이므로 x 의 지수로 생각하면 $x + x^2 + x^3 + x^4 + x^5 + x^6$ 이므로 이것을 12번 곱했을 때 지수가 30이 되도록

한다. 즉,

$$f(x) = (x + x^2 + x^3 + x^4 + x^5 + x^6)^{12} = x^{12}\left[\frac{1-x^6}{1-x}\right]^{12}$$

에서 x^{30}의 계수를 구하는 것과 같다. 그런데 여기서 $g(x) = \left[\frac{1-x^6}{1-x}\right]^{12}$이라 하면, $g(x)$에서 x^{18}의 계수를 구하면 된다.

$$g(x) = \left[1 - \binom{12}{1}x^6 + \binom{12}{2}x^{12} - \binom{12}{3}x^{18} + \cdots + x^{72}\right] \times$$
$$\left[\binom{-12}{0} + \binom{-12}{1}(-x) + \binom{-12}{2}(-x)^2 + \cdots\right]$$

$g(x)$에서 x^{18}의 계수는

$$\begin{aligned}&\binom{-12}{18}(-1)^{18} - \binom{12}{1}\binom{-12}{12}(-1)^{12}\\&\quad + \binom{12}{2}\binom{-12}{6}(-1)^6 - \binom{12}{3}\binom{-12}{0}\\&= \binom{29}{18} - \binom{12}{1}\binom{23}{12} + \binom{12}{2}\binom{17}{6} - \binom{12}{3}.\end{aligned}$$

이것은 주사위를 12번 던졌을 때 수의 합이 30이 되는 경우의 수가 된다. 따라서 원하는 답은 이 값을 표본공간의 크기인 6^{12}로 나눈 값이다.

참고 어떤 실험 또는 시행에서 일어날 수 있는 모든 가능한 결과들의 집합을 표본공간(sample space)이라 하고, 표본공간의 부분집합을 사건(event)이라고 한다.

6. 풀이 예제 18의 방법을 참조하면

$$\alpha_1 + \alpha_2 + \alpha_3 + \cdots + \alpha_8 = 49$$

여기서 α_1, $\alpha_8 \geq 0$이고 $\alpha_i \geq 2\ (2 \leq i \leq 7)$

$$\begin{aligned}f(x) &= (1 + x + x^2 + \cdots)(x^2 + x^3 + \cdots)^6(1 + x + x^2 + \cdots)\\&= \frac{x^{12}}{(1-x)^8}\end{aligned}$$

여기서 x^{49}의 계수를 구하면 된다. 따라서 구하려는 답은

$$\binom{-8}{37} = \binom{44}{37}.$$

7. 힌트 $c_1+4 \geq 0$, $c_2+3 \geq 0$, $0 \leq c_3+5 \leq 13$, $0 \leq c_4$이므로

$c_1+4=x_1$, $c_2+3=x_2$, $c_3+5=x_3$, $c_4=x_4$라 하면

$$\begin{aligned} x_1+x_2+x_3+x_4 &= c_1+4+c_2+3+c_3+5+c_4 \\ &= 13+4+3+5=25. \end{aligned}$$

따라서 준 식은 다음과 같이 바꿀 수 있다.

$$x_1+x_2+x_3+x_4=25,\ x_1,\ x_2,\ x_4 \geq 0\ ,\ 0 \leq x_3 \leq 13$$

그러므로 생성함수 $f(x)=(1+x+x^2+x^3+\cdots)^3(1+x+x^2+\cdots+x^{13})$ 에서 x^{25}의 계수를 구하는 문제가 된다.

8. 답 (2) $\binom{20}{18}=190$, (3)과 (4)는 모두 $\binom{17}{15}=136$

9. 답 $\binom{16}{12}-5\binom{6}{2}=1745$개

13. 풀이 (1) $\binom{25}{3}-\binom{4}{1}\binom{16}{3}+\binom{4}{2}\binom{7}{3}=270$.

(2) $\binom{9}{3}-\binom{4}{3}-\binom{5}{3}=70$.

(3) $\binom{13}{3}-4\binom{7}{3}$.

(4) $y_i=\dfrac{x_i}{2}$라 하고, $y_1+y_2+y_3+y_4+y_5+y_6=17$, $1 \leq y_i \leq 5$인 해의 개수를 구한다.

$\binom{16}{5}-6\binom{11}{5}+15\binom{6}{5}$.

(5) $\binom{16}{3}-4\binom{9}{3}$.

14. 답 $(1+z+\dfrac{z^2}{2!}+\dfrac{z^3}{3!}+\dfrac{z^4}{4!})^3$에서 $\dfrac{z^{10}}{10!}$의 계수를 구하면 된다.

15. 답 (1) $e^{3z}(e^z-1)$에서 $\dfrac{z^{10}}{10!}$의 계수를 구하면 된다.

(2) $e^{3z}(e^z - z - 1)$에서 $\dfrac{z^{10}}{10!}$의 계수를 구하면 된다.

(3) $e^{2z}(e^z - 1)(e^z - z - 1)$에서 $\dfrac{z^{10}}{10!}$의 계수를 구하면 된다.

16. 힌트 1.2절 정리 2를 참조.

20. 풀이 (1) $\binom{25}{3} - \binom{4}{1}\binom{16}{3} + \binom{4}{2}\binom{7}{3} = 270$.

(2) $\binom{9}{3} - \binom{4}{3} - \binom{5}{3} = 70$.

(3) $\binom{13}{3} - 4\binom{7}{3}$.

(4) $\binom{16}{3} - 4\binom{9}{3}$.

21. 풀이 $x_i > x_2$를 만족하는 해는 $x_i < x_2$를 만족하는 해와 개수가 같다. 따라서 문제의 해는 전체의 가능한 양의 정수해에서 $x_i = x_2$인 해를 제외하고 그 값을 반으로 나누면 된다.

$x_1 + x_2 + x_3 + x_4 = 26$의 양의 정수해는 $\binom{25}{3}$이고 $x_i = x_2$인 해의 개수는 $x_3 + x_4 = 26 - 2x_1$이므로 $\sum_{x_1=1}^{12} \binom{25 - 2x_1}{1} = \sum_{x_1=1}^{12} (25 - 2x_1) = 144$에서

구하는 답은 $\dfrac{\binom{25}{3} - 144}{2} = 1078$이다.

22. 풀이 생성함수를 $G(x) = c_0 + c_1 x + c_2 x^2 + \cdots + c_n x^n + \cdots$ 라 하자. 그러면

$$\begin{aligned} x\{G(x)\}^2 &= x(c_0 + c_1 x + c_2 x^2 + \cdots + c_n x^n + \cdots)^2 \\ &= {c_0}^2 x + (c_0 c_2 + c_2 c_0) x^2 + (c_0 c_2 + c_1 c_1 + c_2 c_0) x^3 + \cdots \\ &= G(x) - 1 \end{aligned}$$

이 된다. 따라서

$$x\{G(x)\}^2 = G(x) - 1$$

이므로 $x\{G(x)\}^2 - G(x) + 1 = 0$이다. 2차방정식 근의 공식에 의해 $G(x) = \dfrac{1 \pm \sqrt{1-4x}}{2x}$이다. 이것을 $x=0$에 대해 급수전개하였을 때 계수가 카탈란 수가 되어야 하므로, 로피탈 법칙(l'Hôpital's rule)에 의해 복호 중에 $-$일 때

$$\lim_{x \to 0^+} \frac{1-\sqrt{1-4x}}{2x} = \lim_{x \to 0^+} \frac{2(1-4x)^{-\frac{1}{2}}}{2} = 1$$

이므로 + 부호는 제외된다. 따라서

$$G(x) = c_0 + c_1 x + c_2 x^2 + \cdots + c_n x^n + \cdots = \frac{1-\sqrt{1-4x}}{2x}$$

를 얻는다.

23. 풀이 (1) $f(x) = (1+x)^9$에서 $\dfrac{x^4}{4!}$의 계수

(2) $f(x) = (1+x)\left(1+x+\dfrac{x^2}{2!}+\dfrac{x^3}{3!}+\dfrac{x^4}{4!}\right)^2\left(1+x+\dfrac{x^2}{2!}\right)$에서 $\dfrac{x^4}{4!}$의 계수

(3) $f(x) = (1+x)^4\left(1+x+\dfrac{x^2}{2!}\right)\left(1+x+\dfrac{x^2}{2!}+\dfrac{x^3}{3!}\right)$에서 $\dfrac{x^4}{4!}$의 계수

(4) $f(x) = (1+x)^3\left(1+x+\dfrac{x^2}{2!}\right)^2\left(1+x+\dfrac{x^2}{2!}+\dfrac{x^3}{3!}\right)$에서 $\dfrac{x^4}{4!}$의 계수

4장 정수의 분할

이 장에서는 정수의 분할 중에, 이산수학에 관련된 몇 가지 사항을 알아보기로 한다. 이 장에서는 특별한 언급이 없으면 n은 임의의 양의 정수(자연수)라고 한다.

4.1 정수의 분할(partitions of integers)

정의 1

n을 양의 정수라 할 때, 그 합이 n과 같게 되는 양의 정수의 모임(collection)은 n의 분할(partition)을 형성한다고 말한다.
즉 $a_1 \geq a_2 \geq \cdots \geq a_k \geq 1$이고 모든 $a_i (i=1, 2, \cdots, k)$가 양의 정수일 때

$$n = a_1 + a_2 + \cdots + a_k$$

는 n의 하나의 분할이 된다. 그리고 n의 분할의 수를 $p(n)$으로 나타낸다.

예제 1

5는 5, 4+1, 3+2, 3+1+1, 2+2+1, 2+1+1+1, 1+1+1+1+1으로 분할을 이루므로 5의 분할은 7개가 있으므로, $p(5)=7$이다. ■

참고 p가 소수(素數, prime)이고 k가 자연수인 경우, 위수 p^k인 서로 동형이 아닌 아벨군(Abelian group)의 개수는 $p(k)$이다. 예를 들어 $16=2^4$개의 원소를 가지는 동형이 아닌 아벨군의 개수는 $k=4$이므로 $p(4)=5$이다.

수의 분할의 일반항을 간단한 식으로 나타낼 수는 없지만, 반복식을 이용하여 값을 얻을 수 있으며, 아래에 PASCAL 언어를 이용한 프로그램으로 나타내었다.

```
Program Partitions(input,output);
Var n:integer;
Function f(n,m:integer):integer;
Begin
  If n=0 then f:=1
        else if (n<0) or (m<1) then f:=0
                                    else f:=f(n,m-1)+f(n-m,m)
End;{of function f}
Begin
  Writeln('What is the value of n?);
  Readln(n);
  Write('For n= ',n:0,' the number of ');
  Write('partitions p(',n:0,') is  ', f(n,n):0,'.')
End.
```

정의 1에서 n의 분할의 수(number of partition)를 $p(n)$으로 나타낸다고 하였다. 그리고 $p_m(n)$이란 n의 분할의 수 $p(n)$ 중에 많아야 m개의 합으로 되는 개수로 정의하기로 한다.

예제 2

$5=4+1=3+2=3+1+1=2+2+1=2+1+1+1=1+1+1+1+1$ 이므로 $p(5)=7$이다. 그리고 $p_3(5)$는 이 7개 중에서 3개 이하의 수의 합으로 5가 되는 개수를 말하므로 $p_3(5)=5$이다. 같은 방법으로 $p_2(5)=3$을 얻을 수 있다. ▒

$p(n)$과 $p_m(n)$에 대한 생성함수는 각각 다음과 같다.

$$1+\sum_{n=1}^{\infty} p(n)\,x^n = \frac{1}{(1-x)(1-x^2)(1-x^3)\cdots}$$

$$1+\sum_{n=1}^{\infty}\sum_{m=1}^{n} p_m(n)\,x^n\,t^m = \frac{1}{(1-tx)(1-tx^2)(1-tx^3)\cdots}\ .$$

참고 (1) 라마누잔과 하디(Ramanujan and Hardy, 1918년)에 의한 근사식으로

$p(n) \approx \dfrac{1}{4n\sqrt{3}}\,e^{\pi\sqrt{\frac{2n}{3}}}$ 이 있다.

(2) $p(n)$의 시간복잡도(time complexity)는 다항함수보다 빨리 증가하지만 지수함수보다는 느리게 증가하는 성질을 가지고 있다.

다음은 0부터 100까지 자연수에 대한 분할(partition)값을 나타낸 표이다. 편의상 $p(0)=1$로 정의한다.

0부터 100까지 수에 대한 분할

n	$p(n)$	n	$p(n)$	n	$p(n)$
0	1	20	627	40	37338
1	1	21	792	41	44583
2	2	22	1002	42	53174
3	3	23	1255	43	63261
4	5	24	1575	44	75175
5	7	25	1958	45	89134
6	11	26	2436	46	105558
7	15	27	3010	47	124754
8	22	28	3718	48	147273
9	30	29	4565	49	173525
10	42	30	5604	50	204226
11	56	31	6842	51	239943
12	77	32	8349	52	281589
13	101	33	10143	53	329931
14	135	34	12310	54	386155
15	176	35	14883	55	451276
16	231	36	17977	56	526823
17	297	37	21637	57	614154
18	385	38	26015	58	715220
19	490	39	31185	59	831820

(계속)

0부터 100까지 수에 대한 분할					
n	$p(n)$	n	$p(n)$	n	$p(n)$
60	966421	74	7089500	88	44108109
61	1121505	75	8118264	89	49995925
62	1300156	76	9289091	90	56634173
63	1505499	77	10619863	91	64112359
64	1741630	78	12132164	92	72533807
65	2012558	79	13848650	93	82010177
66	2323520	80	15796476	94	92669720
67	2679689	81	18004327	95	104651419
68	3087735	82	20506255	96	118114304
69	3554345	83	23338469	97	133230930
70	4087968	84	26543660	98	150198136
71	4697205	85	30167357	99	169229875
72	5392783	86	34262962	100	190569292
73	6185689	87	38887673		

예제 3

수의 분할에 대하여 다음과 같은 재미있는 성질이 있다.

① $p(5m+4) \equiv 0 \pmod 5$

$m=0$일 때 $p(4)=5 \equiv 0 \pmod 5$

$m=1$일 때 $p(9)=30 \equiv 0 \pmod 5$

…………

② $p(7m+5) \equiv 0 \pmod 7$

③ $p(11m+6) \equiv 0 \pmod{11}$

그러나 $p(13m+7) \equiv 0 \pmod{13}$은 성립하지 않는다. ■

그러면 자연수의 수의 분할을 수열로 갖는 생성함수 즉,

$$f(x) = p(0) + p(1)x + p(2)x^2 + \cdots = \sum_{n=0}^{\infty} p(n)x^n$$

가 존재하는지를 알아보자. 이와 같은 생성함수는 오일러(Euler)에 의해 다음 정리와

같이 나타낼 수 있음을 보였다.

정리 1 Euler

$$\Pi_{m=1}^{\infty}\frac{1}{1-x^m}=\sum_{n=0}^{\infty}p(n)\,x^n\ ,\ p(0)=1.$$

증명 $\Pi_{m=1}^{\infty}\dfrac{1}{1-x^m}=\dfrac{1}{1-x}\dfrac{1}{1-x^2}\cdots$

$$=(1+x+x^2+\cdots)(1+x^2+x^4+\cdots)(1+x^3+x^6+\cdots)$$

우변을 정리하면, x^k은

$$x^k=x^{1k_1}x^{2k_2}x^{3k_3}\cdots x^{mk_m}$$

따라서, $k=k_1+2k_2+3k_3+\cdots+mk_m$을 얻는다. 즉

$$k=(1+1+\cdots+1)+(2+2+\cdots+2)+(3+3+\cdots+3)$$
$$+\cdots+(m+m+\cdots+m)$$

그러므로 x^k의 계수는 $p(k)$가 된다.

정리 2

$a,\ b,\ c,\ d$ 가 서로 다른 자연수라 할 때, $ax_1+bx_2+cx_3+dx_4=n$을 만족하는 음이 아닌 정수해 $(x_1,\ x_2,\ x_3,\ x_4)$의 개수는

$$(1+x^a+x^{2a}+\cdots)(1+x^b+x^{2b}+\cdots)(1+x^c+x^{2c}+\cdots)(1+x^d+x^{2d}+\cdots)$$

에서 x^n의 계수와 같다.

예제 4

광고대행업자가 n분을 이용하여 광고를 하려고 한다. 30초 광고를 a번, 60초 광고를 b번, 120초 광고를 c번 이용한다고 하면 몇 가지 방법이 있는가? 단 n은 임의의 양의 정수이다.

풀이 30초를 $\frac{1}{2}$분으로 고치고, 나머지는 분 단위이므로 더하면

$$\frac{1}{2}a+b+2c=n$$

즉, $a+2b+4c=2n,\ 0\le a,\ b,\ c$

$$f(x) = (1+x+x^2+\cdots)(1+x^2+x^4+\cdots)(1+x^4+x^8+\cdots)$$
$$= \frac{1}{1-x}\frac{1}{1-x^2}\frac{1}{1-x^4}$$

에서 x^{2n}의 계수를 구하는 것과 같다.

참고로 이것은 $2n$의 분할에서 1, 2, 4 로만 이루어진 것이다. ▨

정의 2

n의 분할(partition) 중 서로 다른 수의 합으로 이루어진 개수를 $p_d(n)$으로 정의하고, n의 분할 중에 홀수의 합으로만 이루어진 개수를 $p_o(n)$으로 정의하기로 한다.
일반적으로 n은 양의 정수이지만 편의상 $n=0$일 때는 $p_d(0)=1$와 $p_o(0)=1$로 정의한다.
n을 k개의 자연수의 합으로 나타낼 수 있는 경우를 $p_k(n)$이라고 한다.

예제 5

$n=6$일 때 6, $5+1$, $4+2$, $4+1+1$, $3+3$, $3+2+1$, $3+1+1+1$, $2+2+2$, $2+2+1+1$, $2+1+1+1+1$, $1+1+1+1+1+1$ 이므로 $p(6)=11$이다.
이 중에 서로 다른 수로 이루어진 것은

$$6,\ 5+1,\ 4+2,\ 3+2+1$$

이므로 $p_d(6)=4$이다. 그리고 이 중에서 홀수의 합으로만 이루어진 것은

$$5+1,\ 3+3,\ 3+1+1+1,\ 1+1+1+1+1+1$$

와 같이 4개이므로 $p_o(6)=4$이다. 그리고 이때 $p_3(6)=3$이다. 왜냐하면 6을 3개의 자연수의 합으로 나타낼 수 있는 것은 $4+1+1$, $3+2+1$, $2+2+2$와 같이 3개이기 때문이다. ▨

예제 6

$n=6$이면 $(1+x)(1+x^2)\cdots(1+x^6)$에서 x^6의 계수는 $p_d(6)=4$이다. ▨

위 예에서 $p_d(6)=p_o(6)$임을 보았다. 그러면 일반적으로 $p_d(n)=p_o(n)$이 성립하는지 알아보기로 하자.

정리 3

자연수 n에 대해, $p_d(n) = p_o(n)$가 성립한다.

증명 $1+x = \frac{1-x^2}{1-x}$, $1+x^2 = \frac{1-x^4}{1-x^2}$, $1+x^3 = \frac{1-x^6}{1-x^3}$, $\cdots$

을 이용하고, "서로 다른"이라는 의미는 같은 것이 없거나(0개) 또는 하나(1개)만 있는 경우를 말하므로

$$\begin{aligned} p_d(x) &= (1+x)(1+x^2)(1+x^3)(1+x^4)\cdots \\ &= \frac{1-x^2}{1-x}\frac{1-x^4}{1-x^2}\frac{1-x^6}{1-x^3}\frac{1-x^8}{1-x^4}\cdots \\ &= \frac{1}{1-x}\frac{1}{1-x^3}\frac{1}{1-x^5}\cdots \\ &= (1+x+x^2+\cdots)(1+x^3+x^6+\cdots)(1+x^5+x^{10}+\cdots)\cdots \\ &= p_o(n) \end{aligned}$$

예제 7

$f(x) = \frac{1}{1-x}\frac{1}{1-x^2}\frac{1}{1-x^3}$ 에서 x^6의 계수는 7이다. 따라서 6의 분할 중에서 1, 2, 3으로 이루어진 개수는 다음과 같이 7개이다.

$3+3$

$3+2+1$

$3+1+1+1$

$2+2+2$

$2+2+1+1$

$2+1+1+1+1$

$1+1+1+1+1+1$ ■

예제 8

n을 임의의 양의 정수라 할 때 $2w+3x+5y+7z=n(0 \le w,\ 4 \le x,\ 4 \le y,\ 5 \le z)$을 만족하는 정수해의 수에 대한 생성함수를 구하여라.

풀이 $f(t) = \dfrac{1}{1-t^2} \cdot \dfrac{t^{12}}{1-t^3} \cdot \dfrac{t^{20}}{1-t^5} \cdot \dfrac{t^{35}}{1-t^7}$ 에서 t^n의 계수를 구한다.

따라서 생성함수는 $f(t)$ 이다. ■

정리 4

정리 4 a, b, c, d가 서로 다른 자연수라 할 때, $ax_1 + bx_2 + cx_3 + dx_4 = n$을 만족하는 음이 아닌 정수해 (x_1, x_2, x_3, x_4)의 개수는

$$(1+x^a+x^{2a}+\cdots)(1+x^b+x^{2b}+\cdots)(1+x^c+x^{2c}+\cdots)(1+x^d+x^{2d}+\cdots)$$

에서 x^n의 계수와 같다.

예제 9

n을 임의의 양의 정수라 할 때

$$2w+3x+5y+7z=n \ (2 \le w \le 4 \le x \le 7 \le y \le 10 \le z)$$

을 만족하는 정수해의 수에 대한 생성함수를 구하여라.

풀이 $(t^{2\cdot2}+t^{2\cdot3}+t^{2\cdot4}) \times (t^{3\cdot4}+t^{3\cdot5}+t^{3\cdot6}+t^{3\cdot7}) \times (t^{5\cdot7}+t^{5\cdot8}+t^{5\cdot9}+t^{5\cdot10})$

$\times\ (t^{7\cdot10}+t^{7\cdot11}+\cdots)$ 에서 t^n의 계수를 구하면 된다. ■

예제 10

$2x_1+3x_2+5x_3+7x_4=18$을 만족하는 음이 아닌 정수해는 몇 개있는가?

풀이 $(1+x^2+x^4+\cdots+x^{18})(1+x^3+x^6+\cdots+x^{18})(1+x^5+x^{10}+x^{15})(1+x^7+x^{14})$ 에서

x^{18} 의 계수와 같다. ■

예제 11

$3x_1+5x_2+7x_3+9x_4=40$을 만족하는 자연수는 몇 개있는가?

풀이 이 문제는 $x_1=1+X_1,\ x_2=1+X_2,\ x_3=1+X_3,\ x_4=1+X_4$로 치환하면,

$3X_1+5X_2+7X_3+9X_4=16$을 만족하는 음이 아닌 정수해의 개수를 구하는 문제와 같다.

따라서 $(1+x^3+x^6+\cdots+x^{15})(1+x^5+x^{10}+x^{15})(1+x^7+x^{14})(1+x^9)$에서 x^{16}의 계수와 같다. ■

4.2 페레스 그래프(Ferrers graph)

페레스 그래프는 페레스(Norman Macleod Ferrers, 1829~1903; 영국 태생의 미국 수학자)로부터 명명되었다.

페레스 그래프는 점들을 행으로 사용하여 정수의 분할을 나타내는데, 각 행의 점들의 수는 아래 행으로 갈수록 증가하지는 않는다. 예를 들어 4의 분할을 얻으려면, 4개의 점들을 몇 개의 행에 나타낼 수 있는가 알아보면 다음과 같은 다섯 가지가 있다.

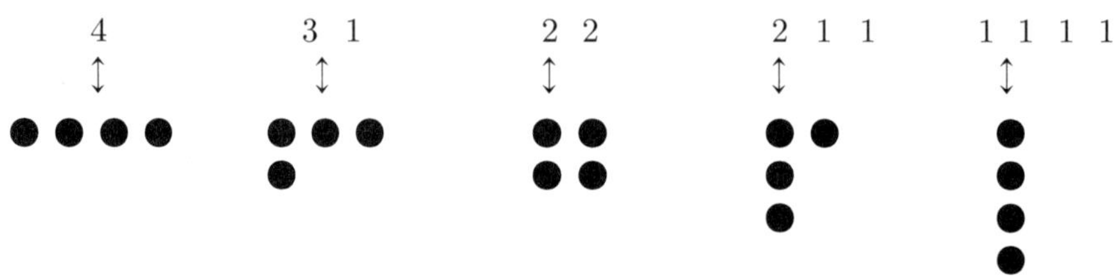

conjugate **그래프**는 위 그래프에서 행과 열을 바꾼 그래프를 말하며, 페레스 그래프에서 어떤 그래프가 그의 conjugate 그래프와 같으면 self-conjugate라고 한다.

예제 1

위 그림에서 $n=4$인 경우 3번째 2 2가 유일한 self-conjugate 그래프이다.

예제 2

$n=16$일 때는 다음과 같은 5개의 self-conjugate 그래프를 얻을 수 있다.

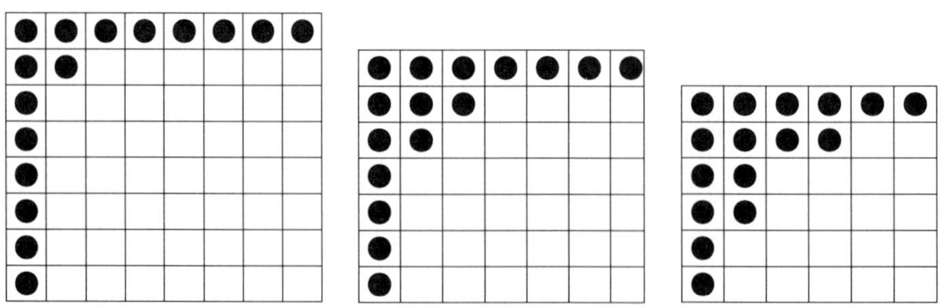

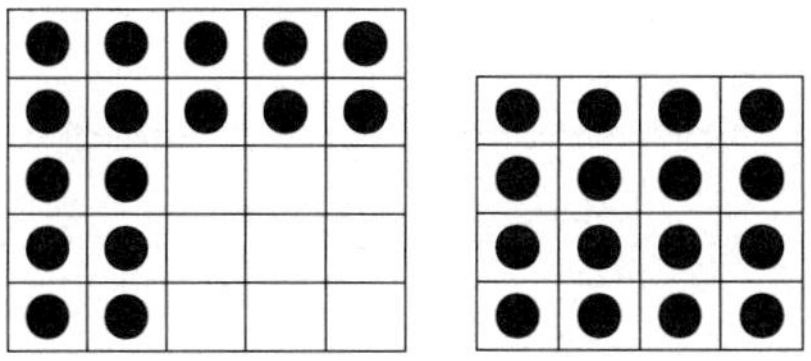

다음 표는 n값에 대응하는 self-conjugate 그래프의 개수를 나타내었다. $n=2$일 때를 제외하고는 n이 증가하면 self-conjugate 그래프의 개수는 비감소함을 알 수 있다.

n	0	1	2	3	4	5	6	7	8	9	10	11	12	13	14	15	16	17	18	19	20	21
개수	1	1	0	1	1	1	1	1	2	2	2	2	3	3	3	4	5	5	5	6	7	8

정리 1

n의 self-conjugate의 개수는 n의 분할의 수에서 서로 다른 홀수의 합으로 이루어진 개수와 같다.

증명 self-conjugate의 제일 바깥쪽(1행과 1열)을 펴면 홀수 개의 점그래프가 생긴다. 다음에 2행과 2열의 나머지를 펴면 역시 홀수 개의 점그래프가 나타난다. 같은 방법으로 계속 진행하면, self-conjugate 그래프는 서로 다른 홀수 개의 점그래프와 일대일 대응을 이룬다. 예를 들어 아래 왼쪽 그림에서 90°로 꺾인 것을 펼쳐서 시작 위치를 같도록 하면 오른쪽 그림이 된다.

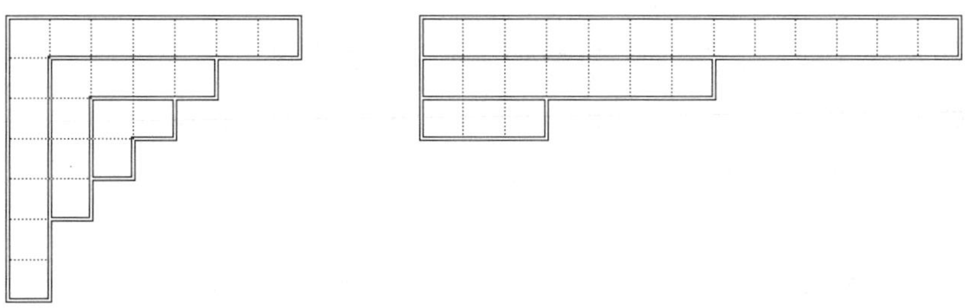

연습문제 4

1. 페레스 그래프에서 n에 따른 self conjugate 그래프의 개수를 구하여라.

   (1) $n=15$일 때 (4개의) self-conjugate 그래프를 모두 나타내어라.

   (2) $n=19$일 때 (6개의) self-conjugate 그래프를 모두 나타내어라.

2. $[x]$를 x보다 작거나 같은 정수 중 최대정수라 하고, $\langle x\rangle$를 x에 가장 가까운 정수라고 할 때

$$p_2(n)=\left[\frac{n}{2}\right],\ p_3(n)=\left\langle\frac{n^2}{12}\right\rangle$$

   임을 보여라.

3. 다음을 만족하는 정수해는 몇 가지가 있는가?

   (1) $c_1+c_2-c_3=8,\ c_1,c_2>0,\ c_3<0$.

   (2) $c_1+2c_2+3c_3=8,\ c_1\geq 1,\ c_2\geq 2,\ c_3\geq 1$.

4. $p_k(n)$은 n을 k개의 자연수의 합으로 나타낼 수 있는 경우의 수라고 할 때

   (1) $p_1(n)+p_2(n)+\cdots+p_n(n)=p(n)$

   (2) $p_1(n)=p_n(n)=1$

   (3) $p_k(n)\geq\dfrac{1}{k!}\dbinom{n-1}{k-1}$

   을 보여라.

5. $p_1(n)+p_2(n)+\cdots+p_k(n)=p_k(n+k)$임을 보여라.

   이때 $n=k$이면 $p(n)=p_n(2n)$ 즉, n의 분할의 개수는 $2n$을 n개의 자연수의 합으로 나타낼 수 있는 분할의 개수와 같다.

6. 10원, 50원, 100원, 500원의 4종류의 동전을 이용하여 5,000원을 지불하는 방법은 몇 가지인가?

7. 다음이 성립함을 보여라.

(1) $\dfrac{1}{1-z} = (1+z)(1+z^2)(1+z^4)(1+z^8)\cdots$

(2) $\dfrac{1}{1-z} = (1+z+z^2)(1+z^3+z^6)(1+z^9+z^{18})\cdots$

연습문제 4 – 문제풀이

6. 힌트 10원 동전이 x_1개, 50원 동전이 x_2개, 100원 동전이 x_3개, 500원 동전이 x_4개가 필요하다고 하면 $10x_1 + 50x_2 + 100x_3 + 500x_4 = 5{,}000$을 얻을 수 있다. 이 식의 양변을 10으로 나눈다.

5장 피보나치 수와 뤼카 수

5.1 피보나치 수(Fibonacci number)

자연의 아름다움이란 그 자신이 지니고 있는 조화에서 시작된다고 할 수 있다. 그리고 그 조화에는 어떤 질서가 있는데 많은 경우 피보나치(Fibonacci) 수를 이용하여 그 질서를 설명하려 하고 있다. 지금 여기 첫 항이 1이고, 둘째 항이 1이고, 다음 항부터는 바로 그 앞의 두 항의 합으로 나타내지는 무한 수열을 생각하자. 그것을 적어보면,

$$1,\ 1,\ 2,\ 3,\ 5,\ 8,\ 13,\ 21,\ 34,\ 55,\ 89,\ 144,\ \cdots$$

와 같이 된다. 이때 이 수열에 나타나는 수들을 피보나치 수라 한다. 그렇게 불리게 된 것은 중세 유럽의 대 수학자 피사의 레오나르도[(Leonardo of Pisa, AD 1174(?)~1250) 피보나치로 더 알려져 있다. 피보나치는 아버지가 이탈리아 무역회사의 공무원이라서 알제리아에서 초등수학교육을 모슬림교사에게 배웠다.]가 1202년에 피사에서 완성한 《리베르 아바치(Liber abaci)》라는 책(영어로 번역되지 않음, 1228년 발행된 2판, 123~124쪽에 실려 있다.)에 다음과 같은 간단한 문제에서 출발한다.

"암수 한 쌍의 어린 토끼가 울안에 놓여 있다. 토끼들이 태어나서 한 달이 지나면 성숙해지고 또 한 달이 지나면서부터 매달 한 쌍씩의 새끼를 낳는다고 가정하고, 그동안에 죽거나 울타리를 탈출하거나 번식이 안 되는 토끼들이 없다고 가정할 때, 일 년 후에는 울안에 몇 쌍의 토끼가 있게 되는가?"

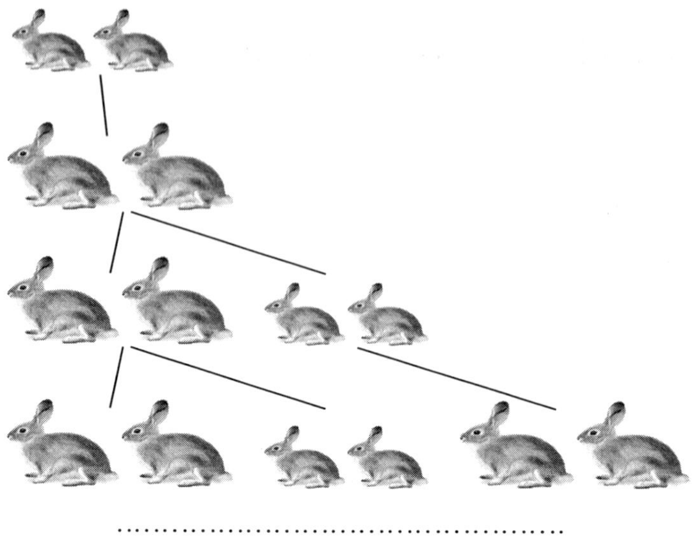

그러나 피보나치는 이 수열에 대해 연구하지 않았고, 19세기에 프랑스의 정수론 학자 뤼카(Edouard Lucas, 1842~1891)에 의해 깊이 연구되기 시작하기 전까지는 이에 대한 연구가 이루어지지 않았다.

피보나치수열의 일반항을 구하는 방법은 여러 가지가 있다. F_n을 n번째 피보나치수라 하면

$$F_1 = F_2 = 1\text{이고,}\ \ F_n = F_{n-1} + F_{n-2}\ \ (n \geq 3)$$

으로 표시할 수 있다. 고등학교에서 학습한 점화식을 이용하여 일반항을 구하는 방법이 가능하지만, 이산수학에서는 점화식이라는 명칭보다는 미분방정식과 유사한 풀이가 가능한 차분방정식(difference equation)을 이용하여 다음과 같은 일반항 F_n을 구할 수 있다. (자세한 계산은 차분방정식 부분(7장 예제 2) 참조)

$$F_n = \frac{1}{\sqrt{5}}\left(\frac{1+\sqrt{5}}{2}\right)^n - \frac{1}{\sqrt{5}}\left(\frac{1-\sqrt{5}}{2}\right)^n$$

피보나치수열의 일반항을 구하는 이 공식은 1724년에 다니엘 베르누이(Daniel Bernoulli, 1700~1782)가 이미 알고 있었다고 하지만, 비네(Jacques P.M. Binet, 1786~1856)의 이름을 따서 **비네의 공식**(Binet's formula)으로 더 알려져 있다.

예제 1

$F_n = \frac{1}{\sqrt{5}}\left\{\left(\frac{1+\sqrt{5}}{2}\right)^n - \left(\frac{1-\sqrt{5}}{2}\right)^n\right\}$일 때, 직접 대입하여 $F_n + F_{n+1} = F_{n+2}$가 됨을 확인할 수 있다. 먼저 대입을 하고 좌변에서 같은 부호의 항끼리 묶은 다음, $\frac{3\pm\sqrt{5}}{2} = \left(\frac{1\pm\sqrt{5}}{2}\right)^2$, (단, 부호동순)를 이용하여 정리하면 된다.

현재 피보나치 수는 data sorting, information retrieval, random number 생성 등 응용분야에도 다양하게 이용되고 있다. 1963년부터 호갓(Verner Hoggatt, Jr.)을 중심으로, 피보나치수열과 이와 관련된 사실을 주로 다루는 〈The Fibonacci Quarterly〉를 피보나치 협회(Fibonacci Association)에서 매년 4~5호 발간하고 있으며, 2014년 2월에 52권 1호가 발간된다.

피보나치 수의 일반적인 것으로 tribonacci number가 있다. Tribonacci number는 마크 페인버그(Mark Feinberg)가 14살 때 발견한 것(Fibonacci Quarterly, 1963년 10월호)으로 그는 대학교 2학년 때 오토바이 사고로 사망하였다. 이것은

$$1,\ 1,\ 2,\ 4,\ 7,\ 13,\ 24,\ 44,\ 81,\ \cdots$$

로 이 숫자는 이웃하는 수와 $x^3 + x^2 + x - 1 = 0$의 양수 근에 수렴한다. 즉, 이것은 앞 3개의 항의 합으로 이뤄진다는 점을 제외하고는 피보나치 수와 많은 유사한 성질을 갖는다. 더 일반적으로 tetranacci number, ⋯ , n −nacci number 등이 있는데, n −nacci number의 이웃하는 수와의 비는 0.5에 수렴한다. (5장 연습문제 11번 참조)

5.2 뤼카 수(Lucas number)

뤼카 수는

$$L_1 = 1,\ L_2 = 3,\ L_3 = 4,\ L_4 = 7,\ L_5 = 11,\ \cdots$$

로 이루어진다. 즉, $L_1 = 1$, $L_2 = 3$이고, $L_n = L_{n-1} + L_{n-2}$ $(n \geq 3)$이다. 따라서 뤼카 수열의 일반항은(이 경우 $L_0 = 2$가 된다.)

$$L_n = \left(\frac{1+\sqrt{5}}{2}\right)^n + \left(\frac{1-\sqrt{5}}{2}\right)^n$$

이다.

피보나치수열에서 임의의 피보나치 수를 알면 다음 식에 의해서 바로 다음의 피보나치 수를 구할 수 있다. 즉, A를 F_n이라 하면

$$F_{n+1} = \left[\frac{A + 1 + \sqrt{5A^2}}{2} \right]$$

이다. 여기서 $[x]$는 실수 x에 대하여 x를 넘지 않는 최대의 정수를 나타낸다. 같은 공식이 3보다 큰 뤼카 수에서도 성립된다.

다음 표는 0부터 40까지의 피보나치 수(F_n)와 뤼카 수(L_n)를 나타낸 것이다.

n	F_n	L_n	n	F_n	L_n
0	0	2			
1	1	1	21	10946	24476
2	1	3	22	17711	39603
3	2	4	23	28657	64079
4	3	7	24	46368	103682
5	5	11	25	75025	167761
6	8	18	26	121393	271443
7	13	29	27	196418	439204
8	21	47	28	317811	710647
9	34	76	29	514229	1149851
10	55	123	30	832040	1860498
11	89	199	31	1346269	3010349
12	144	322	32	2178309	4870847
13	233	521	33	3524578	7881196
14	377	843	34	5702887	12752043
15	610	1364	35	9227465	20633239
16	987	2207	36	14930352	33385282
17	1597	3571	37	24157817	54018521
18	2584	5778	38	39088169	87403803
19	4181	9349	39	63245986	141422324
20	6765	15127	40	102334155	228826127

자연에서 피보나치 수가 나타나는 경우를 알아보기로 하자. 우리가 볼 수 있는 해바라기는 앞에서 보았을 때 반시계 방향으로 34개의 나선(spiral)이 있고, 시계 방향으로 55개의 나선이 있는데, 이 두 수는 연속된 피보나치 수이다. 또 그보다 더 큰 해바라기는 각각 89개, 144개의 나선을 갖고 있으며, 버몬트(Vermont) 농장에 있는 거대한 해바라기(mammoth sunflower)는 각각 144개, 233개의 나선을 갖고 있다고 한다.

또 솔방울도 시계 방향으로 5개의 나선이 있고, 반시계 방향으로 8개의 나선이 있어 연속된 피보나치 수를 보여주고 있다. 이 밖에 파인애플은 위에서 보면 반시계 방향으로 13개의 나선이 있고, 시계 방향으로 8개의 나선이 있다. 이때 줄 수를 정확히 세기 위해서는 중간에서 세는 것이 편하다. 도토리는 시계 방향 13개, 반시계 방향 21개라고 한다.

잎사귀의 배열에서도 피보나치 수와 관련된 사실을 얻을 수 있다. 이것은 잎사귀가 햇빛을 고르게 받고 줄기에 실리는 중량을 평균화시키려는 자연의 조화를 지키기 위한 결과로 볼 수 있다. 이 외에도 코스모스 꽃잎의 수, 데이지 꽃잎의 수도 피보나치 수라는 것을 확인할 수 있다.

5.3 피보나치수열에 대한 성질

참고문헌 [6]을 보면 피보나치수열에 대한 많은 성질들이 잘 정리되어 있다. 여기서는 이들 중 몇 가지 성질에 대해 알아보기로 한다.

예제 1

매 3번째 피보나치 수는 2로 나누어떨어지고, 매 4번째 피보나치 수는 3으로 나누어떨어지고, 매 5번째 피보나치 수는 5로 나누어떨어지고, 매 6번째 피보나치 수는 8로 나누어떨어지고, … . 이와 같은 사실 중 다음을 증명하여라.

(1) 피보나치 수에서 매 4번째 수는 3의 배수임을 보여라.

(2) 피보나치 수에서 매 5번째의 수는 5로 배수임을 보여라.

위 (1)과 (2)와 같은 방법을 이용하면 나머지 사실도 확인할 수 있다.

풀이 (1) $F_4 = 3$이므로 3의 배수이다.

$$
\begin{aligned}
F_n &= F_{n-1} + F_{n-2} \\
&= F_{n-2} + F_{n-3} + F_{n-3} + F_{n-4} \\
&= F_{n-3} + F_{n-4} + 2(F_{n-3}) + F_{n-4} \\
&= 3F_{n-3} + 2F_{n-4}
\end{aligned}
$$

이 된다. 여기서 $n=8$이면 $F_8 = 3F_5 + 2F_4$이므로 3의 배수가 된다. 같은 방법으로 제2종 수학적 귀납법에 의해 매 4번째 피보나치 수는 3의 배수가 된다.

(2)

$$
\begin{aligned}
F_n &= F_{n-1} + F_{n-2} \\
&= F_{n-2} + F_{n-3} + F_{n-3} + F_{n-4} \\
&= F_{n-3} + F_{n-4} + 2F_{n-4} + 2F_{n-5} + F_{n-4} \\
&= 5F_{n-4} + 3F_{n-5}
\end{aligned}
$$

그런데 $F_5 = 5$이므로

$F_{10} = 5F_6 + 3F_5$이므로 5의 배수이다.

$F_{15} = 5F_{11+}3F_{10}$이므로 5의 배수이다.

그러므로 (수학적 귀납법에 의해) 매 5번째의 수는 5로 나누어떨어진다. ▒

예제 2

$a_1 = 1,\ a_2 = 2,\ a_{n+2} = 2a_{n+1} + a_n\ (n \geq 1)$일 때, a_n의 항을 처음부터 8개를 구하고, 이 수열은 4번째 수마다 12의 배수가 됨을 보여라.

풀이 수학적 귀납법을 이용한다.

$a_4 = 12$임을 대입하여 구한다.

a_{4k}가 12의 배수라고 가정하면

$$
\begin{aligned}
a_{4(k+1)} &= 2a_{4k+3} + a_{4k+2} \\
&= 2(2a_{4k+2} + a_{4k+1}) + a_{4k+2} \\
&= 5a_{4k+2} + 2a_{4k+1} \\
&= 5(2a_{4k+1} + a_{4k}) + 2a_{4k+1} \\
&= 12a_{4k+1} + 5a_{4k}
\end{aligned}
$$

이므로 12의 배수가 된다.

따라서 수학적 귀납법에 의해 4번째 수마다 12의 배수가 된다. ▒

예제 3

피보나치수열의 마지막 자리는 60번마다 되풀이되고, 마지막 두 자리는 300번마다 되풀이되고, 마지막 세 자리는 1500번마다 되풀이되고, 마지막 네 자리는 15000번마다 되풀이되고, 마지막 다섯 자리는 150000번마다 ⋯ 되풀이된다. 참고로 마지막 자리는 112358314594370774 156178538190998752796516730336954932572910과 같이 60번마다 반복된다. ■

정리 1 Zeckendorf 정리 (Edouard Zeckendorf, 1972년)

모든 자연수는 서로 다른 연속되지 않은 피보나치 수들의 합으로 유일하게 나타낼 수 있다. 이와 같은 표현(representation)을 **Zeckendorf representation**이라고 한다.

예제 4

$17=8+5+3+1$과 같이 연속된 피보나치 수의 합으로 나타낼 수 있지만 $17=13+3+1$과 같이 서로 다른 연속되지 않은 피보나치 수들의 합으로 나타낼 수가 있다. 위 정리 1을 이용하여 $n=232$와 $n=9999$를 서로 다른 연속이 되지 않는 피보나치 수의 합으로 나타내어라.

풀이 $n=232$일 때 232를 넘지 않는 가장 큰 피보나치 수는 144이다.
그러면 $232-144=88$이므로 다음에는 88을 넘지 않는 가장 큰 피보나치 수가 55이다. 이와 같은 방법을 계속하면 $232=144+55+21+8+3+1$를 얻을 수 있다. 같은 방법으로 $9999=6765+2584+610+34+5+1$을 얻을 수 있다. ■

예제 5

$n\geq 2$이면 피보나치수열 $F_n \geq \left(\frac{3}{2}\right)^{n-2}$임을 보여라.

풀이

$$n=2\text{이면, } F_2=1\geq\left(\frac{3}{2}\right)^0$$

$$n=3\text{이면, } F_3=2\geq\left(\frac{3}{2}\right)^1$$

이 성립한다. $n=k$와 $n=k+1$일 때도 성립한다고 가정하면

$$\begin{aligned}F_{k+2}=F_{k+1}+F_k &\geq \left(\frac{3}{2}\right)^{k-1}+\left(\frac{3}{2}\right)^{k-2}\\ &=\left(\frac{3}{2}\right)^{k-2}\left(\frac{3}{2}+1\right)>\left(\frac{3}{2}\right)^{k-2}\left(\frac{9}{4}\right)\end{aligned}$$

$$= \left(\frac{3}{2}\right)^k$$

■

예제 6

$F_1, F_2, F_3, \cdots, F_n, \cdots$ 를 피보나치수열이라고 할 때, 이 피보나치수열을 처음부터 n항까지를 차례로 합한 수열

$$F_1, F_1+F_2, F_1+F_2+F_3, \cdots, F_1+\cdots+F_n, \cdots$$

을 피보나치수열을 이용하여 일반항(n번째 항)을 간단히 나타내라.

풀이 (방법 1) 처음부터 n번째 항까지의 합으로 이루어지는 새로운 수열

$$F_1, F_1+F_2, F_1+F_2+F_3, \cdots, F_1+\cdots+F_n, \cdots$$

에 대해 피보나치 관계식을 이용하여

$$F_3-F_2, (F_3-F_2)+(F_4-F_3), (F_3-F_2)+(F_4-F_3)+(F_5-F_4), \cdots$$

이므로 간단히 하면

$$F_3-F_2, F_4-F_2, F_5-F_2, \cdots, F_{n+2}-F_2, \cdots$$

또는

$$F_3-1, F_4-1, F_5-1, \cdots, F_{n+2}-1, \cdots$$

이므로 새로운 수열의 일반항은 $F_{n+2}-1$이 된다.

(방법 2) 피보나치수열은

$$1, 1, 2, 3, 5, 8, \cdots$$

이므로 새로운 수열은

$$1, 1+1, 1+1+2, 1+1+2+3, 1+1+2+3+5, 1+1+2+3+5+8, \cdots$$

을 얻을 수 있다. 이 수열은 $1, 2, 4, 7, 12, 20, \cdots$ 이므로 모든 항에서 1을 더하면 $2, 3, 5, 8, 13, 21, \cdots$ 이 된다. 즉,

$$F_3-1, F_4-1, F_5-1, \cdots$$

이므로 각 항은 원래 수열보다 두 번째 뒤의 값에서 1이 부족한 것이 된다. 즉,

$$\sum_{i=1}^{n} F_i = F_{n+2}-1$$

이다.

■

예제 7

$F_0=0$, $F_1=1$, $F_2=1$일 때, $F_{a+b}=F_{a-1}F_b+F_aF_{b+1}$임을 수학적 귀납법으로 증명하여라.

풀이 $b=1$일 때, $F_{a-1}F_1+F_aF_2=F_{a-1}+F_a=F_{a+1}$이므로 성립한다.

$b=n$ 일 때 성립한다고 가정하면 $F_{a+n}=F_{a-1}F_n+F_aF_{n+1}$ 이다. 그러면

$$\begin{aligned} F_{a-1}F_{n+1}+F_aF_{n+2} &= F_{a-1}(F_n+F_{n-1})+F_a(F_{n+1}+F_n) \\ &= F_{a-1}F_n+F_aF_{n+1}+F_{a-1}F_{n-1}+F_aF_n \\ &= F_{a+n}+F_{a+n-1}=F_{a+n+1} \end{aligned}$$

이므로 위 결과는 모든 자연수에 대하여 성립한다. ■

예제 8

피보나치 수가 가지는 다음 성질을 보여라.

(1) $F_1+F_3+F_5+\cdots+F_{2n-1}=F_{2n}$ 즉 $\sum_{i=1}^{n}F_{2i-1}=F_{2n}$

(n개의 홀수 번째 피보나치 수의 합)

(2) $\sum_{i=1}^{n}F_{2i}=F_{2n+1}-1$ (n개의 짝수 번째 피보나치 수의 합)

(3) $\sum_{i=1}^{n}F_i^{\,2}=F_nF_{n+1}$

(4) $F_{n+m}=F_{n-1}F_m+F_nF_{m+1}$

(5) $F_n \mid F_{2n}$이고 $F_{2n}=F_{n+1}^{\,2}-F_{n-1}^{\,2}$이다.

(6) $F_{n+1}^{\,2}=F_nF_{n+2}+(-1)^n$ (J.D. Cassini, 1680년)

(7) $m \mid n$이면 $F_m \mid F_n$이다.

(8) $F_{n+1}^{\,2}+F_n^{\,2}=F_{2n+1}$

(9) $F_{n+1}^{\,2}-F_{n-1}^{\,2}=F_{2n}$, $n\geq 2$

증명 (1) $F_i=F_{i+2}-F_{i+1}$에서 $i=1, 3, 5, \cdots, 2n-1$을 대입하여 변변 더하면 된다. 이때 $F_0=0$을 이용한다.

(2) 예제 6에서 n 대신 $2n$을 대입하면 $\sum_{i=1}^{2n}F_i=F_{2n+2}-1$을 얻는다. 그리고

$$\sum_{i=1}^{2n}F_i=\sum_{i=1}^{n}F_{2i}+\sum_{i=1}^{n}F_{2i-1}=\sum_{i=1}^{n}F_{2i}+F_{2n} \quad \leftarrow \text{예제 8(1)에 의해}$$

이 두 식으로부터 $\sum_{i=1}^{n} F_{2i} + F_{2n} = F_{2n+2} - 1$

그러므로 $\sum_{i=1}^{n} F_{2i} = F_{2n+2} - F_{2n} - 1 = F_{2n+1} - 1$

(3) ${F_k}^2 = F_k(F_{k+1} - F_{k-1}) = F_k F_{k+1} - F_{k-1} F_k$에서 $k = 1, 2, \cdots, n$을 대입하면

$$
\begin{aligned}
&{F_1}^2 = F_1 F_2 - F_0 F_1 = F_1 F_2 \\
&{F_2}^2 = F_2 F_3 - F_1 F_2 \\
&\cdots\cdots\cdots \\
&{F_n}^2 = F_n F_{n+1} - F_{n-1} F_n
\end{aligned}
$$

이고, 이들을 변변 더하면

$$ {F_1}^2 + {F_2}^2 + \cdots + {F_n}^2 = F_n F_{n+1} $$

이 된다.

(4) m에 대해 수학적 귀납법을 사용한다. 그러기 위해서는 $m = 1$과 $m = 2$일 때 성립함을 보인다.

$m = k$일 때와 $m = k - 1$일 때 성립한다고 가정하고, $m = k + 1$일 때 즉 $F_{n+(k+1)}$가 성립함을 보이면 된다.

(5) 위 성질 $F_{n+m} = F_{n-1} F_m + F_n F_{m+1}$에서 $n = m$이라 하면

$F_{2n} = F_{n+m} = F_{n-1} F_n + F_n F_{n+1} = F_n (F_{n-1} + F_{n+1})$이므로 $F_n \mid F_{2n}$이다. 이때

$$
\begin{aligned}
F_{2n} &= F_n (F_{n-1} + F_{n+1}) \\
&= (F_{n+1} - F_{n-1})(F_{n-1} + F_{n+1}) = {F_{n+1}}^2 - {F_{n-1}}^2
\end{aligned}
$$

(6) n에 대해 수학적 귀납법을 사용한다. $n = 1$일 때 성립함을 보인다. $n = k$일 때 성립한다고 가정하고 양변에 $F_{k+1} F_{k+2}$를 더한다. 이 식을 정리하고 이항하여 $n = k + 1$일 때 성립함을 보인다.

(7) $m \mid n$이면 $n = mk$이므로 m에 대해 수학적 귀납법을 이용한다.

$m = 1$일 때 성립함을 보인다. $m = k$일 때 $F_m \mid F_{mk}$가 성립한다고 가정하면, $m = k + 1$일 때는 $F_{m(k+1)} = F_{mk+m} = F_{mk-1} F_m + F_{mk} F_{m+1}$((4)에 의해)이 성립한다. $F_m \mid F_{mk-1} F_m$이고 $F_m \mid F_{mk} F_{m+1}$이므로 마지막 식은 F_m으로 나누어진다. 따라서 $F_m \mid F_n$.

(8) $F_{2n+1} = F_{n+(n+1)} = F_{n-1} F_{n+1} + F_n F_{n+2}$

$\quad = (F_{n+1} - F_n) F_{n+1} + F_n (F_{n+1} + F_n)$

$$= F_{n+1}^{\ 2} + F_n^{\ 2}$$

(9) $F_{2n} = F_{2n+1} - F_{2n-1} = (F_{n+1}^{\ 2} + F_n^{\ 2}) - (F_n^{\ 2} + F_{n-1}^{\ 2}) = F_{n+1}^{\ 2} - F_{n-1}^{\ 2}$ ■

참고 (1) "소수(prime)인 피보나치 수가 무수히 많이 존재하는가"라는 것은 미해결 문제이다. 알려진 바로는 F_{531}(119자리), L_{353}(74자리)은 prime이다.

(2) Hilbert의 제10문제(부정방정식에 관한 문제)의 해결에 피보나치 수가 이용되었다.

(3) 3을 제외하고 소수(prime)인 피보나치 수는 prime인 아래 첨자를 갖는다. 예를 들어 233은 prime이고 F_{13}에서 13은 prime이다. 만일 아래 첨자가 합성수(composite)이면 그 수는 합성수이다. 그러나 이 역은 참이 아니다. $F_{19} = 4181 = 37 \times 113$이기 때문이다. (5장 연습문제 23(3)번 참조)

연습문제 5

1. (1) 피보나치 저서에 나오는 울안에 있는 암수 한 쌍의 어린 토끼는 일 년 후에는 몇 쌍의 토끼가 되는가?

(2) 피보나치 토끼 문제에서 매달 1쌍씩의 새끼를 낳는다는 것을 2쌍으로 바꾸면 어떤 점화식을 얻을 수 있는가? k쌍으로 바꾸면 어떻게 되겠는가?

2. $F_1^{\,2} + F_2^{\,2} + F_3^{\,2} + \cdots + F_n^{\,2} = F_n \cdot F_{n+1}$이 됨을 보여라. 이를 다음 그림을 이용하여 설명하여라.

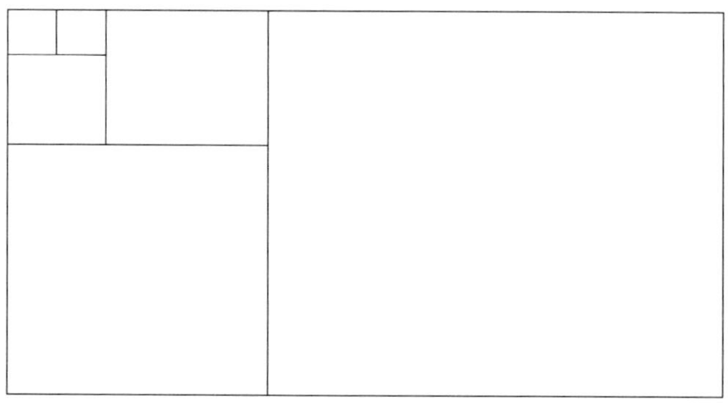

3. 피보나치 수와 뤼카 수는 다음 관계가 있다. 이를 증명하여라.

(1) $F_n^{\,2} - F_{n+k} \cdot F_{n-k} = (-1)^{n+k} \cdot F_k^{\,2}$,

여기서 $k = 1$이면 $F_{n+1} F_{n-1} - F_n^{\,2} = (-1)^{n+1}$이 된다.

(2) $F_2 + F_4 + F_6 + \cdots + F_{2n} = F_{2n+1} - 1$

(3) $L_1 + L_2 + L_3 + \cdots + L_n = L_{n+2} - 3$

$L_0 = 2$이므로 이 식은 $L_0 + L_1 + \cdots + L_n = L_{n+2} - 1$와 같다.

(4) $F_{2n} = F_n \cdot L_n$

(5) $L_{2n} = L_n^{\,2} - 2(-1)^n$

(6) $L_n = F_{n-1} + F_{n+1}$

(7) $5F_n = L_{n-1} + L_{n+1}$

(8) $2F_{m+n} = F_m L_n + F_n L_m$

(9) $2L_{m+n} = L_m L_n + 5F_m F_n$

(10) $F_{n+k} = F_{k+1} \cdot F_n + F_k \cdot F_{n-1}$

(11) 연속된 4개의 피보나치 수를 크기 순서대로 A, B, C, D 라 하면, $C^2 - B^2 = AD$ 가 성립한다.

4. 서로 이웃하는 두 피보나치수열은 서로소(relatively prime)이다. 즉, 모든 n에 대하여 $\gcd(F_n, F_{n+1}) = 1$이다. 여기서 $\gcd(a, b)$는 두 정수 a와 b의 최대공약수를 의미한다. 이것이 Lucas 수에서도 성립함을 보여라.

5. (1) $F_n = n$, $L_n = n$를 만족하는 피보나치 수가 존재하는가?

(2) $F_n = n^2$, $L_n = n^2$을 만족하는 피보나치 수가 존재하는가?

(3) $F_n = n^3$, $L_n = n^3$을 만족하는 피보나치 수가 존재하는가?

6. 기호 +와 −를 합하여 n개를 1열로 나열할 때, −가 나란히 오지 않게 하는 방법의 수는 F_{n+1}임을 보여라. 이때 +는 연속되어 나타나도 무방한 것으로 한다. 이 문제는 +와 − 대신에 남자와 여자, 또는 0과 1로 바뀐 문제로 나타나기도 한다. (7장 예제 5 참조)

7. $\lim_{n\to\infty} \frac{F_{n-1}}{F_n} = \frac{\sqrt{5}-1}{2}$ 임을 보여라. 이것은 $\lim_{n\to\infty} \frac{F_{n+1}}{F_n} = \frac{1+\sqrt{5}}{2}$ 으로 황금비가 됨을 보여라.

8. 모든 정수 m에 대해 m으로 나눌 수 있는 피보나치 수는 무수히 많이 있다. 특히, 처음부터 $2m$까지의 피보나치 수 중에는 적어도 하나 이상이 m으로 나눠지는 것을 알 수 있다. 그러나 이 사실은 뤼카 수에서는 성립되지 않는다. 뤼카 수에서는 5의 배수가 나타나지 않음을 보여라.

9. $\frac{1}{F_{11}} = \frac{1}{89}$ 는 다음과 같은 재미있는 성질이 있다.

$$\frac{1}{89} = \frac{0}{10} + \frac{1}{100} + \frac{1}{1,000} + \frac{2}{10,000} + \frac{3}{100,000} + \frac{5}{1,000,000} + \cdots$$
$$= F_0 \cdot 10^{-1} + F_1 \cdot 10^{-2} + F_2 \cdot 10^{-3} + F_3 \cdot 10^{-4} + F_4 \cdot 10^{-5} + F_5 \cdot 10^{-6} + \cdots$$

즉, $\frac{1}{89} = 0.011235955056 \cdots$ 임을 확인하여라.

10. Leo Moser에 의해 다음 사실이 알려졌다. 2개의 면이 붙은 유리판에서 반사를 생각하자.

n번 반사 횟수의 개수는 F_{n+2}이다.	
반사 횟수	서로 다른 경로의 수
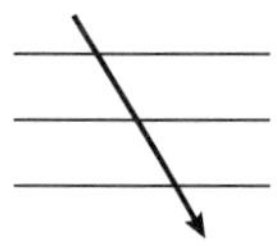	1
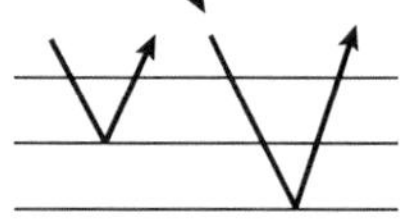	2
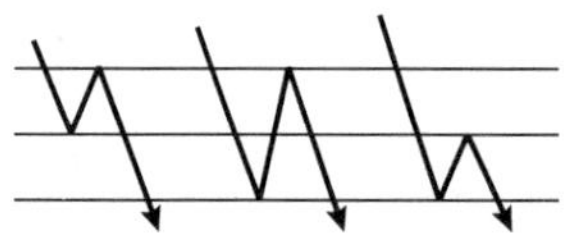	3
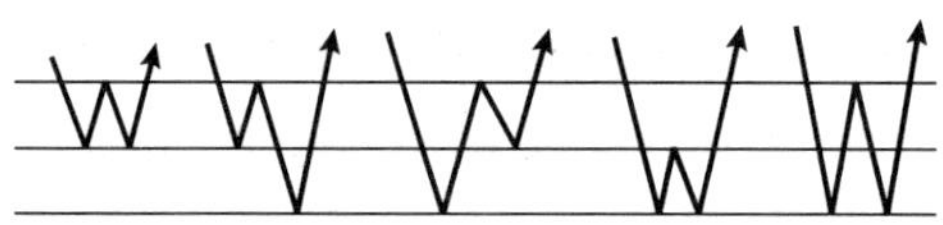	5

그러면 반사 횟수에 따라 이루는 서로 다른 경로의 수는 피보나치 수와 대응이 됨을 보여라.

11. tetranacci number와 $n-$nacci number를 생각하자. 이것은 이웃하는 수와의 비가 0.5에 수렴함을 보여라.

12. $\frac{1}{1-x-x^2} = F_0 + F_1 x + F_2 x^2 + F_3 x^3 + \cdots$ 임을 보여라. 단, $|x(1+x)| < 1$.

13. $S = \{1, 2, \cdots, n\}$에서 연속된 두 수를 포함하지 않도록 하는 공집합이 아닌 모든 부분집합의 개수는 $F_{n+2} - 1$임을 보여라. 여기서 F_n은 n번째 피보나치 수이다. 따라서 공집합인 경우까지 포함하면 F_{n+2}이다.

14. $F_1 = 1$, $F_2 = 1$일 때, 소수(prime) p에 대해 p가 1과 9로 끝나면 $p \mid F_{p-1}$이고, p가 3과 7로 끝나면 $p \mid F_{p+1}$이 성립함을 보여라. 예를 들어 $F_{17} = 1597$, $F_{18} = 2584$, $F_{19} = 4181$에서 17은 $17 \mid F_{17+1}$, 19는 $19 \mid F_{19-1}$이 성립함을 확인하여라.

15. (1) r이 자연수이면, $F_n \mid F_{nr}$임을 보여라.

(2) $\gcd(m, n) = d$이면, $\gcd(F_m, F_n) = F_d$. 즉 $F_d \mid F_m$이면 $F_d \mid F_n$임을 보여라.

16. 뤼카 수열은 임의의 $m \ge 1$인 정수에 대해 mod m을 구하면 주기적임을 보여라. 즉, 뤼카 수를 차례대로 m으로 나누었을 때 나머지로 이루어지는 수열은 일정한 간격을 두고 같은 수가 반복된다.

17. 수열 $\{x_n\}$을 $x_1 = 1$, $x_{n+1} = \dfrac{1}{1+x_n}$ $(n \ge 1)$로 정의하고, F_n은 n번째 피보나치 수라고 하면, $x_n = \dfrac{F_n}{F_{n+1}}$임을 보여라.

18. 피보나치 수에서

$\displaystyle\lim_{n\to\infty} \frac{F_{n+1}}{F_n} = x$라 하면 $\dfrac{F_{n+1}}{F_n} = \dfrac{F_n + F_{n-1}}{F_n} = 1 + \dfrac{F_{n-1}}{F_n}$이 성립함을 보여라.

$n \to \infty$이면 $x = 1 + \dfrac{1}{x}$가 되고 여기서 $x = \dfrac{1 \pm \sqrt{5}}{2}$를 얻을 수 있다.

19. $n \ge 1$이면 $\begin{bmatrix} 1 & 1 \\ 1 & 0 \end{bmatrix}^{n+1} = \begin{bmatrix} F_{n+1} & F_n \\ F_n & F_{n-1} \end{bmatrix}$이 성립함을 보여라. 이 사실을 이용하여, 등호의 양변의 행렬식을 구하면 $F_{n+1}F_{n-1} - F_n^{\,2} = (-1)^{n+1}$을 얻을 수 있다.

20. 다음 피보나치 수와 뤼카 수와의 관계를 보여라.

$L_n = F_{n+1} + F_{n-1}$이다. 이 결과를 이용하면

(1) $L_n = F_{n+2} - F_{n-2}$

(2) $L_n = F_n + 2F_{n-1}$

(3) $F_n + L_n = 2F_{n+1}$

(4) $F_0 + F_1 + \cdots + F_n = F_{n+2} - 1$

(5) $L_0 + L_1 + \cdots + L_n = L_{n+2} - 1$

(6) $5F_n = L_{n-1} + L_{n+1}$

(7) $2F_{m+n} = F_m L_n + F_n L_m$

(8) $2L_{m+n} = L_m L_n + 5F_m F_n$

21. 피보나치 수는 2개의 홀수와 1개의 짝수로 반복된다. 그런데 이 홀수 중에는 17의 배수가 존재할 수 없음을 보여라.

22. $\gcd(F_m, F_n) = F_{\gcd(m, n)}$임을 보여라.
여기서 $\gcd(m, n)$은 m과 n의 최대공약수이다.

23. (1) 피보나치 수 F_n이 다음을 만족함을 보여라.

(a) $F_n < 2^n$

(b) $F_{n+1} F_{n-1} - F_n{}^2 = (-1)^n$

(2) $F_{n+m+1} = F_m F_{n+1} + F_{m-1} F_n$ 을 보여라.

(3) $F_4 = 3$을 제외하고 F_n이 소수(prime)이면 n이 소수임을 확인하여라.

24. $L_0 = 2$, $L_1 = 1$, $L_n = L_{n-1} + L_{n-2}$ $(n = 2, 3, 4, \cdots)$로 정의된 수열을 뤼카 수열이라고 한다. F_n을 피보나치수열이라고 하면, $F_n + F_{n+2} = L_{n+1}$임을 보여라.

25. 황금비$(\frac{1+\sqrt{5}}{2} \approx 1.61803\cdots)$의 n제곱을 $\sqrt{5}$로 나눈 다음 가장 가까운 정수로 반올림하면 n번째 피보나치 수를 얻을 수 있음을 보여라.

26. $\phi = \frac{1+\sqrt{5}}{2}$일 때, $n \geq 3$이면, $F_n = \phi^{n-2}$임을 보여라.

27. 8개의 계단을 한 번에 한 계단 또는 두 계단씩만 오를 때, 이 계단을 오르는 방법은 몇 가지인가? 10개의 계단일 경우는 몇 가지 오르는 방법이 있는가?

28. (1) 한 번에 한 계단 또는 두 계단씩만 오를 수 있을 경우는 n개의 계단을 오를 수 있는 방법의 수는 $a_{n-2} + a_{n-1} = a_n$임을 보여라.

(2) 한 번에 한 계단 또는 두 계단 또는 세 계단씩만 오를 수 있을 경우는 n개의 계단을

오를 수 있는 방법의 수는 $a_{n-3}+a_{n-2}+a_{n-1}=a_n$ 임을 보여라.

(3) 한 번에 두 계단 또는 세 계단씩만 오를 수 있을 경우는 어떻게 되는가?

29. $F_{n+2}=F_{n+1}+F_n$ 에서 $\dfrac{F_{n+1}}{F_n}=a_n$ 이라 하면, $a_{n-1}=1+\dfrac{1}{a_{n-2}}$ 가 성립함을 보여라.

30. $\displaystyle\sum_{k=0}^{n}\binom{n-k}{k}=F_{n+1}$ 이 성립함을 보여라.

31. 3변의 길이가 서로 다른 피보나치 수로 이루어지는 삼각형과 직각삼각형이 존재하는가? 존재하면 그것을 구하고, 존재하지 않는다면 그 이유를 설명하여라.

연습문제 5 – 문제풀이

1. 풀이 (1) 한 달 후에 F_2이므로 일 년 후에는 $F_{13}=233$쌍, 즉 466마리가 된다.

2. 힌트 ① $F_1{}^2=1=1\cdot 1$

② $F_1{}^2+F_2{}^2=2=1\cdot 2$

③ $F_1{}^2+F_2{}^2+F_3{}^2=6=2\cdot 3$

④ $F_1{}^2+F_2{}^2+F_3{}^2+F_4{}^2=15=3\cdot 5$

....

을 일반화하여라. 그림에서 연속된 피보나치 길이를 가로와 세로로 갖는 직사각형은 피보나치 수를 변으로 가지는 정사각형으로 나누기가 가능함을 보인다.

5. 답 (2) 피보나치 수 중에서 제곱인 것은 $1=1^2$, $144=12^2$뿐이다.

뤼카 수 중에서는 $1=1^2$, $4=2^2$뿐이다. (1963년 John H.E. Cohn)

(3) 피보나치 수 중에서 세제곱인 것은 $1=1^3$, $8=2^3$뿐이다.

뤼카 수 중에서 세제곱인 것은 $1=1^3$뿐이다.

9. 힌트 이 합에다 89를 곱하여라. $89=100-10-1$임을 주목하여라.

참고로 $9899=10{,}000-100-1$이다. $\dfrac{1}{9899}$에 대해서도 같은 성질을 가지는지 조사하여라.

12. 풀이 $\dfrac{1}{1-x}=1+x+x^2+x^3+\cdots$ 에서 x 대신 $x(1+x)$를 대입하면

$$\begin{aligned}\frac{1}{1-x(1+x)}&=\frac{1}{1-x-x^2}\\&=1+x(1+x)+x^2(1+x)^2+x^3(1+x)^3+\cdots\\&=1+x+2x^2+3x^3+5x^4+8x^5+13x^6+21x^7+34x^8+\cdots\end{aligned}$$

26. 힌트 제2종 수학적 귀납법을 이용한다.

27. 풀이 8계단일 경우 $F_9 = 34$가지, 10계단일 경우 $F_{11} = 89$가지이다.
참고로 0계단일 때 $F_1 = 1$, 1계단일 때 $F_2 = 1$로 생각하면 된다.

30. 힌트 파스칼 삼각형에서 비스듬한 대각선을 그어 그 합이 피보나치 수가 되는 경우와 비교하여라.

31. 풀이 임의의 연속된 피보나치 수일 경우에도 작은 두 수의 합이 큰 수와 같으므로 삼각형의 결정조건을 만족하지 않고, 임의의 서로 다른 피보나치 수에서 작은 두 수의 합은 제일 큰 수보다 작거나 같게 되므로 역시 이런 삼각형은 존재할 수 없다. 따라서 서로 다른 피보나치 수를 변으로 가지는 직각삼각형도 존재할 수 없다.

6장 상수 계수 1계 선형 차분방정식

점화식(漸化式)에서 점화(漸化)란 "각 항이 차례대로 이루어지는"이라는 뜻으로, "불을 붙이는"의 점화(點火)와는 한자로 적으면 확연이 다르다. 영어로 recurrence relation을 다분히 일본식 수학용어인 "점화식"으로 널리 사용되었다. "순환관계식"이라는 용어로 번역되기도 하지만 우리는 앞으로 차분방정식(difference equation)이란 용어로 점화식을 대신하여 주로 사용하려고 한다. 차분방정식이란 용어를 사용하면 미분방정식에서 사용했던 1계, 2계라든지, 일반해, 특수해, 동차, 비동차, 론스키안, 중첩성, 미정계수법 등을 유사하게 비교하면서 쓸 수가 있기 때문이다.

앞으로 차분방정식을 이용하여 적분의 계산, 행렬식의 계산, 원리합계를 포함하는 문제, 미분방정식의 수치해 등을 구하는 데 효과적으로 사용할 것이다.

6.1 1계 선형 차분방정식(first order linear recurrence relation (difference equations))

예제 1

5, 15, 45, 135, ⋯ 는 공비 3인 등비수열이다. ■

a_0, a_1, a_2, ⋯ 이 등비수열이라면 $\frac{a_1}{a_0}=\frac{a_2}{a_1}=\frac{a_3}{a_2}=\cdots=\frac{a_{n+1}}{a_n}=\cdots=r$ (r은 공비)이 된다. 따라서 관계식 $a_{n+1}=r\,a_n$, $n \geq 0$을 얻는다.

예제 1에서 차분방정식 $a_{n+1} = 3a_n$, $n \geq 0$은 유일한 해를 갖지 않으므로, 초기조건 $a_0 = 5$를 추가한다.

a_{n+1}이 바로 앞의 항 a_n에 의존하기 때문에 이것을 상수 계수를 갖는 1계(first order) 선형 차분방정식이라 한다.

(일반형) $a_{n+1} - ca_n = 0$, c는 상수, $n \geq 0$, $a_0 = k$, k는 상수 ⋯ (A)

(A)의 해는 $a_n = a_0 c^n$, $n \geq 0$으로 유일하게 결정된다.

예제 2

$a_n = 7a_{n-1}$, $n \geq 1$, $a_2 = 98$일 때, a_n을 구하여라.

풀이 $a_n = a_0 7^n$이고 $a_2 = a_0 7^2 = 49a_0 = 98$이므로

$$a_0 = 2$$

그러므로 $a_n = 2 \cdot 7^n$, $n \geq 0$. ■

예제 3

$a_0 = 2$, $n \geq 0$이면 $a_n > 0$이고 ${a_{n+1}}^2 = 5{a_n}^2$일 때 a_{12}를 구하여라.

풀이 ${a_n}^2$은 공비가 5인 등비수열이다.

${a_n}^2 = b_n$이라 하면, ${a_0}^2 = b_0 = 4$, $b_{n+1} = 5b_n$

$$b_n = b_0(5)^n = 4 \cdot 5^n = a_n^2$$

이므로 $a_n = 2\sqrt{5^n}$이다. 따라서

$$a_{12} = 2\sqrt{5^{12}} = 2 \cdot 5^6.$$ ■

6.2 상수 계수를 갖는 일반적인 1계 선형 차분방정식

1계 선형 차분방정식 $a_{n+1} + ca_n = f(n)$, $n \geq 0$인 정수, c는 상수일 때,

$f(n) = 0$이면 동차형(homogeneous)

$$f(n) \neq 0 \text{이면 비동차형(non-homogeneous)}$$

이라고 한다. 여기서는 동차형에 대해서 풀이하기로 하고, 비동차형은 뒤에서 2계 차분방정식을 풀이한 후에 학습하기로 한다.

예제 1

0, 2, 6, 12, 20, 30, 42, ⋯ 의 일반항을 구하여라.

풀이 (방법 1) $a_0 = 0$, $a_1 = 2$, $a_2 = 6$, $a_3 = 12$, $a_4 = 20$, ⋯ 에서

$$a_1 - a_0 = 2$$
$$a_2 - a_1 = 4$$
$$a_3 - a_2 = 6$$
$$a_4 - a_3 = 8$$
$$\cdots\cdots\cdots$$
$$a_n - a_{n-1} = 2n$$

에서 차례대로 변변을 더하면

$$a_n - a_0 = 2 + 4 + 6 + \cdots + 2n$$

이 된다. 그러므로 $a_n = 2 \cdot \dfrac{n(n+1)}{2} = n(n+1)$.

(방법 2) 간단한 방법으로

$$0 = (0)(1),\ 2 = (1)(2),\ 6 = (2)(3),\ 12 = (3)(4),$$
$$20 = (4)(5),\ 30 = (5)(6),\ 42 = (6)(7), \cdots$$

에서 일반항은 $n \cdot (n+1) = n^2 + n$ $(n \geq 0)$가 됨을 알 수 있다. ▩

예제 2

$n!$을 일반항으로 가지는 차분방정식은 $a_0 = 1$, $a_n = n \cdot a_{n-1}$ $(n \geq 1)$임을 보여라.

풀이 $a_0 = 1 = 0!$

$a_1 = 1 \cdot a_0 = 1 \cdot 1 = 1!$

$a_2 = 2 \cdot a_1 = 2 \cdot 1 = 2!$

$a_3 = 3 \cdot a_2 = 3 \cdot 2 \cdot 1 = 3!$

....

그러므로 $a_n = n!\ (n \geq 0)$. ▒

정리 1 **유클리드 호제법(Euclidean algorithm)**

a를 b로 나눈 몫이 c이고 나머지가 d인 경우, 즉 $a = bc + d$이면

$$\gcd(a,\ b) = \gcd(b,\ d)$$

가 성립한다. 이 방법을 반복 적용하면 a와 b의 최대공약수를 구할 수 있다.
여기서 $\gcd(a,\ b)$는 a와 b의 최대공약수(greatest common divisor, gcd)이다.

예제 3

$\gcd(333,\ 84)$를 구하여라.

풀이 $a = bc + d$이면 $a \equiv d (\text{mod } b)$와 유클리드 호제법을 이용한다. 따라서

$$333 = 3(84) + 81 \ \Rightarrow\ 81 = 333 - 3 \cdot 84 \qquad 81 \equiv 333\ (\text{mod } 84)$$

$$84 = 1(81) + 3 \ \Rightarrow\ 3 = 84 - 1 \cdot 81 \qquad 3 \equiv 84\ (\text{mod } 81)$$

$$81 = 27 \cdot 3 + 0$$

그러므로 $\gcd(333,\ 84) = \gcd(84,\ 333(\text{mod } 84))$

$= \gcd(333\ (\text{mod } 84),\ 84\ (\text{mod } 81))$

$= \gcd(333\ (\text{mod } 84),\ 84 \text{ mod}(333\ (\text{mod } 84)))$

그러므로 $\gcd(333,\ 84) = \gcd(84,\ 81) = \gcd(81,\ 3) = 3$. ▒

예제 4

다음 차분방정식의 일반항을 구하여라.

$$3a_{n+1} - 4a_n = 0,\ n \geq 0,\ a_1 = 5$$

풀이 주어진 방정식은 $a_{n+1} = \dfrac{4}{3} a_n$이므로

$$a_n = a_0 \left(\frac{4}{3}\right)^n$$

$$a_1 = a_0 \left(\frac{4}{3}\right) = 5 \Rightarrow a_0 = \frac{15}{4}$$

그러므로 $a_n = \frac{15}{4} \cdot \left(\frac{4}{3}\right)^n = 5 \cdot \left(\frac{4}{3}\right)^{n-1}$. ■

예제 5

$a_{n+1} - c \cdot a_n = 0$, $n \geq 0$이고 $a_3 = \frac{153}{49}$, $a_5 = \frac{1377}{2401}$일 때 c를 구하여라.

풀이 $a_{n+1} = c \cdot a_n \Rightarrow a_n = a_0 \cdot c^n$

$$a_3 = a_0 \cdot c^3 = \frac{153}{49}$$

$$a_5 = a_0 \cdot c^5 = \frac{1377}{2401} \quad \Rightarrow \quad c^2 = \frac{1377}{2401} \cdot \frac{49}{153} = \frac{9}{49}$$

그러므로 $c = \pm \frac{3}{7}$. ■

예제 6

다음 문제를 차분방정식으로 나타내어라.

(1) $15\,l$의 용액이 담긴 그릇에서 그 용액을 $\frac{1}{3}$을 따른 다음에 다시 $2\,l$의 용액을 붓고, 다시 $\frac{1}{3}$을 따르고 $2l$를 붓는 동작을 n번 반복할 경우 용기 안에는 얼마만큼의 용액 a_n이 들어가게 되는가?

(2) 어떤 병원균은 1시간 후에는 3개가 죽고, 살아 있는 나머지 병원균은 각각 4배로 분열한다고 한다. 처음 5개의 병원균이 있을 때, n시간 후의 병원균의 개수 a_n을 구하여라.

풀이 (1) $a_0 = 15$, $a_{n+1} = \frac{2}{3} a_n + 2 \ (n \geq 0)$.

(2) $a_0 = 5$, $a_{n+1} = 4(a_n - 3) \ (n \geq 0)$. ■

연습문제 6

1. 점화식과 수학적 귀납법과의 유사점을 설명하여라. 그리고 집합에서 조건제시법과 점화식과의 유사점은 무엇인가?

2. 1계 선형 차분방정식에서 다음이 성립함을 보여라.

$a_{n+1} = ca_n$, $c \neq 0$이면 $a_0 = k$, $n \to \infty$일 때

① $c > 1$, $k > 0$이면 a_n은 양숫값을 가지며 양의 무한대로 접근한다.

② $c > 1$, $k < 0$이면 a_n은 음숫값을 가지며 음의 무한대로 접근한다.

③ $0 < c < 1$, $k > 0$이면 a_n은 양숫값을 가지며 0으로 수렴한다.

④ $0 < c < 1$, $k < 0$이면 a_n은 음숫값을 가지며 0으로 수렴한다.

⑤ $c < -1$, $k > 0$이면 a_n의 값은 양과 음의 값을 가지면서 진동하면서 진폭이 점점 커진다.

⑥ $-1 < c < 0$, $k > 0$이면 a_n은 양과 음의 값을 가지면서 진동하면서 진폭이 점점 작아지면서 0으로 접근한다.

3. $-1 < p < 1$이면, $a_{n+1} = pa_n + q$에서 $\{a_n\}$은 수렴함을 보여라.

4. 연이율 6 %로 10,000원을 정기예금하였을 때, 월복리로 1년 뒤의 원리합계를 구하여라.

연습문제 6 – 문제풀이

1. 풀이 점화식에는 초기조건과 점화함수가 있다. 그리고 수학적 귀납법에는 기본단계와 귀납단계가 있다. 집합에서 조건제시법은 점화식 표현이다.

4. 풀이 연이율 6 %이면, 월이율은 $\frac{6}{12} = 0.5$ % 즉 0.005이다.

P_n을 n번째 달이 지난 후의 원리합계라 하면, 원금 $P_0 = 10{,}000$일 때

$$P_{n+1} = P_n + 0.005\,P_n = (1.005)\,P_n$$

이므로 $P_n = (1.005)^n\,P_0$을 얻는다.

$$n = 12\text{이므로, } P = (1.005)^{12} \cdot 10{,}000.$$

이것은 약 10,617원이다.

7장 상수 계수 2계 선형 차분방정식

이 장에서 학습할 2계 차분방정식은, 미분방정식에서 학습한 내용과 많은 유사점을 가지고 있다. 부록에 간단히 정리한 미분방정식과 비교하면서 학습하면 도움이 될 것이다.

정의 1

$\forall k \in Z^{+}$, $c_n \neq 0$, c_{n-1}, c_{n-2}, $\cdots$, $c_{n-k} \neq 0$ 가 실수이고, $a_n (n \geq 0)$. 그러면

$$c_n a_n + c_{n-1} a_{n-1} + c_{n-2} a_{n-2} + \cdots + c_{n-k} a_{n-k} = f(n)$$

$n \geq k$는 상수 계수를 갖는 k계(order) 차분방정식이라 한다.
모든 $n \geq 0$에 대해 $f(n) = 0$이면 동차(homogeneous)라 하고 어떤 n에 대해서 $f(n) \neq 0$이면 비동차(non-homogeneous)라 한다.
특히 $k = 2$인 경우를 2계(second order) 차분방정식이라고 한다.

이 장에서 앞으로 2계 차분방장식에 대해 중점적으로 다룰 것이다.

실수 계수를 가지는 2계 차분방정식 $c_n a_n + c_{n-1} a_{n-1} + c_{n-2} a_{n-2} = 0$, $n \geq 2$에서 $c \neq 0$, $r \neq 0$일 때 $a_n = c r^n (\neq 0)$을 해라 하고 양변을 $c r^{n-2}$로 나누면, r에 대한 2차방정식

$$c_n r^2 + c_{n-1} r + c_{n-2} = 0 \qquad (*)$$

을 얻는다. (*)을 주어진 차분방정식에 대한 **특성방정식**(characteristic equation) 또는 보조방정식(auxiliary equation)이라고 하며, 이것의 근을 **특성근**(characterisitics root)이라고 한다. 2차방정식의 근의 성질에 의하여 특성근은 다음 3가지 경우 중 하나가 된다.

(a) 서로 다른 실근 $r_1,\ r_2\ (r_1 \neq r_2)$

(b) 공액인 근 $r_1 = \alpha + \beta i,\ r_2 = \alpha - \beta i$

(c) 중근 $r_1 = r_2 = r$

앞으로 이 3가지 경우에 대하여 각각 살펴보기로 할 것이다. 먼저 각각의 경우 풀이를 요약하여 적으면

(a)의 경우 : $a_n = k_1 (r_1)^n + k_2 (r_2)^n$

(b)의 경우 : $a_n = (\sqrt{\alpha^2 + \beta^2})^n \left[k_1 \cos\left(n \tan^{-1} \dfrac{\beta}{\alpha}\right) + k_2 \sin\left(n \tan^{-1} \dfrac{\beta}{\alpha}\right)\right]$

(c)의 경우 : $a_n = k_1 r^n + k_2 n r^n$

가 된다.

주의 여기서 k_1과 k_2는 임의의 상수이며, 앞에 있는 c_n과 구별이 될 경우는 주로 c_1과 c_2를 사용한다.

6.1의 예제 1에서 본 것처럼 비록 초기조건이 없는 차분방정식은 유일한 해를 갖지 못하지만 위 (a),(b),(c)와 같이 미지상수를 포함하는 해를 일반해(general solution)라고 한다. 그러나 미분방정식과는 달리 차분방정식에서는 대부분 초기조건을 가지고 있으므로 이 조건을 이용하여 미지상수 $k_1,\ k_2$를 결정할 수 있다.

이제 이들에 대하여 하나씩 자세히 알아보기로 한다.

(a) 서로 다른 실근을 가지는 경우

예제 1

$a_n + a_{n-1} - 6a_{n-2} = 0,\ n \geq 2,\ a_0 = 1,\ a_1 = 2$을 풀이하여라.

풀이 $a_n = c\,r^n \neq 0$이라 하면 $a_{n-1} = c\,r^{n-1},\ a_{n-2} = c\,r^{n-2}$이므로 준식에 대입하면

$$c\,r^n + c\,r^{n-1} - 6\,c\,r^{n-2} = 0$$

양변을 cr^{n-2}으로 나누면

$$r^2 + r - 6 = 0$$

$$(r+3)\,(r-2) = 0$$

그러므로 $r = 2,\ -3$

따라서 $a_n = c_1\,(2)^n + c_2\,(-3)^n$

$n=0$일 때 $a_0 = c_1 + c_2 = 1$

$n=1$일 때 $a_1 = 2\,c_1 - 3\,c_2 = 2$

$$c_1 = 1,\ \ c_2 = 0$$

그러므로 $a_n = 2^n$이다. ■

예제 2

피보나치 관계식

$F_{n+2} = F_{n+1} + F_n,\ n \geq 0,\ F_0 = 0,\ F_1 = 1$을 풀이하여라.

풀이 $F_n = c\,r^n$이라 하면 $(c \neq 0,\ r \neq 0)$

$F_{n+1} = c\,r^{n+1},\ F_{n+2} = cr^{n+2}$가 된다. 따라서 이들을 $F_{n+2} = F_{n+1} + F_n$에 대입하면

$c\,r^{n+2} = c\,r^{n+1} + c\,r^n$이고 양변을 $c\,r^n$으로 나누면

$r^2 = r + 1$ 즉 $r^2 - r - 1 = 0$이므로

$$r = \frac{1 \pm \sqrt{5}}{2}$$

$$F_n = c_1\left(\frac{1+\sqrt{5}}{2}\right)^n + c_2\left(\frac{1-\sqrt{5}}{2}\right)^n$$

$n=0$이면 $F_0 = c_1 + c_2 = 0 \Rightarrow c_2 = -c_1$

$n=1$이면 $F_1 = \dfrac{1+\sqrt{5}}{2}\,c_1 + \dfrac{1-\sqrt{5}}{2}\,c_2 = 1$

$c_1\left[\dfrac{1+\sqrt{5}}{2} - \dfrac{1-\sqrt{5}}{2}\right] = 1$에서 $c_1 = \dfrac{1}{\sqrt{5}},\ c_2 = -\dfrac{1}{\sqrt{5}}$를 얻는다.

그러므로 $F_n = \dfrac{1}{\sqrt{5}}\left(\dfrac{1+\sqrt{5}}{2}\right)^n - \dfrac{1}{\sqrt{5}}\left(\dfrac{1-\sqrt{5}}{2}\right)^n$ ■

참고 (1) 예제 2에서 $F_0 = 0$, $F_1 = 1$ 대신에 $F_1 = 1$, $F_2 = 1$을 이용하여도 같은 결과를 얻을 수 있다.

(2) $n \to \infty$이면 $\frac{F_{n+1}}{F_n} \to \frac{1+\sqrt{5}}{2} \approx 1.618$이다.

예제 3

S를 $n = 0$일 때 $S = \varnothing$, $n > 0$일 때 $S = \{1, 2, 3, \cdots, n\}$이라 하자. 이때 a_n을 연속되지 않은 정수를 포함하는 S의 부분집합의 개수라고 할 때, a_n을 구하여라.

풀이 $n = 0$이면 $\varnothing$밖에 없다. 그러므로 $a_0 = 1$.

$n = 1$이면 $\varnothing$, $\{1\}$이므로 $a_1 = 2$.

$n = 2$이면 $\varnothing$, $\{1\}$, $\{2\}$이므로 $a_2 = 3$.

$n = 3$이면 $\varnothing$, $\{1\}$, $\{2\}$, $\{3\}$, $\{1, 3\}$ 이므로 $a_3 = 5$.

$n = 4$ 이면 $\varnothing$, $\{1\}$, $\{2\}$, $\{3\}$, $\{4\}$, $\{1, 3\}$, $\{1, 4\}$, $\{2, 4\}$이므로 $a_4 = 8$.

....

$n \geq 2$일 때; $S = \{1, 2, 3, \cdots, n-2, n-1, n\}$에서

만일 $A \subseteq S$이고 A가 a_n에 들어간다면 다음 두 가지 경우를 생각할 수 있다.

경우 1. $n \in A$; 그러면 $(n-1) \notin A$

$A - \{n\}$ 는 a_{n-2}에 들어갈 수 있다.

경우 2. $n \notin A$;

A는 a_{n-1}에 들어갈 수 있다.

경우 1과 경우 2는 모든 경우를 다 포함하며 서로 중복되는 경우가 없다.

$$a_n = a_{n-1} + a_{n-2}, \ a_0 = 1, \ a_1 = 2, \ a_2 = 3, \ \cdots$$

$$a_n = \frac{1}{\sqrt{5}}\left(\frac{1+\sqrt{5}}{2}\right)^{n+2} - \frac{1}{\sqrt{5}}\left(\frac{1-\sqrt{5}}{2}\right)^{n+2}$$

a_n은 $n+2$번째 피보나치 수가된다. 즉 $a_n = F_{n+2}$. ■

예제 4

아라비아 숫자(digit) 0, 1, 2, ⋯ , 9와 연산기호(operation symbol) +, *, /를 사용한 연산 중에서 괄호를 사용하지 않고 n개의 기호를 사용한 산술표현의 개수를 a_n이라 할 때, a_n을 구하여라.

풀이 $n=0$일 때, $a_0=0$개

$n=1$일 때, 0, 1, 2, ⋯ , 9이므로 $a_1=10$개

$n=2$일 때, 00, 01, ⋯ , 99이므로 $a_2=100$개

$n=3$일 때,

① 숫자만 3개일 경우 000, 001, ⋯ , 999이므로 1000개

② (숫자) + (+ , *, /) + (숫자)인 경우

: $10\times 3\times 10=300$개에서 끝자리가 [1][0]인 경우인 10개를 제외해야 하므로

$$300-10=290\text{개}$$

따라서 이 경우는 ①과 ②를 더하면 $a_3=1290$개

$n\geq 4$일 때는 다음 두 가지 경우를 생각할 수 있다.

┌ n−1기호 ┐ 1개 기호첨가

(경우 1) □□ · · · □□ & □ ⇒ $10\cdot a_{n-1}$ 개

↳ digit

┌ n−2기호 ┐ 2개 기호첨가

(경우 2) □□ · · · □□ & □□ ⇒ $29\cdot a_{n-2}$ 개

마지막 2개는 다음과 같은 30개가 가능하지만 0으로 나누는 /0이 제외되므로 29가지가 된다.

+0 , +1 , +2 , +3 , ⋯ , +9

*0, *1, *2, *3, ⋯, *9

/0, /1, /2, /3, ⋯ , 9

따라서 $a_n=10\cdot a_{n-1}+29\cdot a_{n-2}$, $n\geq 2$ $(a_0=0,\ a_1=10)$

$a_n=cr^n$이라 하고 대입한 다음 정리하면

$r^2-10r-29=0$ 즉 $r=5\pm\sqrt{54}=5\pm 3\sqrt{6}$.

그러므로 $a_n=c_1(5+3\sqrt{6})^n\pm c_2(5-3\sqrt{6})^n$.

$n=0$이면 $a_0=c_1+c_2=0 \Rightarrow c_2=-c_1$

$n=1$이면 $a_1=(5+3\sqrt{6})c_1+(5-3\sqrt{6})(-c_1)=10$

$$\Rightarrow c_1=\frac{5}{3\sqrt{6}},\ c_2=-\frac{5}{3\sqrt{6}}$$

그러므로 $a_n=\dfrac{5}{3\sqrt{6}}(5+3\sqrt{6})^n-\dfrac{5}{3\sqrt{6}}(5-3\sqrt{6})^n$, $n\geq 0$. ■

예제 5

길이 n인 0이 계속되지 않는 이진수열(0과 1로만 이루어진 수열)의 수를 나타내는 차분방정식을 구하여라. 1은 이웃되도록 나타나도 된다. 참고로 이 문제는 n명의 남녀학생을, 여학생이 서로 이웃하지 않게 배열할 수 있는 방법의 수를 구하는 것과 동일하다.

풀이 $\begin{cases} a_n^{(0)}\text{을 } a_n \text{ 중에서 문제조건과 일치하며 끝이 0인 것의 개수,} \\ a_n^{(1)}\text{을 } a_n \text{ 중에서 문제조건과 일치하며 끝이 1인 것의 개수,} \end{cases}$

a_n을 문제 조건과 일치하며 길이가 n인 것의 개수라 하면

$$a_n = a_n{}^{(0)} + a_n{}^{(1)} = 2\,a_{n-1}{}^{(1)} + 1\,a_{n-1}{}^{(0)}$$

이 된다. 즉

〈n번째 자리 0 또는 1〉·〈$n-1$자리가 1인 경우〉+

〈n번째 자리가 1〉·〈$n-1$자리가 0인 경우〉

따라서

$$\begin{aligned} a_n &= a_{n-1}{}^{(1)} + [a_{n-1}{}^{(1)} + a_{n-1}{}^{(0)}] \\ &= a_{n-1}{}^{(1)} + a_{n-1} \\ &= a_{n-2} + a_{n-1} \end{aligned}$$

(왜냐하면 $n-1$ 자리수의 끝자리가 1인 경우는 그 자리를 떼어내도 되기 때문에)

그러므로

$$\begin{aligned} &a_0 = 1 \\ &a_1 = 2 \\ &a_2 = 3 \\ &\cdots\cdots\cdots \\ &a_n = a_{n-1} + a_{n-2} \quad (n \geq 2)\,. \end{aligned}$$

(b) 공액인 근을 가지는 경우 (복소근(complex roots)을 가지는 경우)

먼저 복소수와 삼각함수를 연결하는 정리 중 중요한 드므와브르(DeMoivre, 1667~1754, 프랑스) 정리로부터 시작한다.

정리 1 드므와브르 정리(DeMoivre's theorem)

n이 양의 정수이면

$$(\cos\theta + i\sin\theta)^n = \cos n\theta + i\sin n\theta$$

이 성립한다.

예제 6

$(1+\sqrt{3}\,i)^{10}$을 간단히 하여라.

풀이 $$(1+\sqrt{3}\,i)^{10} = \left[2\left(\cos\frac{\pi}{3} + i\sin\frac{\pi}{3}\right)\right]^{10}$$
$$= 2^{10}\left(\cos\frac{10}{3}\pi + i\sin\frac{10}{3}\pi\right)$$
$$= 2^{10}\left(\cos\frac{4}{3}\pi + i\sin\frac{4}{3}\pi\right)$$
$$= 2^{10}\left(-\frac{1}{2} - \frac{\sqrt{3}}{2}i\right) = (-2^9)(1+\sqrt{3}\,i).$$ ■

예제 7

$a_n = 2(a_{n-1} - a_{n-2})$, $n \geq 2$, $a_0 = 1$, $a_1 = 2$일 때 a_n을 구하여라. 단, a_n에는 허수단위 i ($i^2 = -1$)가 포함되지 않도록 한다.

풀이 $a_n = cr^n \neq 0$이라 하면

$cr^n - 2cr^{n-1} + 2cr^{n-2} = 0$이므로

$r^2 - 2r + 2 = 0$에서 $r = 1 \pm i$를 얻는다. 따라서

$a_n = c_1(1+i)^n + c_2(1-i)^n$, c_1, c_2는 (복소)상수

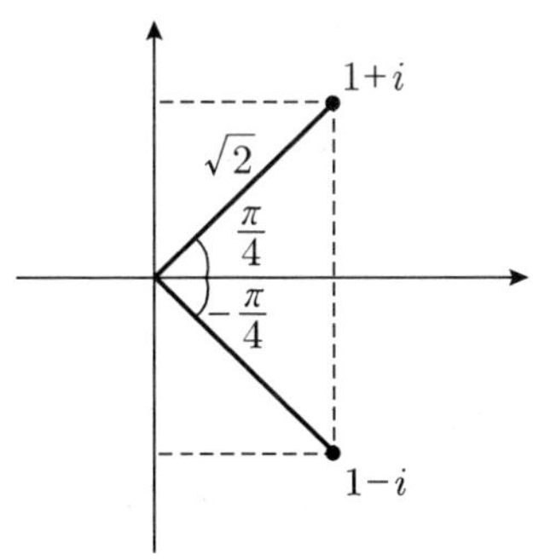

여기서, $1+i=\sqrt{2}\left(\cos\frac{\pi}{4}+i\sin\frac{\pi}{4}\right)$

$1-i=\sqrt{2}\left(\cos\frac{\pi}{4}-i\sin\frac{\pi}{4}\right)$

를 a_n에 대입하면

$$\begin{aligned}a_n &= c_1\left[\sqrt{2}\left(\cos\frac{\pi}{4}+i\sin\frac{\pi}{4}\right)\right]^n + c_2\left[\sqrt{2}\left(\cos\frac{\pi}{4}-i\sin\frac{\pi}{4}\right)\right]^n \\ &= (\sqrt{2})^n\left[c_1\left(\cos\frac{n\pi}{4}+i\sin\frac{n\pi}{4}\right)+c_2\left(\cos\frac{n\pi}{4}-i\sin\frac{n\pi}{4}\right)\right] \\ &= (\sqrt{2})^n\left[(c_1+c_2)\cos\frac{n\pi}{4}+(c_1 i-c_2 i)\sin\frac{n\pi}{4}\right]\end{aligned}$$

여기서 $c_1+c_2=k_1$, $c_1 i-c_2 i=k_2$라 하면

$$=(\sqrt{2})^n\left[k_1\cos\frac{n\pi}{4}+k_2\sin\frac{n\pi}{4}\right]$$

이다. 초기 조건에 의해

$$a_0=k_1=1$$

$$a_1=\sqrt{2}\left[k_1\frac{\sqrt{2}}{2}+k_2\frac{\sqrt{2}}{2}\right]=k_1+k_2=2$$

그러므로 $k_2=1$.

따라서 $a_n=(\sqrt{2})^n\left(\cos\frac{n\pi}{4}+\sin\frac{n\pi}{4}\right)\quad(n\geq 0)$. ■

예제 7에서 일반적으로 다음 사실을 얻을 수 있다.

특성근이 공액근 $r=\alpha\pm\beta i$인 경우 $|r|=\sqrt{\alpha^2+\beta^2}$, $\tan\theta=\frac{\beta}{\alpha}$라 하면

(b)의 경우 : $a_n=|r|^n\{c_1\cos(n\theta)+c_2\sin(n\theta)\}$

와 같이 다시 쓸 수가 있다. (114쪽과 비교)

예제 8

3선대각행렬(tridiagonal matrix)이란 주대각선을 포함한 위, 아래 3개의 대각선의 원소를 제외한 나머지 원소의 값이 모두 0인 행렬이다. 이러한 3선대각행렬의 행렬식 값을 차분방정식을 이용하여 그 행렬식 값을 구할 수 있다. 다음에서 D_n을 구하여라. 단, $b>0$이다.

$$D_n = \begin{vmatrix} b & b & 0 & 0 & \cdots & 0 & 0 & 0 \\ b & b & b & 0 & \cdots & 0 & 0 & 0 \\ 0 & b & b & b & \cdots & 0 & 0 & 0 \\ 0 & 0 & b & b & b & \cdots & 0 & 0 \\ \cdots & \cdots & \cdots & \cdots & \cdots & \cdots & \cdots & \cdots \\ 0 & 0 & 0 & \cdots & b & b & b & 0 \\ 0 & 0 & 0 & \cdots & 0 & b & b & b \\ 0 & 0 & 0 & \cdots & 0 & 0 & b & b \end{vmatrix}$$

풀이 a_n $(n \geq 1)$을 $n \times n$ 행렬식 D_n의 값이라 하면,

$$a_1 = |b| = b\ ,$$

$$a_2 = \begin{vmatrix} b & b \\ b & b \end{vmatrix} = b^2 - b^2 = 0\ ,$$

$$a_3 = \begin{vmatrix} b & b & 0 \\ b & b & b \\ 0 & b & b \end{vmatrix} = -b^3\ ,$$

$$\cdots$$

D_n을 1행(first row)에 대해 전개하면,

$$D_n = b \cdot D_{n-1} - b \begin{vmatrix} b & b & 0 & 0 & 0 & 0 \\ 0 & b & b & 0 & 0 & 0 \\ \cdots & \cdots & \cdots & \cdots & \cdots & \cdots \\ \cdots & \cdots & \cdots & \cdots & \cdots & \cdots \\ \cdots & \cdots & \cdots & \cdots & \cdots & \cdots \\ \cdots & \cdots & \cdots & \cdots & \cdots & \cdots \\ \cdots & \cdots & \cdots & \cdots & \cdots & \cdots \\ \cdots & \cdots & \cdots & \cdots & \cdots & \cdots \end{vmatrix}$$

$$= b \cdot D_{n-1} - b\,[b \cdot D_{n-2}] \quad (n > 3)$$

[ ] 안은 주어진 $n-1$차 행렬식을 1열(first column)에 대해 전개한 것이다. 그러면 관계식 $a_1 = b$, $a_2 = 0$, $a_n = b\,a_{n-1} - b^2\,a_{n-2}$ 을 얻을 수 있다.

$a_n = cr^n \neq 0$이라 하면

$$r^2 = b\,r - b^2\ ,\ \ r^2 - br + b^2 = 0\ ,\ \ r = b\left(\frac{1 \pm \sqrt{3}\,i}{2}\right).$$

그러므로 $a_n = c_1\left[b\left(\dfrac{1+\sqrt{3}\,i}{2}\right)\right]^n + c_2\left[b\left(\dfrac{1-\sqrt{3}\,i}{2}\right)\right]^n$

$$= b^n c_1\left(\cos\frac{\pi}{3} + i\sin\frac{\pi}{3}\right)^n + b^n c_2\left(\cos\frac{\pi}{3} - i\sin\frac{\pi}{3}\right)^n$$

$$= b^n c_1\left(\cos\frac{n\pi}{3} + i\sin\frac{n\pi}{3}\right) + b^n c_2\left(\cos\frac{n\pi}{3} - i\sin\frac{n\pi}{3}\right)$$

$$= b^n\left[(c_1+c_2)\cos\frac{n\pi}{3} + (c_1-c_2)\,i\sin\frac{n\pi}{3}\right]$$

여기서 $|r| = \left| b\left(\frac{1+\sqrt{3}\,i}{2}\right)\right| = |b|\sqrt{\frac{1}{4}+\frac{3}{4}} = |b|$ 이고 $\tan\theta = \sqrt{3}$ 에서 $\theta = \frac{\pi}{3}$ 이므로

$$= b^n\left[k_1 \cos\frac{n\pi}{3} + k_2 \sin\frac{n\pi}{3}\right] \to k_1 = c_1 + c_2,\ k_2 = (c_1 - c_2)\,i$$

$a_1 = b$ 에서 $a_1 = b\left[k_1\cos\frac{\pi}{3} + k_2\sin\frac{\pi}{3}\right] = b \Rightarrow k_1\frac{1}{2} + k_2\frac{\sqrt{3}}{2} = 1$ $\cdots$ Ⓐ

$a_2 = 0$ 에서 $a_2 = b^2\left[k_1\cos\frac{2\pi}{3} + k_2\sin\frac{2\pi}{3}\right] = 0$

$$\Rightarrow -b^2 k_1\frac{1}{2} + b^2 k_2\frac{\sqrt{3}}{2} = 0 \quad (b \neq 0)$$

$$-\frac{1}{2}k_1 + \frac{\sqrt{3}}{2}k_2 = 0 \qquad \cdots \text{Ⓑ}$$

Ⓐ와 Ⓑ에 의해 $k_1 = 1,\ k_2 = \frac{1}{\sqrt{3}}$.

그러므로 $a_n = b^n\left[\cos\frac{n\pi}{3} + \frac{1}{\sqrt{3}}\sin\frac{n\pi}{3}\right]$. ■

(c) 중근을 가지는 경우

예제 9

$a_{n+2} = 4a_{n+1} - 4a_n$, $n \geq 0$, $a_0 = 1$, $a_1 = 3$일 때 a_n을 구하여라.

풀이 $a_n = cr^n \neq 0$라 하면 $r^2 = 4r - 4$ 즉 $r^2 - 4r + 4 = 0$ 에서 $r = 2$ (중근)를 얻는다.

그러므로 $a_n = c_1(2)^n + c_2 n(2)^n$. 초기 조건에서

$$a_0 = c_1 + c_2(0) = 1 \ \Rightarrow\ c_1 = 1$$

$$a_1 = 2c_1 + 2c_2 = 3 \ \Rightarrow\ c_2 = \frac{1}{2}$$

그러므로

$$a_n = 2^n + \frac{1}{2}n(2)^n = 2^n + n(2)^{n-1} \quad (n \geq 0).$$ ■

참고 (미분방정식과 차분방정식의 비교)

위 예제 9와 대응하는 미분방정식 $y'' - 4y' + 4y = 0$을 풀이하려면 $y = ce^{rx}$를 대입하면 $r^2 - 4r + 4 = 0$이므로 $r = 2$(중근)을 얻는다. 따라서

$$y = c_1 e^{2x} + c_2 x e^{2x}.$$

3계 이상의 선형 차분방정식에 대해서도 2계의 경우와 같은 결과를 이용할 수 있다. 실수 계수를 갖는 3계 차분방정식의 경우 특성방정식이 3차 방정식이므로 특성근은 다음과 같이 나타날 수 있다.

(a) 서로 다른 세 실근 r_1, r_2, r_3

(b) 실근 하나와 공액인 근 $r_1, r_2 = \alpha + \beta i, r_3 = \alpha - \beta i$

(c) 3중근 $r_1 = r_2 = r_3 = r$

(d) 중근과 다른 하나의 실근 $r_1 = r_2 = r, r_3$

이 4가지 경우에 대하여

(a)의 경우 : $a_n = k_1(r_1)^n + k_2(r_2)^n + k_3(r_3)^n$

(b)의 경우 :

$$a_n = k_1(r_1)^n + (\sqrt{\alpha^2 + \beta^2})^n \left[k_2 \cos\left(n \tan^{-1}\frac{\beta}{\alpha}\right) + k_3 \sin\left(n \tan^{-1}\frac{\beta}{\alpha}\right)\right]$$

(c)의 경우 : $a_n = k_1 r^n + k_2 \boldsymbol{n} r^n + k_3 \boldsymbol{n}^2 r^n$

(d)의 경우 : $a_n = k_1 r^n + k_2 \boldsymbol{n} r^n + k_3(r_3)^n$

가 된다.

예제 10

$2a_{n+3} = a_{n+2} + 2a_{n+1} - a_n,\ n \geq 0,\ a_0 = 0,\ a_1 = 1,\ a_2 = 2$을 풀이하여라.

풀이 $a_n = cr^n \neq 0$이라 하면

$$2r^3 - r^2 - 2r + 1 = 0$$

$r = cr^n$을 대입하고 양변을 cr^n으로 나누면

$$2r(r^2 - 1) - (r+1)(r-1) = 0$$

$$(r-1)(r+1)(2r-1) = 0$$

그러므로 $r = 1,\ -1,\ \frac{1}{2}$.

따라서 $a_n = c_1(1)^n + c_2(-1)^n + c_3\left(\frac{1}{2}\right)^n$

$$a_0 = c_1 + c_2 + c_3 = 0 \qquad \cdots ①$$

$$a_1 = c_1 - c_2 + \frac{1}{2}c_3 = 1 \qquad \cdots ②$$

$$a_2 = c_1 + c_2 + \frac{1}{4}c_3 = 2 \qquad \cdots ③$$

①, ②, ③을 연립하면

$$c_3 = -\frac{8}{3}$$

$$c_1 = \frac{5}{2}, \quad c_2 = \frac{1}{6}$$

그러므로 $a_n = \frac{5}{2} + \left(\frac{1}{6}\right)(-1)^n - \frac{8}{3}\left(\frac{1}{2}\right)^n$. ■

연습문제 7

1. $a_{k+2} - 2a_{k+1} + 5a_k = 0$을 풀어라.

2. $a_{k+2}\,a_k^{\ 2} = a_{k+1}^{\ 3}$, $a_1 = 1$, $a_2 = 2$를 풀어라.

3. $\sqrt{a_n} = \sqrt{a_{n-1}} + 2\sqrt{a_{n-2}}$, $a_0 = a_1 = 1$일 때, a_n을 구하여라.

4. 다음 3선대각으로 나타나는 행렬식 $\begin{vmatrix} 1 & -1 & & & \\ 1 & 1 & -1 & & \\ & 1 & 1 & -1 & \\ & & \cdots & \cdots & \\ & & & 1 & 1 \end{vmatrix}$ 을 구하여라.

5. 다음 3 선대각행렬의 행렬식이 차분방정식으로 나타나는 것을 보여라. 그리고 이를 이용하여 D_n을 구하여라.

$$D_n = \begin{vmatrix} a & b & 0 & \cdots & \cdots & 0 & 0 & 0 \\ c & a & b & \cdots & \cdots & 0 & 0 & 0 \\ 0 & c & a & \cdots & \cdots & 0 & 0 & 0 \\ \cdots & \cdots & \cdots & \cdots & \cdots & \cdots\cdots & \cdots & \cdots \\ \cdots & \cdots & \cdots & \cdots & \cdots & \cdots & \cdots & \cdots \\ 0 & 0 & 0 & \cdots & \cdots & a & b & 0 \\ 0 & 0 & 0 & \cdots & \cdots & c & a & b \\ 0 & 0 & 0 & \cdots & \cdots & 0 & c & a \end{vmatrix} = aD_{n-1} - bc\,D_{n-2}$$

6. $\alpha \neq k\pi$라 할 때,

$$D_n = \begin{vmatrix} 2\cos\alpha & 1 & 0 & \cdots & \cdots & 0 & 0 & 0 \\ 1 & 2\cos\alpha & 1 & \cdots & \cdots & 0 & 0 & 0 \\ 0 & 1 & 2\cos\alpha & \cdots & \cdots & 0 & 0 & 0 \\ \cdots & \cdots & \cdots & \cdots & \cdots & \cdots\cdots & \cdots & \cdots \\ \cdots & \cdots & \cdots & \cdots & \cdots & \cdots & \cdots & \cdots \\ 0 & 0 & 0 & \cdots & \cdots & 2\cos\alpha & 1 & 0 \\ 0 & 0 & 0 & \cdots & \cdots & 1 & 2\cos\alpha & 1 \\ 0 & 0 & 0 & \cdots & \cdots & 0 & 1 & 2\cos\alpha \end{vmatrix} = \frac{\sin(n+1)\alpha}{\sin\alpha}$$

임을 보여라.

7. 피보나치 관계식 $F_{n+2} = F_{n+1} + F_n$, $n \ge 0$, $F_0 = 0$, $F_1 = 1$의 풀이가

$$F_n = \frac{1}{\sqrt{5}}\left(\frac{1+\sqrt{5}}{2}\right)^n - \frac{1}{\sqrt{5}}\left(\frac{1-\sqrt{5}}{2}\right)^n$$

임을 수학적 귀납법을 이용하여 증명하여라.

8. 다음과 같은 관계식으로 주어지는 뤼카 수열의 일반항을 구하여라.

$$L_1 = 1,\ L_2 = 3,\ L_n = L_{n-1} + L_{n-2}\ (n \ge 3)$$

9. $x_0 = 1$, $x_1 = \alpha$, $x_{n+1} = x_n + x_{n-1}$ $(n \ge 1)$일 때 다음을 보여라.

(1) $\alpha = 1$이면 $x_n = \dfrac{1}{\sqrt{5}}\left(\dfrac{1+\sqrt{5}}{2}\right)^{n+1} - \dfrac{1}{\sqrt{5}}\left(\dfrac{1-\sqrt{5}}{2}\right)^{n+1}$.

(2) $\alpha = \dfrac{1+\sqrt{5}}{2}$ 이면 $x_n = \left(\dfrac{1+\sqrt{5}}{2}\right)^n$.

(3) $\alpha = \dfrac{1-\sqrt{5}}{2}$ 이면 $x_n = \left(\dfrac{1-\sqrt{5}}{2}\right)^n$.

10. $a_1 = 2$, $a_2 = 1$, $a_{n+2} = a_{n+1} - a_n$ $(n \ge 1)$을 풀이하여라.

11. $a_1 = \alpha$, $a_2 = \beta$, $a_n = a_{n-1} + a_{n-2}$ $(n \ge 3)$일 때, a_n과 $\sum_{k=1}^{n} a_k$를 구하여라.

12. $a_{n+3} - 3a_{n+2} + 3a_{n+1} - a_n = 0$을 구하여라.

13. $a_n = a_{n-1} + a_{n-2} + a_{n-3}$, $a_0 = a_1 = 0$, $a_2 = 1$일 때, a_n을 구하여라.

14. $a_n + a_{n-1} + a_{n-2} = 0$, $a_0 = a_1 = 1$일 때, a_n을 구하여라.

15. $a_1 = 2$, $a_2 = 3$, $a_{n+2} = 5a_{n+1} - 6a_n$ $(n \ge 1)$일 때 일반항을 구하여라.

16. 카탈란 수의 점화식을 구하여라.

17. $a_1 = 2$, $a_2 = 0$, $a_n = 2a_{n-1} - 4a_{n-2}$일 때 a_n을 구하여라. 단, a_n에는 허수단위 i가 포함되지 않도록 한다.

연습문제 7 – 문제풀이

1. 풀이 보조방정식은 $r^2 - 2r + 5 = 0$이므로 $r = 1 \pm 2i$이다.

극좌표로 나타내면 $1 + 2i = \sqrt{5}\, e^{i\theta}$, $1 - 2i = \sqrt{5}\, e^{-i\theta}$이 된다.

따라서 $a_k = 5^{\frac{k}{2}}(c_1 \cos k\theta + c_2 \sin k\theta)$.

여기서 $\tan\theta = 2$ 즉 $\theta = \tan^{-1}2$이다.

2. 풀이 양변에 로그를 취하면

$$\ln a_{k+2} - 3\ln a_{k+1} + 2\ln a_k = 0$$

이다. 여기서

$$v_k = \ln a_k$$

라 하면 준식은

$$v_{k+2} - 3v_{k+1} + 2v_k = 0,\ v_1 = 0,\ v_2 = \ln 2$$

이다. 이것을 풀면

$$v_k = (\ln 2)(2^{k-1} - 1)$$

그러므로

$$a_k = e^{2^{k-1} - 1}$$

이 된다.

3. 풀이 $b_n = \sqrt{a_n}$ 이라 하면

$b_n = \frac{1}{3}(-1)^n + \frac{2}{3} \cdot 2^n$ 이 된다. 따라서

$$a_n = {b_n}^2 = \left[\frac{(-1)^n + 2^{n+1}}{3}\right]^2.$$

4. 풀이 준식을 D_n이라 하고, 먼저 1행에 대해 전개하고, 다음에 1열에 대해 전개하면 $D_n = D_{n-1} + D_{n-2}$, $D_1 = 1$, $D_2 = 2$가 된다. 이 차분방정식을 풀면

$$D_n = \frac{1+\sqrt{5}}{2\sqrt{5}}\left(\frac{1+\sqrt{5}}{2}\right)^n + \frac{-1+\sqrt{5}}{2\sqrt{5}}\left(\frac{1-\sqrt{5}}{2}\right)^n,$$
$$n = 1, 2, 3, \cdots .$$

5. 힌트 D_n을 1열에 대하여 전개하여라.

6. 힌트 행 또는 열에 대해 전개하거나, 수학적 귀납법을 이용하여라.

8. 힌트 $L_1 = 1$, $L_2 = 3$보다 $L_0 = 2$, $L_1 = 1$을 이용하는 것이 더 간편하다.

답 $L_n = \left(\frac{1+\sqrt{5}}{2}\right)^n + \left(\frac{1-\sqrt{5}}{2}\right)^n$, $n \geq 1$.

10. 풀이 $r^2 - r + 1 = 0$ 에서 $r = \frac{1 \pm \sqrt{3}\,i}{2}$ 이다.

그러므로 $a_n = \cos\frac{n\pi}{3} + \sqrt{3}\sin\frac{n\pi}{3}$.

14. 풀이 1, 1, −2, 1, 1, −2, 1, 1, −2, ⋯ 가 얻어진다.

15. 답 $a_n = \frac{3}{2}\cdot 2^n - \frac{1}{3}\cdot 3^n = 3\cdot 2^{n-1} - 3^{n-1}$

16. 풀이 $c_n = \frac{1}{n+1}\binom{2n}{n}$ 이므로 $c_{n-1} = \frac{1}{n}\binom{2n-2}{n-1}$ 이다. 이것은 각각

$$c_n = \frac{1}{n+1}\,\frac{(2n)!}{n!n!} \text{ 과 } c_{n-1} = \frac{1}{n}\,\frac{(2n-2)!}{(n-1)!(n-1)!}$$

이 된다. 앞의 것을 뒤의 것으로 나누면

$\frac{c_n}{c_{n-1}} = \frac{4n-2}{n+1}$ 가 된다. 따라서

$$c_n = \frac{4n-2}{n+1}c_{n-1} \quad (n \geq 2),\ c_1 = 1$$

을 얻을 수 있다.

17. 답 $a_n = 2^n\left(\cos\frac{n\pi}{3} + \frac{1}{\sqrt{3}}\sin\frac{n\pi}{3}\right)$, $n \geq 0$

8장 비동차형 차분방정식

비동차형은 우변에 있는 $f(n)$이 0이 아닌 n에 대한 함수로 나타날 때이다.

(일반형) 1계인 경우 : $a_n + c\,a_{n-1} = f(n),\ n \geq 1$

2계인 경우 : $a_n + b\,a_{n-1} + c\,a_{n-2} = f(n) \neq 0,\quad n \geq 2$

여기서 b, c는 상수, $c \neq 0$, $f(n) \neq 0$이다.

특히 $c = -1$일 때 $a_n - a_{n-1} = f(n)$일 때

$$a_1 = a_0 + f(1)$$

$$a_2 = a_1 + f(2) = a_0 + f(1) + f(2)$$

$$a_3 = a_2 + f(3) = a_0 + f(1) + f(2) + f(3)$$

$$\cdots\cdots\cdots$$

$$\begin{aligned} a_n &= a_0 + f(1) + f(2) + f(3) + \cdots + f(n) \\ &= a_0 + \sum_{i=1}^{n} f(i) \end{aligned}$$

예제 1

$a_n - a_{n-1} = 3n^2$, $n \geq 1$, $a_0 = 7$을 구하여라.

풀이 $a_n - a_{n-1} = f(n) \neq 0$일 때

$$
\begin{aligned}
a_n &= a_0 + f(1) + f(2) + f(3) + \cdots + f(n) \\
&= a_0 + \sum_{i=1}^{n} f(i)
\end{aligned}
$$

$$
\begin{aligned}
a_n &= a_0 + \sum_{i=1}^{n} 3i^2 = 7 + 3\sum_{i=1}^{n} i^2 \\
&= 7 + 3 \cdot \frac{n(n+1)(2n+1)}{6} \\
&= 7 + \frac{1}{2} n(n+1)(2n+1) .
\end{aligned}
$$

■

비동차 차분방정식의 풀이는 비동차 미분방정식의 풀이와 매우 유사하다.

$a_n^{(h)}$를 동차방정식의 일반해, $a_n^{(p)}$를 비동차방정식의 하나의 해(특수해)라고 하면

$$a_n = a_n^{(h)} + a_n^{(p)}$$

가 비동차방정식의 일반해가 된다.

미정계수법(method of undetermined coefficients)

미분방정식과 유사하게 차분방정식에서 $a_n^{(p)}$를 구하는 방법으로 미정계수법을 이용할 수 있다. 그러나 이 방법은 $f(n)$이 아래 표와 같은 경우에 사용이 가능하기 때문에 다소 제한적이라는 단점이 있다.

다음 표는 몇 가지 $f(n)$에 대한 $a_n^{(p)}$를 나타낸 것이다. 여기서 c, A, B, A_i는 상수이다.

$f(n)$	$a_n^{(p)}$
c (상수)	A (상수)
n^t , $t \in N$	$A_t n^t + A_{t-1} n^{t-1} + \cdots + A_1 n + A_0$
r^n , $r \in R$	$A r^n$
$\sin \alpha n$ 또는 $\cos \alpha n$	$A \sin \alpha n + B \cos \alpha n$
$n^t r^n$	$r^n (A_t n^t + A_{t-1} n^{t-1} + \cdots + A_1 n + A_0)$
$r^n \sin \alpha n$ 또는 $r^n \cos \alpha n$	$A r^n \sin \alpha n + B r^n \cos \alpha n$

하노이 탑(The Tower of Hanoi)

Tower of Brahma에 기초한 puzzle로 1883년 시장에서 Tower of Hanoi라는 이름으로 팔렸다. 이것은 프랑스의 수학자 에두아르 뤼카(Edouard Lucas, 1842~1891)에 의해서 1883년 고안되었다고 한다. 여기에는 한 재미있는 이야기가 있다.

"Hanoi 외곽에 있는 Benares(갠지스강이 흐르는 인도의 북동부에 위치, 현재는 Varanasi로 알려짐)에는 세계의 중앙을 나타내는 대사원이 있고, 그 도움 아래에는 3개의 다이아몬드 막대가 있는데 그 막대를 각각 A, B, C라 하면, A막대는 천지창조 때 신이 구멍이 있는 64장의 순금으로 만든 원판을 꽂아 두었다. 이 원판들은 아래의 반지름이 가장 크고, 위로 갈수록 반지름이 작아진다고 한다. 그런데 승려들은 쉬지 않고 한 번에 한 장씩 원판을 A, B, C의 3개의 다이아몬드 막대에 옮겨 꽂도록 신의 명령을 받았다. 물론 여기서 원판은 어떤 순간에도 막대에 꽂혀 있지 않은 원판이 2개 이상이 되어서도 안 되며, 이 과정에서 반지름이 큰 원판이 반지름이 작은 원판 위에 놓이는 일이 도중에 일어나서는 안 된다. 이런 과정을 거쳐서 A에 있는 모든 원판을 다른 막대(즉, B 또는 C)에 모두 옮기면 탑과 사원이 승려와 함께 먼지로 되고 커다란 뇌성과 함께 세계도 멸망한다고 한다."

그러면 원판의 수가 작은 경우를 조사해 보면 원판의 수를 n이라 하면 $2^n - 1$번 이동 작업을 하여야 한다는 것을 귀납적으로 얻을 수 있다. 그러면 $n = 64$인 경우는 $2^{64} - 1 = 18446744073709551615$번 이동이 있어야 한다.

이 동작이 1초에 한 번씩 착오 없이 이루어진다고 하더라도 대략 5845억 년이 걸린다.

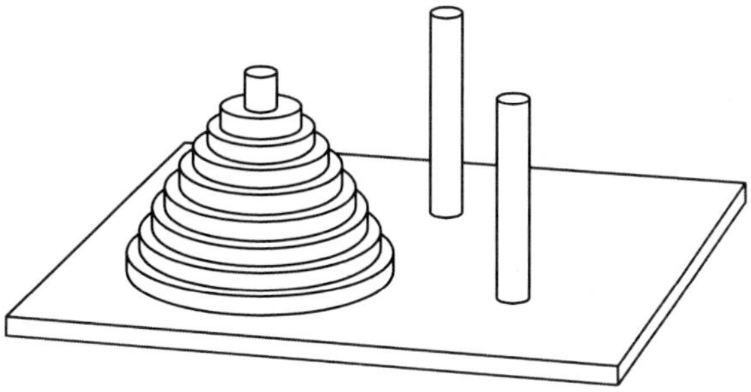

예제 2

a_n을 n개의 원판을 사용한 하노이 탑 문제에서 이동한 횟수라 하면 $a_{n+1} = 2a_n + 1$, 여기서 $n \geq 1$이고, $a_1 = 1$이 됨을 보여라.

풀이 원판이 1개 있을 경우 1번의 이동이면 된다. 즉 $a_1 = 1$이다.

$n \geq 0$일 때 a_n을 막대 A에서 막대 C까지 n개의 원판을 옮길 때 필요한 이동의 수라고 하자. $n+1$개의 원판에 대하여 다음과 같이 생각할 수 있다.

(단계 1) 막대 A에서 막대 B로 처음의 n개의 원판을 막대 C를 일시적으로 사용하여 옮겨 놓는다. (이 경우 a_n만큼 이동의 수가 필요)

(단계 2) 막대 A에서 제일 반지름이 큰 원판을 막대 C에 옮겨 놓는다. (이 경우 1번의 이동이 필요)

(단계 3) 마지막으로 막대 A를 일시적으로 사용하여 막대 B의 n개의 원판을 막대 C에 옮긴다. (이 경우 a_n만큼의 이동의 수가 필요)

그러므로, $a_{n+1} = a_n + 1 + a_n = 2a_n + 1$, $n \geq 1$, $a_1 = 1$. ■

예제 3

하노이 탑(The Tower of Hanoi)

n개의 원판을 가지는 하노이 탑 문제는 $a_1 = 1$, $a_n = 2a_{n-1} + 1$로 주어짐을 알았다. 이를 순차적으로 대입하여 a_n을 구하여라.

풀이

$$\begin{aligned} a_n &= 2a_{n-1} + 1 \\ &= 2\{2a_{n-2} + 1\} + 1 \\ &= 2^2\{2a_{n-3} + 1\} + 2 + 1 \\ &= 2^3\{2a_{n-4} + 1\} + 2^2 + 2 + 1 \\ &\quad \cdots\cdots\cdots\cdots \\ &= 2^{n-1}a_1 + 2^{n-2} + \cdots + 2 + 1 \end{aligned}$$

$$\therefore \ a_n = 2^{n-1} + 2^{n-2} + \cdots + 2 + 1$$

$$\therefore \ a_n = 2^n - 1$$ ■

예제 4

$a_{n+1} = 2a_n + 1$, $n \geq 1$, $a_1 = 1$일 때 일반항 a_n을 구하여라.

풀이 $a_n - 2a_{n-1} = 1$은 비동차이므로 먼저 $a_n - 2a_{n-1} = 0$의 일반해를 구한다.

$a_n = cr^n$라 하면 $a_{n-1} = cr^{n-1}$ 이고, 이를 동차식에 대입하면 $cr^n - 2cr^{n-1} = 0$ 이므로 $r - 2 = 0$ 즉 $r = 2$이다.

$$a_n^{(h)} = c(2)^n$$

비동차식의 하나의 특수해는 $f(n) = 1$ 이므로 $a_n^{(p)} = A$라 하고 $A = 2A + 1$에서 $A = -1$을 얻을 수 있다.

그러므로 $a_n = a_n^{(h)} + a_n^{(p)}$, $a_1 = 1$ 이므로 $a_1 = 2c - 1 = 1 \Rightarrow c = 1$

따라서 $a_n = 2^n - 1$. ■

예제 5

"하노이 탑" 문제를 여러 번 반복한 학생들은 반지름이 작은 원판부터 $1, 2, 3, \cdots$ 으로 번호를 붙일 때, 1 을 짝수 위에 얹어 놓으면 된다는 사실을 알게 되지만 이것이 이진수와 관련된다는 것을 알기 위해서는 상당한 주의가 필요하다.

하노이 탑 문제에 숨어 있는 중요한 수학적 사실을 알아보기로 하자. 이진수로 변환한 수에서 오른쪽부터 원판 1, 원판 2, … 가 대응된다. 오른쪽부터 처음으로 1이 되는 원판을 움직인다. 다음 오른쪽으로 1이 되는 수가 없으면 그 원판은 빈 막대(tower)에 이동하는 것을 의미한다. 다음 오른쪽으로 1이 되는 자리와의 사이에 0이 없거나 짝수 개가 있으면 그 원판을 대응하는 원판 위에 놓는다. 그러나 처음 1과 다음 1 사이에 0이 홀수 개가 있으면 대응하는 원판을 대응하는 다른 원판 위에 놓지 않고 다른 곳에 놓아야 한다. 이와 같은 규칙으로 이동하면 된다. 예를 들어 하노이 탑에서 $n = 4$인 경우를 조사하자.

⇔의 왼쪽에는 차례대로 2진수를 $2^4 - 1 = 15$개를 크기순으로 나열한다.

⇔의 오른쪽에는 원판의 이동을 분석한 것이다.

1 ⇔ 원판 1을 움직인다.
10 ⇔ 원판 2를 움직인다.
11 ⇔ 원판 1을 2 위에 놓는다.
100 ⇔ 원판 3을 움직인다.
101 ⇔ 원판 1을 3 위에 놓지 않는다.
110 ⇔ 원판 2를 3 위에 놓는다.
111 ⇔ 원판 1을 2 위에 놓는다.
1000 ⇔ 원판 4를 움직인다.

1001 $\Leftrightarrow$ 원판 1을 4 위에 놓는다.

1010 $\Leftrightarrow$ 원판 2를 4 위에 놓지 않는다.

1011 $\Leftrightarrow$ 원판 1을 2 위에 놓는다.

1100 $\Leftrightarrow$ 원판 3을 4 위에 놓는다.

1101 $\Leftrightarrow$ 원판 1을 3 위에 놓지 않는다.

1110 $\Leftrightarrow$ 원판 2를 3 위에 놓는다.

1111 $\Leftrightarrow$ 원판 1을 2 위에 놓는다.

예제 6

$a_n - 3a_{n-1} = 5(7^n)$, $n \geq 1$, $a_0 = 2$를 풀이하여라.

풀이 $a_n - 3a_{n-1} = 0$ 의 일반해 $a_n^{(h)}$는

$a_n = cr^n \neq 0$라 하면

$$cr^n - 3cr^{n-1} = 0$$

$$r - 3 = 0$$

그러므로 $r = 3$.

$$a_n^{(h)} = c(3)^n$$

$a_n - 3a_{n-1} = 5(7)^n$ 의 하나의 해 $a_n^{(p)}$는

$a_n^{(p)} = A \cdot 7^n$ 라 놓고 A를 결정한다.

$$A \cdot 7^n - 3A7^{n-1} = 5 \cdot 7^n$$

양변을 7^{n-1}으로 나누면

$$7A - 3A = 35 \text{ 이므로 } A = \frac{35}{4}.$$

$$a_n^{(p)} = \frac{35}{4} \cdot 7^n = \frac{5}{4} \cdot 7^{n+1}$$

$$a_n = a_n^{(h)} + a_n^{(p)} = c(3)^n + \frac{5}{4}7^{n+1}$$

초기조건 $a_0 = 2$에서 $a_0 = c + \frac{5}{4} \cdot 7 = 2$ 에서 $c = -\frac{27}{4}$.

$$\begin{aligned} a_n &= -\frac{27}{4} \cdot 3^n + \frac{5}{4} \cdot 7^{n+1} \\ &= -\frac{1}{4} \cdot 3^{n+3} + \frac{5}{4} \cdot 7^{n+1} \quad (n \geq 0). \end{aligned}$$

그러나 비동차방정식의 특수해 $a_n^{(p)}$에 동차방정식의 일반해 $a_n^{(h)}$에 포함된 r_n을 가지고 있으면 이 방법으로 직접 $a_n^{(p)}$를 구하지 못하고, 다음과 같이 수정해야 한다.

미정계수법의 수정 $f(n) = k(r^n)$인 경우 $a_n^{(p)} = A r^n$이다. 단, $a_n^{(h)}$에 r^n을 포함하지 않아야 한다.

만약, $a_n^{(h)}$이 r^n 을 포함하면 $a_n^{(p)} = A n^l r^n$, l은 $a_n^{(h)}$ 에 있는 함수와 독립이 되는 최소의 양의 정수이다.

예제 7

$a_n - 3a_{n-1} = 5(3^n)$, $n \geq 1$, $a_0 = 2$

풀이 이 문제는 예제 6과 유사하지만 $a_n^{(p)}$를 수정해야 한다. 앞의 방법대로 풀이하면

$a_n - 3a_{n-1} = 0$ 이므로 일반해는 $a_n^{(h)} = c(3^n)$.

$a_n - 3a_{n-1} = 5(3^n)$ 의 한 해는 $a_n^{(p)} = A \cdot 3^n$ 라 하면

$$A \cdot 3^n - 3A \cdot 3^{n-1} = 5 \cdot 3^n$$

여기서 좌변 $= 0$ 이고 우변 $= 5 \cdot 3^n \neq 0$ 이므로 A를 구할 수 없다. 따라서 수정된 $a_n^{(p)} = A\boldsymbol{n}3^n$ 을 이용한다. 그러면

$$A \cdot n \cdot 3^n - 3A(n-1)3^{n-1} = 5(3^n)$$

$$A \cdot n - A \cdot n + A = 5 \;\Rightarrow\; A = 5$$

그러므로 $a_n = a_n^{(h)} + a_n^{(p)} = c(3^n) + 5 \cdot n \cdot 3^n$

$a_0 = 2$ 이므로 $c = 2$

그러므로 $a_n = 2 \cdot 3^n + 5 \cdot n \cdot 3^n$. ■

참고 차분방정식과 대응하는 미분방정식과 비교해 보자.

$a_{n+2} + 2a_{n+1} - 8a_n = 2^n$과 $y'' + 2y' - 8y = e^{2x}$을 비교한다.

$y'' + 2y' - 8y = e^{2x}$ 을 풀이하면

$y'' + 2y' - 8y = 0$의 일반해를 구하려면

$y = ce^{mx}$라 하면

$$y' = mce^{mx},\ y'' = m^2 ce^{mx}$$

$$m^2 ce^{mx} + 2mce^{mx} - 8ce^{mx} = 0$$

$$m^2 + 2m - 8 = 0$$

$$m = 2,\ -4$$

$$y_h = c_1 e^{2x} + c_2 e^{-4x}$$

$y_p = Ae^{2x}$, $y_p' = 2Ae^{2x}$, $y_p'' = 4Ae^{2x}$ 이므로

$$4Ae^{2x} + 4Ae^{2x} - 8Ae^{2x} \neq e^{2x}$$

좌변은 0이고 우변은 e^{2x}이므로 수정된 방법을 이용한다. $y_p = Axe^{2x}$ 라 하면

$$y_p' = Ae^{2x} + 2Axe^{2x},$$

$$y_p'' = 2Ae^{2x} + 2Ae^{2x} + 4Axe^{2x}$$

$$(4A + 4Ax + 2A + 2Ax - 8Ax)e^{2x} = e^{2x}$$

여기서 $6A = 1$ 즉 $A = \frac{1}{6}$ 을 얻는다. 따라서

$$y_p = \frac{1}{6}xe^{2x}$$

$$y = y_h + y_p = y_h + \frac{1}{6}xe^{2x}.$$

이때 차분방정식에서는 $a_n^{(p)} = \frac{1}{12}n(2^n)$이다. 계수가 $\frac{1}{6}$이 아닌 것에 주목하여라. 즉 미분과 차분에서 서로 계수는 다르게 나타날 수 있다.

예제 8

$a_n - 6a_{n-1} + 9a_{n-2} = 3^n$ 이면

$$a_n^{(h)} = c_1 3^n + c_2 n \cdot 3^n$$

$a_n^{(p)} = An^2 \cdot 3^n$이라 놓으면 하나의 특수해를 주어진 문제에 대입하면

$$A = \frac{1}{2}$$

을 얻는다. 그러므로

$$a_n = c_1 3^n + c_2 n \cdot 3^n + \frac{1}{2}n^2 \cdot 3^n. \quad ■$$

결과 $f(n) = k(r^n)$, k 상수, $n \geq 0$일 때

① 1계인 경우

r^n 이 동차식에서 해가 아니면 $a_n^{(p)} = A r^n$

해가 되면 $a_n^{(p)} = A n r^n$

② 2계인 경우

r^n 이 동차식에서 해가 아니면 $a_n^{(h)} = A r^n$

$r_1 \neq r_2$ 이고 $a_n^{(h)} = c_1 r^n + c_2 r_1^n$이면 $a_n^{(p)} = B n r^n$

$a_n^{(h)} = (c_1 + c_2 n) r^n$ 이면, 즉 $r_1 = r$ 이면, $a_n^{(p)} = c n^2 r^n$

예제 9

다음 차분방정식의 일반해를 구하여라.

(1) $a_{n+1} - a_n = 2n + 3$, $n \geq 0$, $a_0 = 1$

(2) $a_{n+1} - a_n = 3n^2 - n$, $n \geq 0$, $a_0 = 3$

(3) $a_{n+2} - a_n = \sin\left(\frac{n\pi}{2}\right)$, $n \geq 0$, $a_0 = 1$, $a_1 = 1$

(4) $a_{n+2} - 6a_{n+1} + 9a_n = 3(2^n) + 7(3^n)$, $n \geq 0$, $a_0 = 1$, $a_1 = 4$

(5) $a_{n+2}{}^2 - 5a_{n+1}{}^2 + 6a_n{}^2 = 7n$, $n \geq 0$, $a_0 = a_1 = 1$

(6) $a_n + n a_{n-1} = n!$, $n \geq 1$, $a_0 = 1$

(7) $a_{n+1} = a_n + \frac{1}{2^{n+1}}$, $n \geq 1$, $a_1 = \frac{1}{2}$

풀이 (1) 동차식 $a_{n+1} - a_n = 0$ 에서 $a_n^{(h)} = c(1)^n = c$

$$a_n = c r^n , \quad a_{n+1} = c r^{n+1}$$

$$a_{n+1} - a_n = 2n + 3$$

$$a_n^{(p)} = A_1 n^2 + A_2 n .$$

여기서 이를 풀면 $a_n = n^2 + 2n + 1$.

(2) $a_n = n^3 - 2n^2 + n + 3$

(3) $a_{n+2} - a_n = 0$ 에서 $a_n^{(h)} = c_1(1)^n + c_2(-1)^n = c_1 + (-1)^n c_2$

$$a_{n+2} - a_n = \sin\left(\frac{n\pi}{2}\right) = f(n)$$

$$a_n^{(p)} = A\sin\frac{\pi}{2}n + B\cos\frac{\pi}{2}n$$

$$a_{n+1}^{(p)} = A\sin\frac{\pi}{2}(n+1) + B\cos\frac{\pi}{2}(n+1)$$

$$a_{n+2}^{(p)} = A\sin\frac{\pi}{2}(n+2) + B\cos\frac{\pi}{2}(n+2)$$

$$= -A\sin\frac{\pi}{2}n - B\cos\frac{\pi}{2}n$$

$$a_n = \frac{5}{4} + (-1)^n\left(-\frac{1}{4}\right) - \frac{1}{2}\sin\frac{\pi}{2}n$$

(4) 다음과 같이 2개의 차분방정식으로 나누어 생각한다.

$$\begin{cases} a_{n+2} - 6a_{n+1} + 9a_n = 3(2^n) \\ a_{n+2} - 6a_{n+1} + 9a_n = 7(3^n) \end{cases}$$

이 두 식에서 나온 $a_n^{(h)}$를 더한다.

$$a_n^{(h)} = c_1(3)^n + c_2 n(3)^n$$

$a_n^{(p)} = A2^n + Bn^2 3^n$ 로 놓는다.

(5) $b_n = a_n^{\ 2}$ 으로 치환한다. 그러면

$$b_{n+2} - 5b_{n+1} + 6b_n = 7n\ ,\ n \ge 0$$

$$a_0^{\ 2} = b_0 = 1$$

$$a_1^{\ 2} = b_1 = 1$$

(6) $a_n + n\,a_{n-1} = n!$ 에서 양변을 $n!$으로 나누면

$$\frac{a_n}{n!} + \frac{n\,a_{n-1}}{n!} = 1$$

$$\frac{a_n}{n!} + \frac{a_{n-1}}{(n-1)!} = 1 \ \Rightarrow\ b_n = \frac{a_n}{n!}$$

(7) $a_n^{(h)} = c$, $a_n^{(p)} = A(2^{-n})$을 이용하면

$$a_n = 1 - \left(\frac{1}{2}\right)^n$$

예제 10

$\sum_{k=1}^{n} k^2 = a_n$을 차분방정식으로 나타내고, 그 차분방정식을 이용하여 a_n을 구하여라.

풀이 $n=1$일 때, $a_1 = 1^2 = 1$

$$\sum_{k=1}^{n} k^2 - \sum_{k=1}^{n-1} k^2 = a_n - a_{n-1} = n^2$$

이므로 차분방정식 $a_n = a_{n-1} + n^2 \ (n \geq 2)$, $a_1 = 1$을 얻는다.

이 방정식을 풀면 우리에게 익숙한 $a_n = \dfrac{n(n+1)(2n+1)}{6}$을 얻을 수 있다. ▩

다음은 연립 차분방정식과 생성함수를 이용한 차분방정식의 풀이에 대하여 학습하기로 한다.

예제 11

어느 도시에 A와 B의 두 지점에서 일일 대여하는 시립도서관이 있다. A 지점에서 대여한 도서의 절반은 A 지점으로 반납이 되고 나머지 절반은 B 지점으로 반납이 되며, B 지점에서 대여한 도서의 $\frac{1}{3}$은 A지점으로 반납이 되고 나머지 $\frac{2}{3}$는 B 지점으로 반납이 된다고 한다. 처음 각각 1,000권의 도서로 시작할 때 n일 후 마감 시각에는 각 지점에 몇 권의 도서가 있게 되는지를 차분방정식으로 나타내어라.

풀이 A 지점의 n일 후의 도서의 권수를 a_n, B 지점의 n일 후의 도서의 권수를 b_n이라 하면

$$a_0 = 1{,}000\ ,\ b_0 = 1{,}000\ ,\ a_n = \frac{1}{2}a_{n-1} + \frac{1}{3}b_{n-1}\ ,\ b_n = \frac{1}{2}a_{n-1} + \frac{2}{3}b_{n-1}$$

이 된다. ▩

미분방정식에서 급수해를 이용하여 풀이하는 방법과 유사한 방법이 차분방정식에서는 생성함수를 이용해서 풀이하는 방법을 생각할 수 있다.

예제 12

$a_0 = 1$, $a_n = 3a_{n-1} + 2$, $n \geq 1$ 일 때 a_n을(생성함수를 이용하여) 구하여라.

풀이 $f(x) = a_0 + a_1 x + a_2 x^2 + a_3 x^3 + a_4 x^4 + \cdots$ 를 수열 $\{a_n\}$에 대응하는 생성함수라고 하면 주어진 문제에서 a_n과 a_{n-1}에서 x^n의 계수를 맞추기 위해 $f(x)$와 $3x f(x)$의 차이를

생각해야 한다. 즉 $f(x)$에서 x^n의 계수가 a_n이고, $xf(x)$에서 x_n의 계수가 a_{n-1}임을 주목한다.

$$f(x) = a_0 + a_1x + a_2x^2 + a_3x^3 + a_4x^4 + \cdots$$

$$3xf(x) = 3a_0x + 3a_1x^2 + 3a_2x^3 + 3a_3x^4 + 3a_4x^5 + \cdots$$

이 식을 변변 빼면

$$\begin{aligned} f(x) - 3xf(x) &= a_0 + (a_1 - 3a_0)x + (a_2 - 3a_1)x^2 + (a_3 - 3a_2)x^3 + (a_4 - 3a_3)x^4 + \cdots \\ &= a_0 + 2x + 2x^2 + 2x^3 + 2x^4 + \cdots \\ &= a_0 + 2(x + x^2 + x^3 + x^4 + \cdots) \\ &= 1 + \frac{2x}{1-x} \end{aligned}$$

여기서 $a_0 = 1$과 $a_n - 3a_{n-1} = 2$를 이용하였다.

따라서 $(1-3x)f(x) = 1 + \dfrac{2x}{1-x}$.

$$f(x) = \frac{1}{1-3x} + \frac{2x}{(1-x)(1-3x)} = \frac{x+1}{(1-x)(1-3x)}.$$

부분분수와 거듭제곱급수 전개를 이용하면

$$\begin{aligned} f(x) &= \frac{2}{1-3x} - \frac{1}{1-x} \\ &= 2(1 + 3x + 3^3x^2 + 3^3x^3 + \cdots) - (1 + x + x^2 + x^3 + \cdots) \\ &= 1 + (2 \cdot 3 - 1)x + (2 \cdot 3^2 - 1)x^2 + (2 \cdot 3^3 - 1)x^3 + \cdots \end{aligned}$$

이므로 $a_n = 2 \cdot 3^n - 1$을 얻을 수 있다. ▨

이 문제를 처음 몇 개의 항을 직접 대입하여 일반항을 유추하는 방법도 있지만 쉽지 않을 경우가 많이 있기 때문에 일반적인 방법으로 풀기를 권한다.

예제 13

$a_0 = 1$, $a_1 = 1$, $a_n - 5a_{n-1} + 6a_{n-2} = 2^n + n$, $n \geq 2$를 풀이하여라.

풀이 $A(z)$을 수열 $\{a_n\}$에 대응하는 생성함수라고 하자. 그러면

$$\sum_{n=2}^{\infty} a_n z^n - 5\sum_{n=2}^{\infty} a_{n-1} z^n + 6\sum_{n=2}^{\infty} a_{n-2} z^n = \sum_{n=2}^{\infty} 2^n z^n + \sum_{n=2}^{\infty} n z^n$$

에서 $A(z)-a_0-a_1z-5z[A(z)-a_0]+6z^2A(z)=\dfrac{4z^2}{1-2z}+z\left[\dfrac{1}{(1-z)^2-1}\right]$

이 된다. 이 식을 정리하면

$$A(z)=\frac{1-8z+27z^2-35z^3+14z^4}{(1-z)^2(1-2z)^2(1-3z)}$$

$$=\frac{\frac{5}{4}}{1-z}+\frac{\frac{1}{2}}{(1-z)^2}-\frac{3}{1-2z}-\frac{2}{(1-2z)^2}+\frac{\frac{17}{4}}{1-3z}$$

$$a_n=\frac{5}{4}+\frac{1}{2}(n+1)-3\cdot 2^n-2(n+1)2^n+\frac{17}{4}3^n$$

$$=\frac{7}{4}+\frac{n}{2}-n2^{n+1}-5\cdot 2^n+\frac{17}{4}3^n.$$

▩

예제 14

다음 연립 차분방정식을 풀이하여라.

$$a_0=1,\ a_n=3a_{n-1}+2b_{n-1}\quad(n\geq 1)$$

$$b_0=0,\ b_n=a_{n-1}+b_{n-1}\quad(n\geq 1)$$

풀이 $A(z)$을 수열 $\{a_n\}$에 대응하는 생성함수, $B(z)$을 수열 $\{b_n\}$에 대응하는 생성함수라고 하자. 그러면

$$\sum_{n=1}^{\infty}a_nz^n=\sum_{n=1}^{\infty}3a_{n-1}z^n+\sum_{n=1}^{\infty}2b_{n-1}z^n$$

$$\sum_{n=1}^{\infty}b_nz^n=\sum_{n=1}^{\infty}b_{n-1}z^n+\sum_{n=1}^{\infty}b_{n-1}z^n$$

즉

$$A(z)-1=3zA(z)+2zB(z)$$

$$B(z)=zA(z)+zB(z)$$

이 식을 연립하여 풀면

$$A(z)=\frac{1-z}{1-4z+z^2}=\frac{\frac{(3+\sqrt{3})}{6}}{1-(2+\sqrt{3})z}+\frac{\frac{(3-\sqrt{3})}{6}}{1-(2-\sqrt{3})z}$$

$$B(z)=\frac{z}{1-4z+z^2}=\frac{\frac{\sqrt{3}}{6}}{1-(2+\sqrt{3})z}-\frac{\frac{\sqrt{3}}{6}}{1-(2-\sqrt{3})z}$$

로부터

$$a_n = \frac{3+\sqrt{3}}{6}(2+\sqrt{3})^n + \frac{3-\sqrt{3}}{6}(2-\sqrt{3})^n$$

$$b_n = \frac{\sqrt{3}}{6}(2+\sqrt{3})^n - \frac{\sqrt{3}}{6}(2-\sqrt{3})^n$$

를 얻는다. ■

연습문제 8

1. $n \geq 3$ 일 때 $5na_n + 2na_{n-1} = 2a_{n-1}$ 이고, $a_3 = -30$ 이라고 한다. $n \geq 2$ 일 때 a_n을 구하여라.

2. 다음 차분방정식에서 a_n을 구하여라.

(1) $a_0 = 0,\ a_1 = 1,\ a_{n+2} = a_{n+1} + a_n + \dfrac{n(n-1)}{2}$.

(2) $a_1 = 1,\ a_2 = 2,\ a_{n+2} = 3a_{n+1} - 2a_n\ \ (n \geq 1)$.

3. $a_{k+1} - a_k + k\,a_{k+1}a_k = 0,\ a_1 = 2$를 풀어라.

4. 등비수열의 처음 n항까지의 합 $a + ar + ar^2 + \cdots + ar^n$ 은

$$S_0 = a$$

$$S_n = S_{n-1} + ar^n,\ n \geq 1$$

로 나타낼 수 있다. 이 차분방정식에서 S_n 을 구하여라.

5. 다음 차분방정식에서 일반항 a_n을 구하여라.

(1) $a_0 = 1,\ a_n = 2na_{n-1} + n!\,2^n$ 일 때 a_n을 구하여라.

(2) $a_n = 2a_{n-1},\ n \geq 1,\ a_0 = 2$를 구하여라.

(3) $a_1 = 2,\ a_{n+1} = \dfrac{a_n}{1 + a_n},\ n \geq 2$ 일 때 a_n을 구하여라.

(4) $a_{n+1} - a_n = n\,2^n$ 을 구하여라.

(5) $a_1 = 1,\ a_{n+1} = a_n + (n+1)^2,\ n \geq 1$

(6) $a_1 = 1,\ a_n + a_{n+1} = (-1)^n$ 일 때 a_n 을 구하여라.

6. 평면 위에 임의의 두 직선이 서로 만나도록 n개의 직선을 그을 경우, 이 n개의 직선에 의해 나누어지는 평면의 최대의 개수 a_n은 $a_n = a_{n-1} + n\ (n \geq 2)$으로 나타남을 보이고, 이때 a_n을 구하여라.

7. $\begin{vmatrix} 1+x^2 & x & 0 & 0 & \cdots & 0 \\ x & 1+x^2 & x & 0 & \cdots & 0 \\ 0 & x & 1+x^2 & x & \cdots & 0 \\ \cdots & \cdots & \cdots & \cdots & \cdots & \cdots \\ 0 & 0 & 0 & 0 & x & 1+x^2 \end{vmatrix}$ 을 구하여라.

8. 차분방정식을 이용하여 다음을 구하여라.

(1) $\int_0^1 x^n e^{x-1}\, dx$

(2) $\int_0^1 x^n e^x\, dx$

9. (1) 아래 그림과 같은 a_1, a_2, a_3, a_4, $\cdots$ 으로 이루어진 그림에서 a_n을 n번째 도형의 꼭짓점의 개수라고 할 때 a_n을 구하여라.

(2) 이와 같이 1, 4, 10, 20, $\cdots$ 으로 이루어진 수열을 **사면체수**(tetrahedral number)의 수열이라고 한다. n번째 사면체수는 $\frac{n(n+1)(n+2)}{6} = \binom{n+2}{3}$임을 보여라.

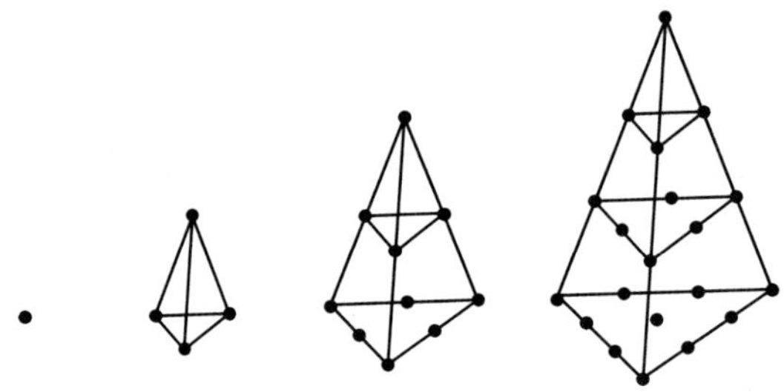

a_1 a_2 a_3 a_4 $\cdots$

10. 다음 차분방정식에서 일반항 a_n을 구하여라.

(1) $a_1 = 2,\ a_{n+1} = 3a_n + 2 \quad (n \geq 1)$

(2) $a_1 = 3,\ a_{n+1} = 3\sqrt{a_n} \quad (n \geq 1)$

(3) $a_1 = 1,\ a_{n+1} = 3^n \cdot a_n \quad (n \geq 1)$

(4) $a_1 = 1,\ a_{n+1} = a_n + (n+1) \quad (n \geq 1)$

(5) $a_1 = \frac{1}{3},\ a_{n+1} = \frac{a_n}{1+3a_n} \quad (n \geq 1)$

(6) $a_1 = 3,\ a_{n+1} - a_n = 4n - 3 \quad (n \geq 1)$

(7) $a_1 = \frac{1}{2}$, $3a_n \cdot a_{n+1} = a_n - a_{n+1}$ $(n \geq 1)$

(8) $a_1 = 1$, $\frac{1}{a_{n+1}} = \frac{1}{a_n} + 2$ $(n \geq 1)$

(9) $a_1 = 3$, $a_{n+1} = \frac{n}{n+1} a_n$ $(n \geq 1)$

(10) $a_1 = 1$, $a_{n+1} = a_n + \frac{1}{\sqrt{n+1} + \sqrt{n}}$ $(n \geq 1)$

(11) $a_1 = 1$, $a_{n+1} = \sqrt{10a_n}$ $(n \geq 1)$

(12) $a_1 = \frac{1}{2}$, $a_2 = \frac{1}{5}$, $\frac{2}{a_{n+1}} = \frac{1}{a_n} + \frac{1}{a_{n+2}}$ $(n \geq 1)$

(13) $a_1 = \frac{1}{2}$, $a_2 = \frac{1}{5}$, $a_{n+2}a_{n+1} = 2a_{n+2}a_n$ $(n \geq 1)$

(14) $a_1 = 1$, $\frac{1}{a_{n+1}} - \frac{1}{a_n} = n+1$ $(n \geq 1)$

(15) $a_1 = 1$, $na_{n+1} = (n+1)a_n + 1$ $(n \geq 1)$

(16) $a_1 = 16$, $a_{n+1} = \sqrt{a_n}$ $(n \geq 1)$

(17) $a_1 = 2$, $a_{n+1} = a_n^2$ $(n \geq 1)$

(18) $a_1 = 1$, $(n+1)a_n = na_{n+1} + 2$ $(n \geq 1)$

(19) $a_n = \sqrt{a_{n-1}a_{n-2}}$, $a_1 = 1$, $a_2 = 8$, $n = 3, 4, 5, \cdots$

(20) $\frac{a_{n+2}}{a_{n+1}} = \sqrt{\frac{a_{n+1}}{a_n}}$, $a_1 = 1$, $a_2 = 2$, $n = 1, 2, \cdots$

(21) $a_n{}^2 - 2a_{n-1}{}^2 = 1$, $a_0 = 2$

(22) $ra_r + ra_{r-1} - a_{r-1} = 2^r$, $a_0 = 273$

(23) $a_r{}^2 - 2a_{r-1} = 0$, $a_0 = 4$

(24) $a_r = \sqrt{a_{r-1} + \sqrt{a_{r-2} + \sqrt{a_{r-3} + \sqrt{\cdots}}}}$, $a_0 = 4$

(25) $a_r - ra_{r-1} = r!$ $(r \geq 1)$, $a_0 = 2$

11. a, b, c를 상수라 하고 $a_n = a \cdot a_{n-1} + b$ $(n \geq 2,\ a \neq 1)$, $a_1 = c$ 일 때 a_n을 구하여라.

12. 다음에서 일반항 a_n을 구하여라.

(1) $(n+1)a_{n+1} = na_n + 2n - 1$, $a_1 = 1$, $n = 1, 2, \cdots$

(2) $a_n - a_{n+1} = (n+1)a_{n+1}a_n$, $a_1 = 1$, $n = 1, 2, \cdots$

(3) $\sqrt{a_n} = \sqrt{a_{n-1}} + 2\sqrt{a_{n-2}}$, $a_0 = a_1 = 1$

(4) $\dfrac{1}{a_n} = \dfrac{1}{a_{n-1}} + 3(n^2 + n)$, $a_1 = \dfrac{1}{6}$, $n = 2, 3, \cdots$

(5) $a_{n+1} = 2\sqrt{a_n}$, $a_1 = 1$, $n = 1, 2, \cdots$

(6) $a_0 = 10$, $a_{n+1} = \dfrac{2}{3}a_n + 2 \quad (n \geq 0)$

13. 행운의 e-메일 문제

> 어떤 회사 직원은 이 e-메일을 받고 바쁜 가운데도 복사해서 보낸 며칠 후에 사상최대 금액이 걸린 로또 1등에 당첨되어 지금은 인생을 즐기고 있습니다. 어떤 사람은 이 e-메일을 받고 무시하고 관광차 일본에 갔다가 대지진으로 희생되었습니다. 아프리카의 어떤 대통령은 이 e-메일을 받고 지워버렸습니다. 결국 9일 후 암살당했습니다. 기억해 주세요. 이 e-메일에 답장을 보내면 당신과 가족에게는 7년의 행운이 있을 것이고 그렇지 않으면 3년 반의 불행이 따를 것입니다. 그리고 이 e-메일을 결코 지워버리거나 내용을 변경해서도 안 됩니다. 이 e-메일을 받은 사람은 그 다음날 0시부터 24까지, 7명의 다른 사람에게 e-메일로 복사하여 보내야 합니다. 이 e-메일을 받은 사람은 행운이 있습니다.

이런 행운의 e-메일을 받은 사람의 대부분은 7군데로 메일을 보내지만, 매 단계마다 $3n$명의 사람은 답장을 하지 않는다고 한다. 그러면 한 사람이 시작하여 오늘을 0번째 날이라고 할 때, n일 후에는 몇 사람이 이 e-메일을 받아보겠는가? 단 도중에 중복되어 받는 사람이 없다고 가정한다.

14. 다음 연립 차분방정식을 풀어라.

$$\begin{cases} a_n = 3a_{n-1} + 2b_{n-1} \\ b_n = a_{n-1} + b_{n-1} \end{cases}, \quad a_0 = 1, \quad b_0 = 0$$

15. a_n , b_n이 자연수일 때, 모든 자연수 n에 대해 $a_n + b_n\sqrt{2} = (2 + \sqrt{2})^n$가 성립한다면

(1) $a_{n+1} = (2a_n + 2b_n)$ 이고, $b_{n+1} = (a_n + 2b_n)\sqrt{2}$ 임을 보여라.

(2) 이 경우 $a_n - b_n\sqrt{2} = (2 - \sqrt{2})^n$ 이 성립하는가?

(3) 위 연립 차분방정식을 풀어라.

연습문제 8 – 문제풀이

1. 풀이 $b_n = na_n$이라 하면 $5na_n + 2na_{n-1} = 2a_{n-1}$ 는

$5na_n = -2na_{n-1} + 2a_{n-1} = -2(n-1)a_{n-1}$ 이므로

$$b_n = -\frac{2}{5}b_{n-1}\ ,\ n \geq 3$$

이다. 그러므로

$$b_n = \left(-\frac{2}{5}\right)^{n-2} b_3 \text{ 이다. 즉, } na_n = \left(-\frac{2}{5}\right)^{n-2}(2)(a_2)\ .$$

주어진 조건에 의해 $3(-30) = \left(-\frac{2}{5}\right)a_2$ 이므로 $a_2 = \frac{225}{2}$ 를 얻는다. 그러므로

$$a_n = \left(-\frac{2}{5}\right)^{n-2}\left(\frac{2}{n}\right)\left(\frac{225}{2}\right) = \left(-\frac{2}{5}\right)^{n-2}\left(\frac{225}{n}\right),\ n \geq 2$$

이다.

3. 풀이 양변을 $a_k a_{k+1}$로 나누면

$$\frac{1}{a_{k+1}} - \frac{1}{a_k} = k$$

이 된다. $\frac{1}{a_k} = v_k$라 하면 준식은

$$v_{k+1} - v_k = k\ ,\ v_1 = \frac{1}{2}$$

이 된다. 이것을 풀면

$$v_k = \frac{k(k-1)}{2} + c_1$$

이다. $k=1$일 때 $c_1 = \frac{1}{2}$을 얻는다. 따라서

$$v_k = \frac{k(k-1)}{2} + \frac{1}{2} = \frac{k^2-k+1}{2}$$

그러므로 $a_k = \dfrac{2}{k^2 - k + 1}$ 이다.

4. 풀이 $S_n{}^{(h)} = c\,(1)^n = c$

$S_n{}^{(p)} = A\,r^n$

준식에 대입하면 $A = \dfrac{a\,r}{r-1}$ 을 얻는다. 초기조건을 이용하면

$$c = \frac{-a}{r-1}\ .$$

따라서

$$S_n = \frac{a\,(r^{n+1}-1)}{r-1}\ .$$

이것은 등비수열의 처음 n항까지의 합과 같음을 주목하여라.

5. 힌트 (2) 양변에 로그를 취한다.

(3) 역수를 취한 다음 $b_n = \dfrac{1}{a_n}$을 이용한다.

풀이 (1) $a_n = 2^n\,(n+1)!$

(3) $a_n = \dfrac{2}{2n-1}\ .$

(5) $a_n = \dfrac{1}{6}n(n+1)(2n+1)\ ,\ \ n \geq 1\ .$

6. 답 $a_n = \dfrac{1}{2}(n^2 + n + 1)$

7. 힌트 준식을 D_n이라 하면, $D_n - D_{n-1} = x^2(D_{n-1} + D_{n-2})$이 성립한다.

8. 힌트 (1) 준식을 I_n이라 하면 $I_n = 1 - n \cdot I_{n-1}$이 성립한다.

9. 풀이 (1) $a_{n+1} = a_n + \dfrac{(n+1)(n+2)}{2}$

(2) 위 (1)에서 직접 구할 수 있지만, 각 층마다 위에서부터 $\dfrac{n(n+1)}{2}$ 이므로 사면체수는

$$\sum_{i=1}^{n} \frac{i(i+1)}{2} = \frac{1}{2}\left(\sum_{i=1}^{n} i^2 + \sum_{i=1}^{n} i\right)$$
$$= \frac{1}{2}\left[\frac{n(n+1)(2n+1)}{6} + \frac{n(n+1)}{2}\right]$$
$$= \frac{n(n+1)(n+2)}{6}$$
$$= \binom{n+2}{3}$$

10. 힌트 (19) 양변에 상용로그를 취한다.

(20) 양변에 밑이 2인 로그를 취한다.

(21) ${a_n}^2 = b_n$ 으로 놓는다.

(22) $r\,a_r = b_r$ 로 놓는다.

(23) $\log_2 a_r = b_r$ 로 놓는다.

(24) 양변을 제곱한다.

(25) $a_r / r! = b_r$ 로 놓는다.

11. 답 $a_n = \left(c + \dfrac{b}{a-1}\right) a^{n-1} + \dfrac{b}{1-a}$.

12. 풀이 (1) $b_n = n\,a_n$ 으로 치환한다. $a_n = \dfrac{n^2 - 2n + 2}{n}$.

(2) 양변을 $a_n\,a_{n+1}$ 로 나눈 다음, $b_n = \dfrac{1}{a_n}$ 으로 치환한다. $a_n = \dfrac{2}{n(n+1)}$.

(3) $a_n = \left\{\dfrac{(-1)^n + 2^{n+1}}{3}\right\}^2$

(4) $b_n = \dfrac{1}{a_n}$ 으로 치환한다. $a_n = \dfrac{1}{n(n+1)(n+2)}$.

(5) 양변을 밑이 2인 로그를 취한 다음 $b_n = \log_2 a_n$이라 한다.

그러면 준식은 $b_{n+1} = \dfrac{1}{2} b_n + 1,\ b_1 = 0$이 된다.

따라서 $a_n = 2^{b_n} = 2 - 2^{2-n}$.

(6) $a_n = 6 + \dfrac{8}{3}\left(\dfrac{2}{3}\right)^{n-1}$.

14. 답 $a_n = \frac{3+\sqrt{3}}{6}(2+\sqrt{3})^n + \frac{3-\sqrt{3}}{6}(2-\sqrt{3})^n$

$b_n = \frac{\sqrt{3}}{6}(2+\sqrt{3})^n - \frac{\sqrt{3}}{6}(2-\sqrt{3})^n$, $n \geq 0$

15. 풀이 (1) $$\begin{aligned} a_{n+1} + b_{n+1}\sqrt{2} &= (2+\sqrt{2})^{n+1} \\ &= (2+\sqrt{2})^n(2+\sqrt{2}) \\ &= (a_n + b_n\sqrt{2})(2+\sqrt{2}) \\ &= (2a_n + 2b_n) + (a_n + 2b_n)\sqrt{2} \end{aligned}$$

에서 양변을 비교한다.

(2) 성립한다.

(3) $a_n = \frac{1}{2}\{(2+\sqrt{2})^n + (2-\sqrt{2})^n\}$

$b_n = \frac{1}{2\sqrt{2}}\{(2+\sqrt{2})^n - (2-\sqrt{2})^n\}$

9장 여러 가지 흥미로운 문제

9.1 다각수

볼링장에서 볼링핀 10개는 정삼각형의 배열로 이루어져 있고, 포켓당구(pool 또는 pocket billiards)에는 사용하지 않을 때 15개의 공을 정삼각형 프레임에 놓아둔다는 것에서 10과 15는 삼각형을 이루는 **삼각수**(triangular number)라는 사실을 알 수 있다. 이런 삼각수는 1부터 연속된 정수의 합과 같다는 사실을 아래 그림으로 쉽게 알 수 있다. 그리고 최초의 삼각수는 $T_1 = 1$이고, 다음은 $T_2 = 1+2 = 3$, $T_3 = 1+2+3 = 6$, …와 같이 r번째 삼각수를 T_r이라고 하면 T_r은

$$T_r = 1 + 2 + 3 + \cdots + r = \frac{r(r+1)}{2} = \binom{r+1}{2}$$

이 된다. 따라서 삼각수는 1부터 연속된 자연수의 합이다.

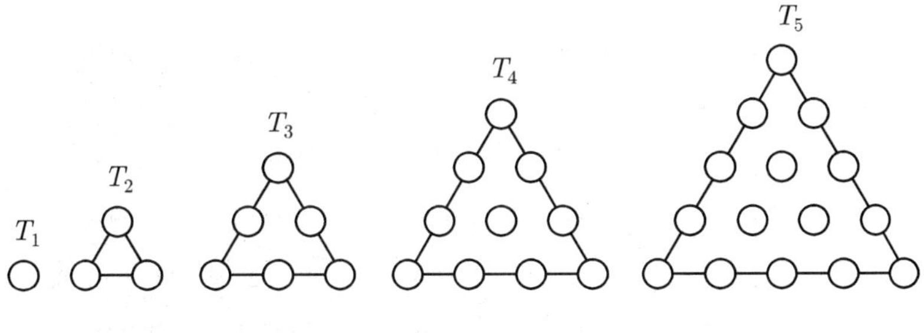

사각수(square number) S_n은 1, 4, 9, 16, 25, … 의 수열의 항으로 나타나는 수로 다음 그림과 같이 2개의 삼각수의 합으로 나타난다. 또 S_n는 n^2으로 1부터 $2n-1$까지 n개의 홀수의 합과 같다.

즉, $S_1 = 1$, $S_2 = 1+3$, $S_3 = 1+3+5$, $S_4 = 1+3+5+7$, $\cdots$ 이 성립한다.

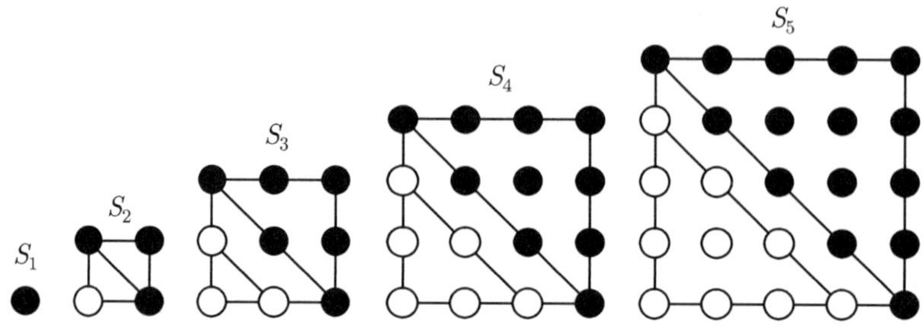

다음 그림은 위에서부터 각각 삼각수(T_n), 사각수(S_n), 오각수(P_n), 육각수(H_n), 칠각수(Hep_n), 팔각수(O_n)를 1부터 5까지의 항을 나타낸 것이다.

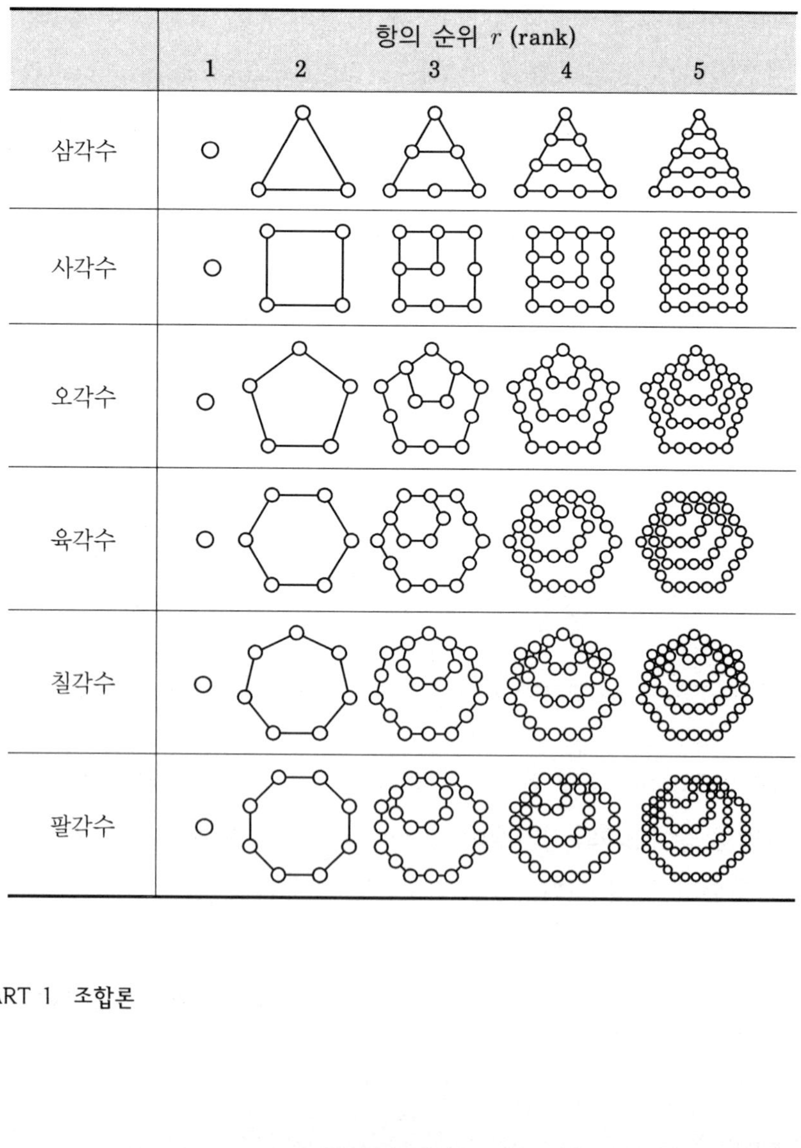

다음은 다각수에 대한 처음 5개의 항과 r 번째(rank r을 갖는)항을 나타낸 것이다.

① 삼각수(Triangular number) $1, 3, 6, 10, 15, \cdots, \dfrac{r(r+1)}{2}$

② 사각수(Square number) $1, 4, 9, 16, 25, \cdots, r^2$

③ 오각수(Pentagonal number) $1, 5, 12, 22, 35, \cdots, \dfrac{r(3r-1)}{2}$

④ 육각수(Hexagonal number) $1, 6, 15, 28, 45, \cdots, r(2r-1)$

⑤ 칠각수(Heptagonal number) $1, 7, 18, 34, 55, \cdots, \dfrac{r(5r-3)}{2}$

⑥ 팔각수(Octagonal number) $1, 8, 21, 40, 65, \cdots, r(3r-2)$

⑦ n 각수(n -gonal number)

$$1, n, 3(n-1), 2(3n-4), 5(2n-3), \cdots, \frac{r}{2}[(r-1)n-2(r-2)]$$

다각수는 다음과 같은 재미있는 성질을 가지고 있다.

(1) 다각수의 3번째 항은 3의 배수가 되고, 5번째 항은 5의 배수가 되고, 7번째 항은 7의 배수가 된다.

(2) n 각수($n \geq 3$)는 초항이 1이고, 공차가 $n-2$인 등차수열의 처음 r항까지의 합으로 나타난다.

(3) 모든 자연수는 최대 3개의 삼각수의 합으로 나타낼 수 있다. (Gauss)
모든 자연수는 최대 4개의 사각수의 합으로 나타낼 수 있다. (Lagrange)
모든 자연수는 최대 5개의 오각수의 합으로 나타낼 수 있다.
모든 자연수는 최대 n개의 n 각수의 합으로 나타낼 수 있다.

(4) n 각수 수열에 대한 (일반적) 생성함수는 $G_n(x) = \dfrac{x\{(n-3)x+1\}}{(1-x)^3}$ 이다.

(5) n 각수는 차분방정식으로

$a_1 = 1,\ a_{n+1} - a_n = (m-2)n+1,\ n = 1, 2, 3, \cdots,\ m = 3, 4, 5, \cdots$ 으로 나타난다.

(6) T_r은 r번째 삼각수, S_r은 r번째 사각수, P_r은 r번째 오각수, H_r은 r번째 육각수라 하면

$$T_r = r + T_{r-1}$$

$$S_r = T_r + T_{r-1} = r + 2T_{r-1}$$

$$P_r = S_r + T_{r-1} = r^2 + T_{r-1} = r + 3T_{r-1}$$

$$H_r = r + 4T_{r-1} = T_r + 3T_{r-1}$$

임을 알 수 있다. 여기서

(r 번째의 n 각수) = (r 번째의 $(n-1)$각수) + (($r-1$)번째의 삼각수)

이며 이때 $H_r = 2S_r - r$ 와 $S_r + S_{r+1} = 4T_r + 1$ 임을 알 수 있다.

정리 1

어떤 수 A가 n 각수인가를 조사하는 방법은 $A \cdot 8(n-2) + (n-4)^2 = B$이고 B가 제곱수이면 A는 n 각수이다.
그렇지 않은 경우는 n 각수가 아니다. 이때 rank r(몇 번째 n 각수인가)은

$$\frac{\sqrt{B} + (n-4)}{2(n-2)}$$

에 의해 구할 수 있다.

증명 n 각수에서 r번째(rank r)수는 $\frac{r}{2}[(r-1)n - 2(r-2)]$ 이므로 여기서 $8(n-2)$를 곱하고 $(n-4)^2$를 더하면

$$\frac{r}{2}[(r-1)n - 2(r-2)] \cdot 8(n-2) + (n-4)^2$$

$$= [2rn - 4r - n + 4]^2 = R^2$$

이 된다. 그리고 이 식에서 r을 구하면 $r = \frac{R + (n-4)}{2(n-2)}$ 가 된다.

예제 1

45는 육각수인가?

풀이 $45 \cdot 8(6-2) + (6-4)^2 = 1444 = 38^2$ 이므로 육각수이다. ■

예제 2

81과 112는 칠각수인가? 그렇다면 몇 번째 칠각수인가?

풀이 81이 칠각수인가를 조사하면

$$81 \cdot 8(7-2)+(7-4)^2 = 3249 = 57^2$$

이므로 칠각수이다. 몇 번째인가를 확인하려면, $\dfrac{57+(7-4)}{2(7-2)} = \dfrac{60}{10} = 6$이므로, 6번째이다.

112가 칠각수인가를 조사하면

$$112 \cdot 8(7-2) + (7-4)^2 = 4480 + 9 = 4489 = 67^2$$

이므로 칠각수이다. 그리고

$$\frac{67+(7-4)}{2(7-2)} = \frac{70}{2(5)} = 7\text{번째이다.}$$

정리 2 삼각수 판정법

어떤 수가 삼각수가 아닌가를 알아보는 간단하고 확실한 방법이 있는데, 이 방법으로는 어떤 수가 삼각수인가를 판정하지 못한다.

(1) 각 자릿수를 더하여 한 자리로 될 때까지 만든 다음 그 수가 2, 4, 5, 7, 8이면 삼각수가 반드시 아니지만, 그 이외의 경우는 삼각수가 될 수도 있고 안 될 수도 있다.

(2) 삼각수의 마지막 자릿수는 2, 4, 7, 9가 결코 나타날 수 없다.

예제 3

35, 36, 37, 38, 39, 40, 41에서 삼각수가 아닌 수를 구하여라.

풀이 35는 $3+5=8$이므로 삼각수가 아니다.

36은 $3+6=9$이므로 판정이 안 된다.

37은 $3+7=10$이고 $1+0=1$이므로 판정이 안 된다.

38은 $3+8=11$이고 $1+1=2$이므로 삼각수가 아니다.

39는 $3+9=12$이고 $1+2=3$이므로 판정이 안 된다.

40은 $4+0=4$이므로 삼각수가 아니다.

41은 $4+1=5$이므로 삼각수가 아니다.

예제 4

삼각수의 역수의 합을 구하여라.

풀이 T_n을 n번째 삼각수라고 하면 $T_n = \dfrac{n(n+1)}{2}$ 이다. 그러므로

$$\sum_{n=1}^{\infty} \frac{1}{T_n} = \sum_{n=1}^{\infty} \frac{2}{n(n+1)} = \sum_{n=1}^{\infty} 2\left(\frac{1}{n} - \frac{1}{n+1}\right) = 2 .$$ ■

9.2 담배꽁초 말아 피우기

담배꽁초 3개만 있으면 담배 하나를 만들어 피우는 재주를 가진 사람이 있다. 예를 들어 이 사람은 5개의 담배가 있으면 먼저 5번 담배를 피우고 이때 나오는 꽁초 5개 중 3개로 1번 더 피우고 여기서 나온 꽁초와 앞서나온 2개의 꽁초로 1번 더 피워서 모두 7번의 담배를 피울 수 있다.

예제 1

어떤 사람이 n개의 담배를 가지고 있을 때 모두 몇 번 담배를 피울 수 있는가를 나타내는 차분방정식을 구하여라.

풀이 n개의 담배로 피울 수 있는 횟수를 $f(n)$이라 하면

n이 홀수이면 $2k-1=n$인 k를 구한다. $f(n)=f(2k-1)=3k-2$

n이 짝수이면 $2k=n$인 k를 구한다. $f(n)=f(2k)=3k-1$. ■

예제 2

어떤 사람이 100번 담배를 피우기 위해서는 처음 몇 개의 담배가 있어야 하는가?

풀이 $100=3(34)-2$이므로 $k=34$이다. 따라서 $2k-1=67$(개)이다. ■

예제 3

어떤 사람이 10개의 담배꽁초를 모았다. 그는 몇 번 담배를 피울 수 있겠는가?

풀이 경우에 따라 4번 피울 수 있거나 아니면 5번 피울 수 있다. 꽁초가 총 10개이므로 이 중 9개로 3번 피울 수 있고 여기서 3개의 꽁초가 나오며, 그것으로 1번 피우면 꽁초

1개가 나온다. 그런데 처음에 꽁초 9개를 사용했기에 꽁초가 1개가 남아 있다. 따라서 4번 담배를 피우고 꽁초 2개가 남아 있다. 그러나 이 경우, 꽁초 2개가 있는 상태에서 친구에게 꽁초 하나를 빌려 담배를 1번 더 피운 다음 남은 꽁초는 친구에게 돌려준다면 5번을 피울 수도 있게 된다. ■

이 문제의 경우 꽁초 2개가 있으면 1번 담배를 피울 수 있으므로 단순히 $\frac{10}{2}$번 피울 수 있다고 생각할 수 있다. 이 문제의 다른 형태로 빈병 3개를 가져가면 같은 병음료 1개와 교환해주는 경우에도 적용할 수 있다.

9.3 악수문제

다음과 같은 악수문제를 생각하자.

예제 1

A씨 집에서 파티를 열었는데 다른 세 쌍의 부부가 초대받았다. 파티에서 이들은 다음과 같은 규칙으로 서로 악수를 한다고 한다.

(1) 자기 자신과는 악수하지 않는다.

(2) 자신의 배우자와는 악수를 하지 않는다.

(3) 같은 사람과는 두 번 이상 악수를 하지 않는다.

파티가 끝날 무렵 A씨는 아내를 포함한 다른 사람에게 악수를 몇 번했는지 물어보았더니 그들 7명이 다 다른 답이었다. 그렇다면 A씨는 몇 번 악수를 했으며, A씨 부인은 몇 번 악수하였는지 설명하여라.

풀이 A씨 부부를 A1, A2라 하고 초대된 나머지 부부를 각각 B1과 B2, C1과 C2, D1과 D2라 하자. (여기서 편의상 부부 중에 1은 남편을 2는 부인을 나타낸다고 하자.) 파티에 참석한 사람이 모두 8명이고 자신과 자신의 배우자와는 악수를 하지 않는다고 하였으므로 7번 이상 악수할 수는 없다. 그러므로 대답에서 나온 악수한 횟수는 0, 1, 2, 3, 4, 5, 6 중 하나가 된다.

A2가 6번 악수했다면 A씨 부부가 아닌 다른 한 사람이 0번 악수해야 한다. 그렇지만 A2가 6번 악수했다는 것은 자기 배우자 A1을 제외하고 모든 사람과 악수했다는 의미이므

로 모순이 된다. 그러므로 6번 악수한 사람은 A2가 될 수 없다.

따라서 6번 악수한 사람을 A2가 아닌 B1이라 가정하자. 그러면 B1이 자기 배우자를 제외한 A씨 부부, C씨 부부, D씨 부부와 모두 악수하였고 이들은 모두 적어도 1번씩 악수하였으므로 악수횟수가 0이 될 수 없다. 그러므로 B2의 악수횟수는 0번이다.

만일 A2가 5번 악수했다면 A1과 B2를 제외한 나머지 모든 사람 C1, C2, D1, D2와 악수한 것이다. 이들 네 사람 C1, C2, D1, D2는 A2와 B1과 악수했으므로 이 네 사람은 적어도 악수를 모두 2번 이상하게 된다. 그러면 1번 악수한 사람이 없게 되어 모순이 된다. 따라서 A2가 5번 악수할 수는 없다.

따라서 5번 악수한 사람을 A2가 아닌 C1이라 가정하자. 그러면 C1은 C2와 B2를 제외한 다섯 사람 즉 A1, A2, D1, D2, B1과 악수했다. 그런데 B1은 A1, A2, D1, D2와도 악수했으므로 A1, A2, D1과 D2는 적어도 2번 악수했다. 그러므로 악수를 1번 한 사람은 C2이다.

만일 A2가 4번 악수했다면 A1, B2, C2를 제외한 네 사람과 악수한 것이다. 그래서 D1과 D2는 B1, C1, A2와도 각각 악수하게 되어 적어도 3번씩 악수하였다. 그러므로 2번 악수한 사람이 없게 되어 모순이 된다. 따라서 A2는 4번 악수할 수 없게 된다.

따라서 4번 악수한 사람을 D1이라고 가정하자. 그러면 A2는 B1, C1, D1과 악수하였으므로 꼭 두 번 악수한 사람은 D2가 되어야 한다.

마지막으로 3번 악수한 사람이 A2이다. 따라서 A씨 부부는 3번씩, B씨 부부가 6번과 0번, C씨 부부가 5번과 1번, D씨 부부가 4번과 2번씩 악수한 것이 된다. ■

예제 2

위 악수문제에서 E씨 집에서 열린 파티에 네 쌍의 부부가 초대되었을 때, E씨를 제외한 나머지 9명이 악수한 횟수가 모두 다르다고 하면 E씨의 부인은 몇 번 악수를 하였는가? 그리고 이것을 일반화시킬 수 있음을 보여라.

풀이 자기 자신과 자신의 배우자와는 악수하지 않으므로, 한 사람이 최대 8명과 악수할 수 있게 된다. 편의상 여기서 A1과 A2, B1과 B2, ⋯ , E1과 E2를 한 쌍의 부부 중에서 1은 남편, 2는 부인을 각각 나타내기로 하자. 다음 표에 나타낸 것과 같이 결과를 세어보면 0, 1, 2, 3, 4, 4, 5, 6, 7, 8번을 악수한 사람이 있게 된다. 1번도 안 한 사람부터 8번 모두 악수한 사람이 있다고 했으므로 E2는 2번 중복되어 있는 4번 악수를 한 사람이 된다.

	A2	B2	C2	D2	E2	A1	B1	C1	D1	E1	악수한 횟수
A1		O	O	O	O		O	O	O	O	8번
B1	X		O	O	O	O		O	O	O	7번
C1	X	X		O	O	O	O		O	O	6번
D1	X	X	X		O	O	O	O		O	5번
E1	X	X	X	X		O	O	O	O		4번
A2		X	X	X	X		X	X	X	X	
B2	X		X	X	X	O		X	X	X	1번
C2	X	X		X	X	O	O		X	X	2번
D2	X	X	X		X	O	O	O		X	3번
E2	X	X	X	X		O	O	O	O		4번

위 표를 다음과 같이 열 사람을 꼭짓점으로 하고, 악수를 하였을 경우에는 변으로 연결한 그래프로 나타내면 쉽게 이해가 된다.

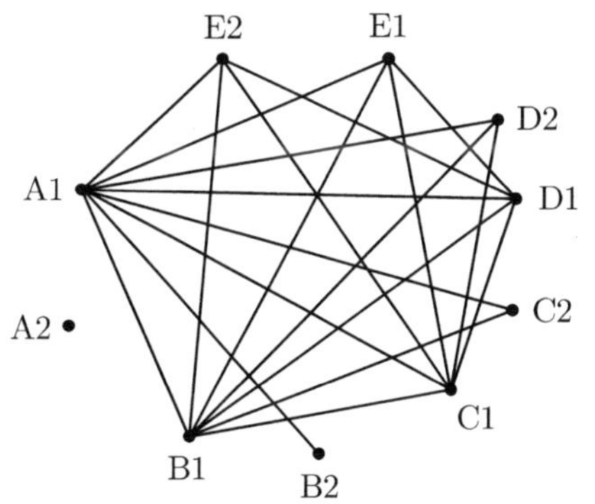

9.4 귀납법과 잃어버린 영역

원의 원주상에 n개의 점을 잡아서, 그 점들을 선분으로 모두 연결하면 그 선분의 개수는 $\dfrac{(n-1)n}{2}$ 이 되는 것은 잘 알려진 사실이다. 그러면 이때 “이 선분들이 만드는 영역의 최대의 개수를 구하여라”라는 문제를 생각하자. 다음 그림과 같이 처음 5개에서 귀납적으로 어떤 규칙이 있어서 결과를 이끌어낼 수 있을 것 같다. 최대의 개수를 구하기 위해서는 어느 3개의 선분도 원의 내부에서는 한 점에서 만나지 않도록 그려주면 된다. 여기서 n을 원주상의 점의 수라 하고 A_n을 이때 만들어지는 영역의 개수라 하면

$n=1$	$n=2$	$n=3$	$n=4$	$n=5$
$A_1=1$	$A_2=2$	$A_3=4$	$A_4=8$	$A_5=16$

여기에서 어떤 규칙이 있는 것 같다. 그래서 $n=6$일 때는 $A_6=32$가 되고, ⋯ . 따라서 $A_n=2^{n-1}$이라고 귀납적으로 결론을 내릴 수 있을 것 같다. 그러나 $n=6$일 때를 그려서 영역의 개수를 세어 보면 31개가 나온다.

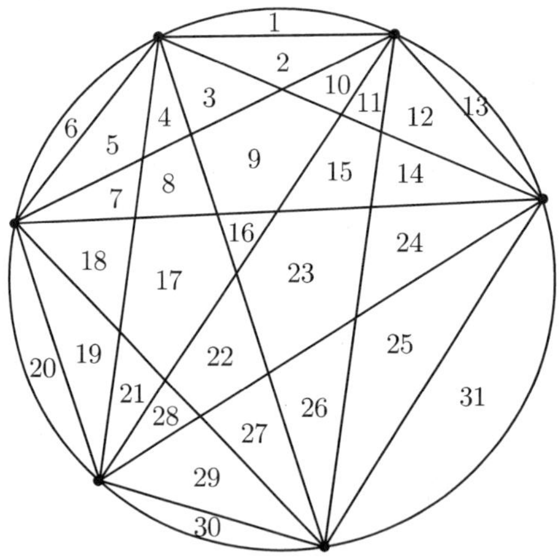

또 $n=7$일 때는 64보다 적게 나온다. 이 사실은 적은 데이터를 이용하여 귀납적으로 결과를 얻으려 할 경우 잘못된 결과를 얻을 수 있다는 것을 보여준다. 이 문제는 〈Mathematics Teacher〉라는 정기간행물에서 상당히 자주 나왔던 문제(1971년 2월

호, 1972년 3월호, 1973년 1월호 등)로 귀납법을 잘못 이용하면 상당히 위험할 수 있다는 사실을 일깨워 주는 예가 된다.

이 문제를 주의 깊게 살펴보면 우리가 영역 개수에만 관심을 두었지, 두 선이 만날 때 영역의 개수가 어떻게 증가하는가에 대해 생각하지 않았기 때문에 일어난 것이라고 생각할 수 있다.

영역의 개수를 증가시키는 것은 원주상의 n개의 점들을 연결한 선분들이 원 안에서 만나 교점을 만들기 때문이다. 먼저 이 교점의 개수가 n에 따라 어떻게 변화하는가를 알아보자. 내부 교점은 $n \geq 4$일 때부터 나타나므로 p_n을 n개의 원주상의 점을 연결하였을 때 만들어지는 내부 교점이라 하면

$n = 4$	$n = 5$	$n = 6$
$p_4 = 1$	$p_5 = 5$	$p_6 = 15$

에서 $\binom{n}{4}$를 얻을 수 있다. 〈Mathematics Teacher(1971년 2월호)〉에서는 이렇게 구하지 않고 직접적인 방법을 이용했다. 그러면

$$A_n = A_{n-1} + (n-1) + \binom{n}{4} - \binom{n-1}{4}$$

$$\text{또는 } A_n = A_{n-1} + \sum_{m=1}^{n-1} [(m-1)(n-m-1)+1]$$

이 된다. 그 이유는 $n-1$개의 점에 한 점을 더 더할 경우의 교점의 증가는 $\binom{n}{4} - \binom{n-1}{4}$이고 여기에 새로 첨가된 점에서 각 점으로 연결했을 경우 $n-1$개의 영역이 더 생기기 때문이다. 따라서 이 A_n과 초깃값

$$A_1 = 1, \quad A_2 = 2, \quad A_3 = 4, \quad A_4 = 8$$

을 이용한 차분방정식을 풀면 된다. 그러면

$$A_n = A_{n-1} + (n-1) + \binom{n}{4} - \binom{n-1}{4}$$

에서

$$A_n - A_{n-1} = (n-1) + \binom{n}{4} - \binom{n-1}{4}$$
$$= \frac{(n-1)(n^2 - 5n + 12)}{6}$$
$$= \frac{n^3 - 6n^2 + 17n - 12}{6}$$

혹은 $n = 1$ 또는 2부터 차례로 대입하고 $\sum_{n=1}^{\infty} n^k$ $(k = 0,\ 1,\ 2,\ 3)$의 관계식(예를 들면 $\sum_{n=1}^{\infty} n = \frac{n(n+1)}{2}$, $\sum_{n=1}^{\infty} n^2 = \frac{n(n+1)(2n+1)}{6}$ 등)을 이용하여 구할 수 있다. 이렇게 하면

$$A_n = \frac{n^4 - 6n^3 + 23n^2 - 18n + 24}{24}$$

즉

$$A_n = \frac{n}{24}(n-1)(n^2 - 5n + 18) + 1$$

을 얻을 수 있다.

이 일반항을 파스칼 삼각형을 이용하여 구할 수 있는 방법이 알려졌다. A_n은 n번째 행의 처음 5개의 숫자의 합과 같다는 사실이다.

파스칼 삼각형	
1	$A_1 = 1$
1 1	$A_2 = 1 + 1$
1 2 1	$A_3 = 1 + 2 + 1$
1 3 3 1	$A_4 = 1 + 3 + 3 + 1$
1 4 6 4 1	$A_5 = 1 + 4 + 6 + 4 + 1$
1 5 10 10 5 (1)	$A_6 = 1 + 5 + 10 + 10 + 5$
1 6 15 20 15 (6 1)	$A_7 = 1 + 6 + 15 + 20 + 15$
1 7 21 35 35 (21 7 1)	$A_8 = 1 + 7 + 21 + 35 + 35$
… … … … … … … … … … … … … …	… … … … … …

위의 각 행의 처음 5개의 숫자의 합이 위에서 구한 A_n이 되는지를 확인하여라. 이 일반항 A_n을 구하는 다른 여러 가지 재미있는 방법도 계속 소개되고 있다.

9.5 Ramsey 성질

비둘기집 원리의 응용으로 러셀(Russell, 1872~1970)의 제자인 프랭크 램지(Frank Plumpton Ramsey, 1903~1930)에 의한 Ramsey 성질을 알아보기로 한다.

정의 1

2개의 자연수 k와 l이 있을 때, 어떤 자연수 r이 (k, l)-Ramsey 성질을 갖는다는 것은, 임의의 r명의 모임에서 서로 아는 k명이 있거나 아니면 서로 모르는 l명이 있는 경우를 말한다.

예제 1

6명이 모인 모임에는 모임 전에 이미 서로 알고 있던 사람(friend)이 3명이 있든지 아니면 서로 알지 못했던 사람(stranger)이 3명이 있다.

풀이 편의상 그래프에서 꼭짓점은 사람을 나타내고, 실선은 서로 이미 알고 있었던 사람의 관계를, 점선은 모임 전에는 알지 못했던 사람의 관계를 나타낸다고 하자. 6명 중에 어떤 사람을 a라 하자. 그러면 a와 친구인 사람의 집합을 F, a와 친구가 아닌 사람의 집합을 S라 하자. 그러면 나머지 5명은 F와 S 중에 반드시 어느 한 곳에 속하게 된다. 비둘기집 원리에 의해 F와 S 중 어느 하나는 $\left\lfloor \frac{5-1}{2} \right\rfloor + 1 = 3$명 이상을 가진다. 그러면

경우 1 : 3명(이상)이 F에 속할 경우

이 3명을 b, c, d라 하면 b, c, d는 a의 친구이므로

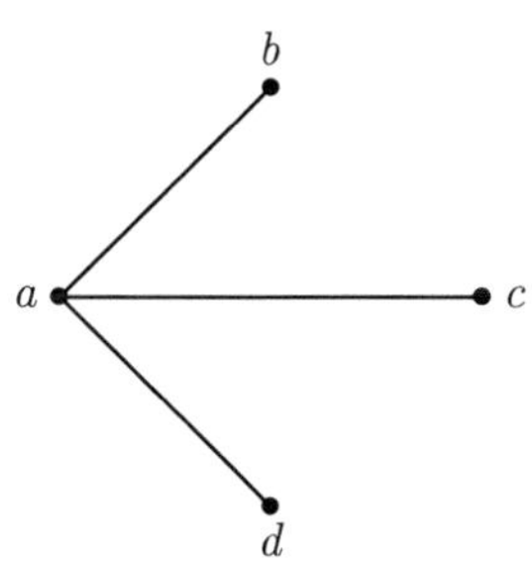

그러면 b, c, d 중에는 서로 친구가 아니거나. 친구인 한 쌍이 있게 된다.

(1) 서로 친구가 아닌 경우 : 서로 모르는 3명 b, c, d가 있다.

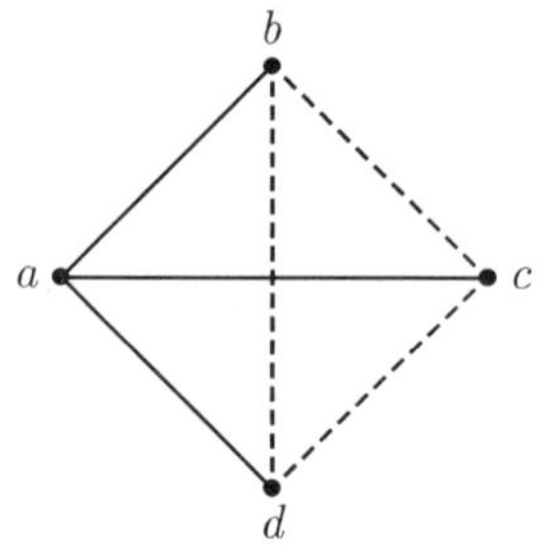

(2) 친구가 한 쌍이 있는 경우 : 다음 3가지 경우 모두 실선의 삼각형이 존재하므로 3명이 아는 경우가 된다.

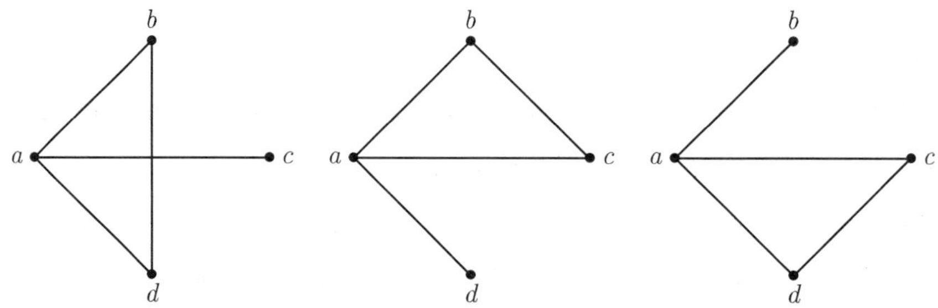

경우 2 : 3명(이상)이 S에 속할 경우

3명을 b, c, d라 하면 b, c, d는 a와 모르는 사이이다.

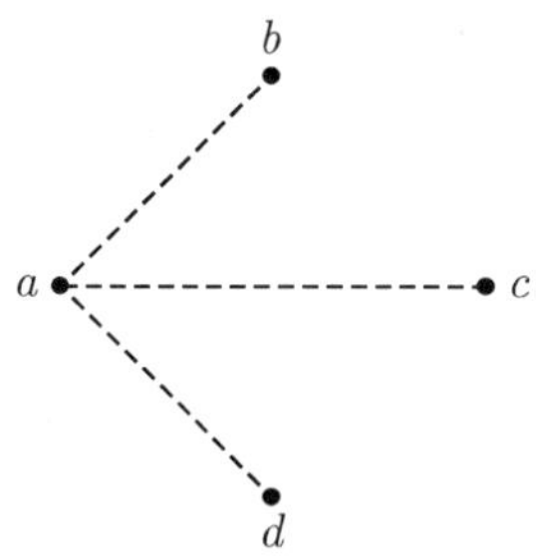

그러면 b, c, d 중에는 친구가 아닌 한 쌍이 있거나. 서로 친구인 경우이다.

(1) 친구가 아닌 한 쌍이 있는 경우 : 다음 3가지 모두 점선 삼각형이 존재한다.

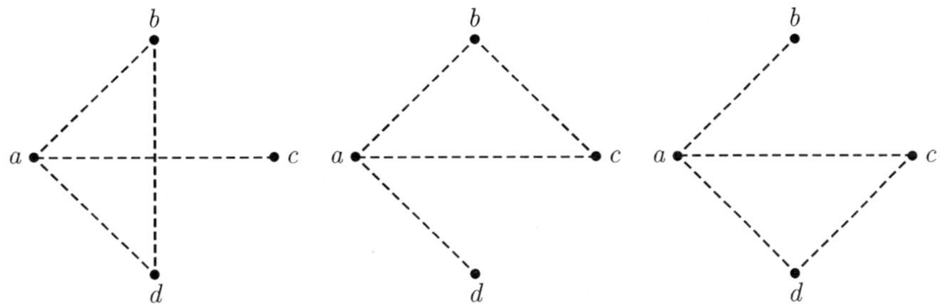

(2) 서로 친구인 경우 : b, c, d가 서로 친구이므로 서로 아는 3명이 있다.

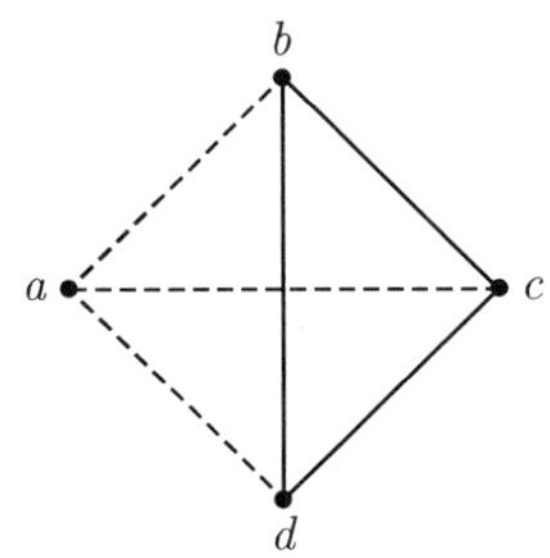

이 문제를 일반화시킨 Ramsey 문제를 생각하자.

(1) n명이 있으면 그 중 p명이 서로 알거나 또는 q명이 서로 모르는 사건이 반드시 발생한다. (p, $q \geq 2$)

(2) p, q의 값이 주어지면 p명이 서로 알거나 q명이 서로 전혀 모르는 사건이 반드시 발생하기 위한 최소의 n값이 존재한다.

위 (1)과 (2)는 참으로 Ramsey에 의해 증명되었다. 이 n, p, q의 관계를 $n = R(p, q)$로 나타내면 다음이 성립한다.

(1) $p \geq 2$, $q \geq 2$ 에 대해서 $R(p, q) \leq R(p, q-1) + R(p-1, q)$.

(2) (1)에 의해 $R(p, q) \leq \binom{p+q-2}{p-1}$.

예제 2

(1) $R(p,\ q) = R(q,\ p)$

(2) $R(2,\ q) = q$, $R(1,\ q) = 1$

(3) $R(p,\ q) \geq (p-1)(q-1)$

풀이 (1) $n = R(p,\ q)$라 하자. n명 중 p명이 서로 알고 있다고 하면 여기서 서로 아는 관계를 서로 모르는 관계로, 서로 모르는 관계를 서로 아는 관계로 바꾸면 p명이 서로 모르는 사건이 되고, 똑같이 q명이 서로 모를 때 서로 아는 관계를 서로 모르는 관계로, 모르는 관계를 서로 아는 관계로 바꾸면 q명이 서로 아는 사건이 된다. 그러므로 $n = R(q,\ p)$이다.

(2) q명이 있을 때 2명이 서로 알거나 또는 q명이 서로 전혀 모르는 사건이 반드시 발생한다.

(3) $p-1$명으로 이루어진 그룹이 $q-1$개 있고 각각의 그룹 내의 사람은 서로 전부 알고 있고 다른 그룹의 사람은 서로 전혀 모른다고 가정하자. 이 전체 사람들 중 임의의 p명이 서로 알고 있지는 않다. 왜냐하면 $p-1$명만 완전히 아는 그룹들이 모인 것이기 때문이다. 그리고 q명이 서로 완전히 모르지는 않다. 그 이유는 q명 중 적어도 2명은 같은 그룹 안에 있고 같은 그룹 안의 모든 사람은 서로 전부 알고 있는 사이이다. 따라서 q명은 서로 아는 사이가 된다. 이 전체의 사람 수는 $(p-1)(q-1)$이고 $(p-1)(q-1)$명이 모여 있을 때 p명이 서로 알거나 q명이 모르는 사건이 생기지 않으므로 사람이 더 많아야 한다. ■

참고 임의의 p, q가 주어질 때 n의 값을 찾아내는 일반적인 방법은 미해결 문제이다. 현재 상계(upper bound)나 하계(lower bound) 값은 알려져 있지만 관계식을 찾지는 못하고 있다. 참고로 알려진 p, q, $R(p,\ q)$에 대하여 살펴보면 다음 표와 같다.

p	q	$R(p,\ q)$
3	3	6
3	4	9
3	5	14
3	6	18
3	7	23
3	8	28
3	9	36
4	4	18
4	5	25

참고 예를 들어 (1) 그 중 3명이 서로서로 아는 사람들이다. (2) 그 중 4명이 완전히 서로들 모르는 사람들이다. 이런 경우 이 둘 중의 하나가 반드시 일어나는 것을 보장하려면 최소한 몇 명을 초대해야 하는가와 같은 party problem들의 답을 Ramsey number라고 하며 기호로는 $R(p, q)$와 같이 쓴다. 따라서 위 표에서 $R(3, 4) = 9$이다. 이것을 그래프 이론의 용어를 쓴다면 "$R(3, 4)$는 임의의 그래프에서 세 꼭짓점으로 이루어진 clique, 또는 네 꼭짓점으로 이루어진 independent set이 반드시 포함되기 위해 최소 몇 개의 꼭짓점으로 이루어진 그래프여야 하는가?"이다.

정리 1

모든 $k \geq 2$에 대해 $R(k, k) \geq 2^{\frac{k}{2}}$이다.

9.6 도미노로 체스판 덮기

일반적으로 $n \times n$개의 교대로 어두운 색이나 밝은 색, 또는 검은색과 하얀색으로 구성된 판을 **체커판**(checkerboard 또는 chequerboard)이라고 한다. **체스판**(Chess Board)은 체커판의 특수한 경우로 8×8인 경우를 주로 말한다. 이때 하나의 작은 정사각형을 칸(cell)이라고 한다. 다음은 일반적인 체스판의 모습이다.

예제 1

(1) 체스판에 임의의 위치에 있는 검은색 사각형 하나와 임의의 위치에 있는 하얀색 사각형 하나를 제거하였을 경우 와 같은 1×2 도미노 모양으로 나머지를 모두 덮을 수 있는

가? 덮을 수 있다면 그와 같은 방법을 보여라. (그림 (a))

(2) 다음 2개의 체스판은 모두 같은 색을 가지는 2개의 칸(cell)을 제거하였을 경우이다. 이 경우 와 같은 1×2 도미노 모양으로 나머지를 모두 덮을 수 있는가? (그림 (b))

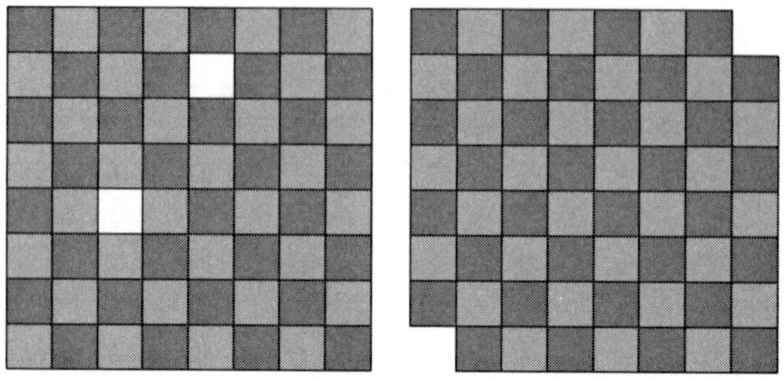

(a) (b)

풀이 (1) 이 체스판에 폭이 1이 되도록 위 도미노를 연결하여 놓는다고 가정하고 연속되는 경로를 만들면 다음과 같은 여러 가지가 나타날 수 있다. 이 중 어느 방법을 이용하여도 위 체스판을 덮을 수 있다.

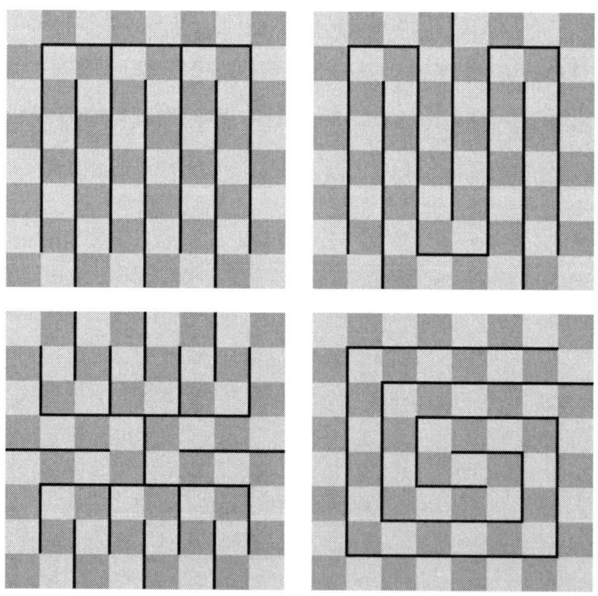

즉, 각각의 경우 임의의 밝은 색(또는 하얀색) 칸이 비거나 어두운 색(또는 검은색) 칸이 비더라도 나머지를 완전히 도미노를 이용하여 덮을 수 있음을 알 수 있다.

(2) 1× 2 도미노는 하얀색과 검은색 칸(cell)을 1개씩 가지고 있으므로 같은 색을 가지는 두 칸이 제거된 체스판을 모두 덮을 수 없다. ■

예제 2

체스판을 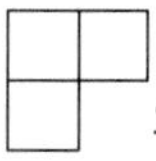 와 같은 도미노 모양으로 겹치지 않고 모두 덮을 수 있는가? 가능하다면 그 이유와 방법을 설명하여라.

풀이 위 모양을 시계 방향으로 90도씩 반복 회전하면 다음과 같은 4가지 모양을 얻을 수 있다.

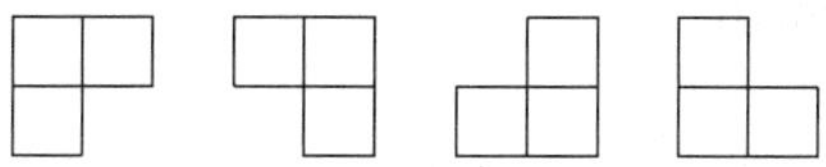

그러나 체스판의 칸(cell) 수는 64개이고, 작은 도형은 3개의 칸(cell)으로 이루어져 있으므로 나누어떨어지지 않기 때문에, 모두 덮는 것이 가능하지 않다. ■

예제 3

다음은 체스판에서 1칸(cell)을 제외한 63개의 칸(cell)으로 구성되어 있는 경우이다. 이 경우 위의 3칸(cell)으로 구성된 도형 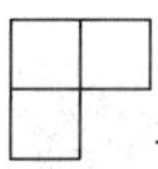 으로 포개지지 않고 모두 덮을 수 있을까?

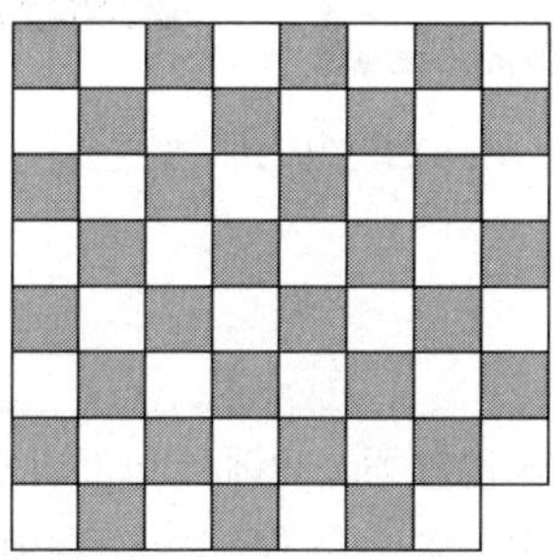

풀이 1칸이 제외됐으므로 전체 63칸이고, 3개의 칸으로 이루어진 경우, 63이 3으로 나누어지므로 가능할 수도 있다. 그러나 가능성을 증명하기 위해서는 수학적 귀납법을 사용한다. 먼저

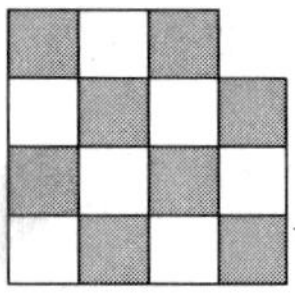를 생각하면 이것은 3개의 칸(cell)으로 덮을 수 있다. 왜냐하면

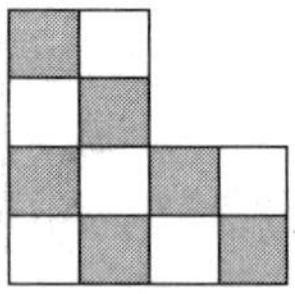는 3개의 칸(cell)으로 덮을 수 있기 때문이다. 수학적 귀납법으로 $2^n \times 2^n$이 이와 같은 칸(cell)으로 덮을 수 있으면 $2^{n-1} \times 2^{n-1}$도 덮을 수 있기 때문이다. ■

9.7 rook polynomial

룩(rook)은 체스에서 아래 왼쪽 그림과 같은 모양을 하고 있으며 간단히 아래 오른쪽 그림처럼 나타내기도 한다. rook은 장기에서 차(車)의 이동방법이 같다. 즉 전후좌우로 체스판 끝까지 장애되는 말이 없으면 한 번에 이동가능한 말(piece)이다.

rook의 모양과 그 표시

정의 1

n을 자연수라 할 때, C는 $n \times n$ 정사각형 체스판에서 m개의 정사각형으로 이루어진 부분이라고 하자. $0 \le k \le m$에 대해, 음이 아닌 정수 $r_k(C)$는 C 상에서 서로 공격을 가하거나 공격을 받지 않는 위치에 k개의 rook을 놓을 수 있는 방법의 수라고 하자. 그러면 C상에서 **rook polynomial** $R(x, C)$는

$$R(x, C) = r_0(C) + r_1(C)x + r_2(C)x^2 + r_3(C)x^3 + \cdots + r_m(C)x^m$$

로 나타낸다.

특히 C가 $m \times n$ 직사각형 체스판일 경우는 0부터 $\min(m, n)$개의 서로 공격을 가할 수 없는 위치에 rook(nonattacking rooks)을 배열하는 것이므로 rook polynomial은

$$R_{m,\,n}(x) = \sum_{k=0}^{\min(m,\,n)} r_k\, x^k$$

로 나타내기도 한다. 그리고 $I_n^{\alpha}(x)$를 associated Laguerre polynomial이라 하면 rook polynomial은 $R_{m,\,n}(x) = n!\, x^n\, I_n^{m-n}(-x^{-1})$로 나타낼 수도 있다.

예제 1

R_1일 때는

(1) 0개의 rook을 이용하여 배치할 경우 : 1가지

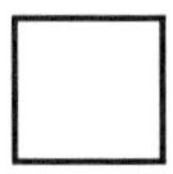

(2) 1개의 rook을 이용하여 배치할 경우 : 1가지

이므로 rook polynomial은 $R_1(x) = 1 + x$가 된다.

예제 2

R_2일 때는

(1) 0개의 rook을 이용하여 배치할 경우 : 1가지

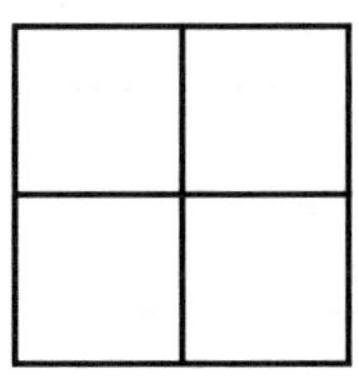

(2) 1개의 rook을 이용하여 배치할 경우 : 4가지

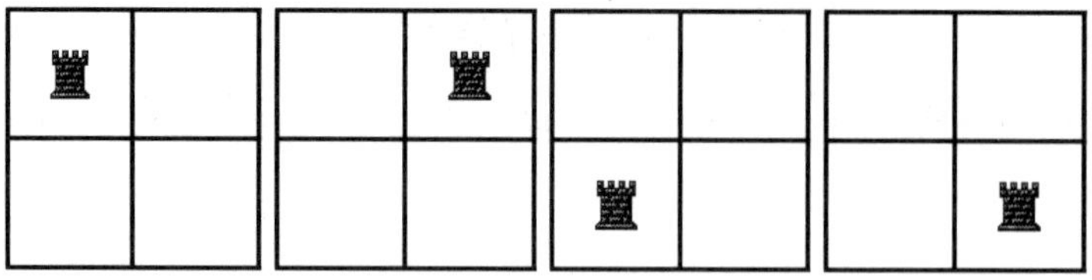

(3) 2개의 rook을 이용하여 배치할 경우 : 2가지

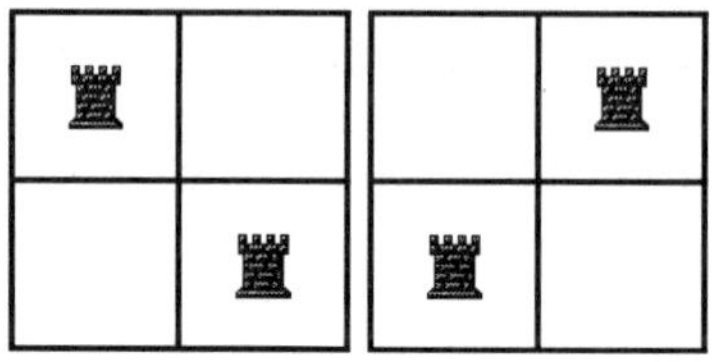

이므로 $R_2(x) = 1 + 4x + 2x^2$ 이다.

예제 3

$n \times n$이 정사각형 체스판에서 $R_n = R_{n,\,n}$이라 하면 같은 방법으로

$$R_1(x) = 1 + x$$

$$R_2(x) = 1 + 4x + 2x^2$$

$$R_3(x) = 1 + 9x + 18x^2 + 6x^3$$

$$R_4(x) = 1 + 16x + 72x^2 + 96x^3 + 24x^4$$

$$\cdots\cdots\cdots$$

예제 4

C가 다음과 같은 모양일 때, rook polynomial을 구하여라.

(1) 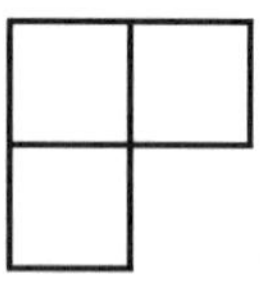

(2) 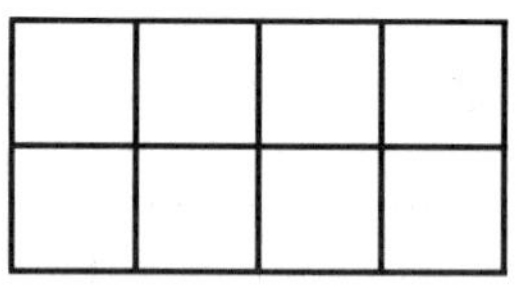

(3) 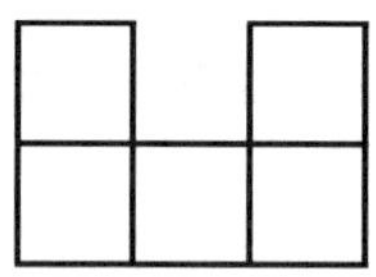

(4) 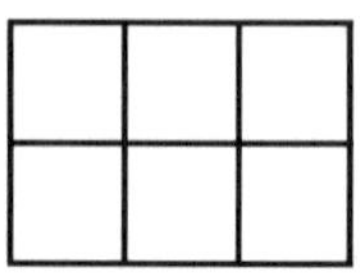

(5) 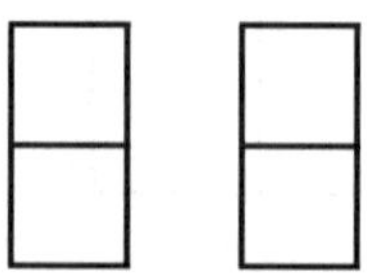

(6) 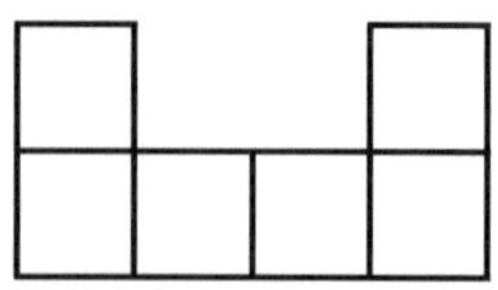

풀이 (1) rook polynomial은 $1+3x+x^2$ 이 된다.

(2) rook polynomial은 $1+8x+12x^2$ 이 된다.

(3) rook polynomial은 $1+5x+4x^2$ 이 된다.

(4) rook polynomial은 $1+6x+6x^2$ 이 된다.

(5) rook polynomial은 $1+4x+2x^2$ 이 된다.

(6) rook polynomial은 $1+6x+6x^2$ 이 된다. ■

정리 1

C가 C_1과 C_2의 2개의 부분으로 구성되어 있으며, C_1과 C_2는 어느 행 또는 열을 공유하고 있지 않는다고 한다. 그러면 $R(x, C) = R(x, C_1)R(x, C_2)$가 된다.

예제 5

다음에서 rook polynomial을 구하여라.

(1) 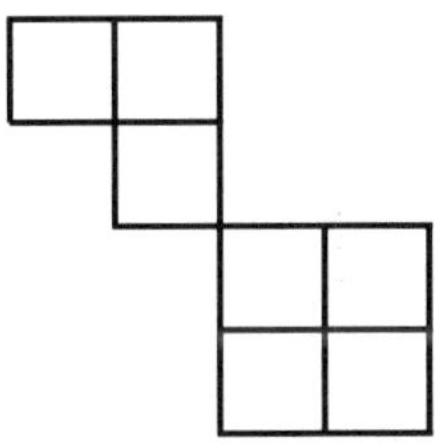 (2) 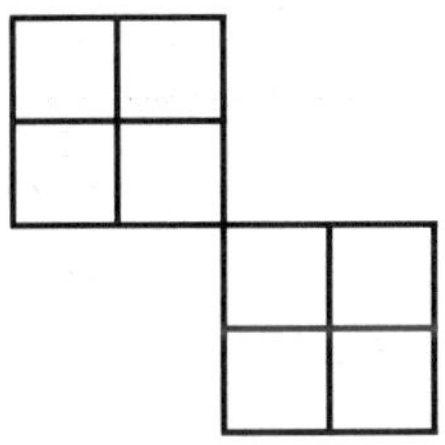

풀이 (1) rook polynomial은 $1+7x+15x^2+10x^3+2x^4$ 이 된다.

(2) rook polynomial은 $(1+4x+2x^2)^2$ 이 된다. ■

정리 2

주어진 C에 대해, s를 C 안의 한 정사각형이라 할 때, C_s를 C에서 s를 제거한 부분이라 하고, C_s^t를 C에서 s가 들어가는 행과 열을 제거한 부분이라 하면

$$R(x, C) = xR(x, c_s^t) + R(x, C_s)$$

가 성립한다.

예제 6

다음과 같은 C일 때 rook polynomial을 구하기로 하자.

(1) 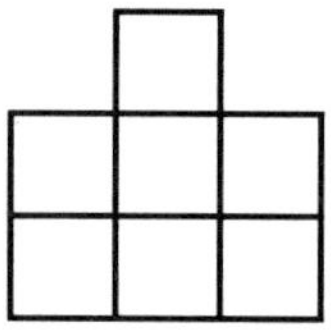 인 경우 s를 그림위에 나타내었을 때, 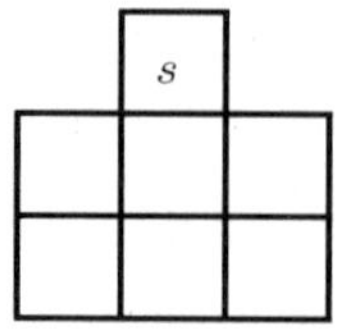

C_s 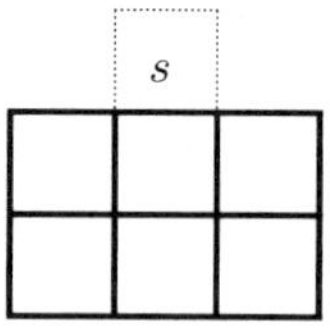 이고, C_s^t 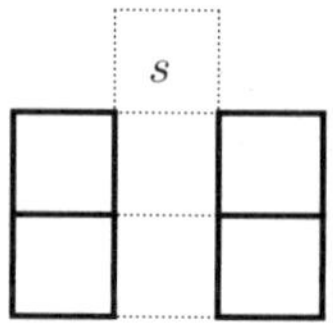 이므로

$R(x,\ C_s) = 1 + 6x + 6x^2$, $R(x,\ C_s^t) = 1 + 4x + 2x^2$ 에서

$$\begin{aligned} R(x,\ C) &= xR(x,\ c_s^t) + R(x,\ C_s) \\ &= x(1 + 4x + 2x^2) + 1 + 6x + 6x^2 \\ &= 1 + 7x + 10x^2 + 2x^3 \end{aligned}$$

을 얻을 수 있다.

(2) 같은 방법으로

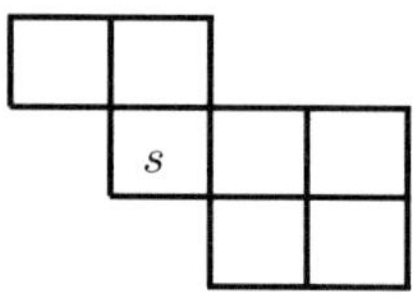 인 경우는 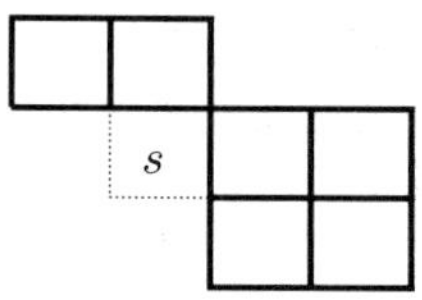 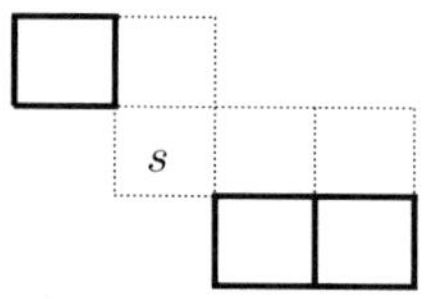

에 의해 $R(x,\ C_s^t) = 1 + 3x + 2x^2$,

$R(x,\ C_s) = (1 + 2x)(1 + 4x + 2x^2) = 1 + 6x + 10x^2 + 4x^3$ 에서

$$\begin{aligned} R(x,\ C) &= xR(x,\ c_s^t) + R(x,\ C_s) \\ &= x(1 + 3x + 2x^2) + 1 + 6x + 10x^2 + 4x^3 \\ &= 1 + 7x + 13x^2 + 6x^3 \end{aligned}$$

을 얻을 수 있다. ■

연습문제 9

1. n명이 모여 있을 때, 이들이 서로서로 악수를 하게 되면 그 악수의 총합은 $n-1$번째 삼각수가 됨을 보여라.

2. 71부터 80까지 자연수를 각각 최대 3개의 삼각수의 합으로 나타내어라.

3. 삼각수 수열에 대한 생성함수를 구하여라.

4. 삼각수이면서 동시에 사각수인 수는 1, 36, 1225, 41616, 1413721, … 등이 있다는 사실을 오일러가 1730년 이전에 이미 알았고, 그와 같은 수가 무수히 많이 있으며, 차분방정식으로

$$a_n = 34a_{n-1} - a_{n-2} + 2$$

로 주어진다고 하였다. 이 일반항을 구하여라.

5. 5050이 삼각수임을 보여라.

6. 6, 66, 666은 삼각수인가? 6666과 66666은 삼각수인가?

7. 다음이 성립함을 보여라.

$2^4 = T_1 + T_5$

$3^4 = T_5 + T_{11}$

$4^4 = T_{11} + T_{19}$

$5^4 = T_{19} + T_{29}$

$6^4 = T_{29} + T_{41}$

$7^4 = T_{41} + T_{55}$

....

8. ${T_n}^2 - {T_{n-1}}^2 = n^3$ 이 됨을 보여라.

9. $T_n + T_{n-1} = n^2 = (T_n - T_{n-1})^2$ 임을 보여라.

10. 모든 육각수는 삼각수가 됨을 보여라. 그리고 삼각수에서 하나 건너 하나는 육각수가 됨을 보여라. 즉, T_n에서 n이 홀수이면 육각수가 된다.

11. T_r 을 r번째 삼각수라고 할 때 다음을 보여라.

(1) $T_{r-1} + T_r = r^2$

(2) $T_{r-1}{}^2 + T_r{}^2 = T_{r^2}$

12. $P_n = \frac{1}{3} T_{3n-1}$, 즉 모든 오각수는 삼각수 값의 $\frac{1}{3}$이 됨을 보여라.

13. 임의의 자연수 k가 오각수가 되는 것을 쉽게 확인하는 방법은 $n = \frac{\sqrt{24k+1}+1}{6}$ 이 자연수가 될 때이다. n이 자연수가 아니면 k가 오각수가 되지 않음을 보여라.

14. $A_n - A_{n-1} = \frac{n^3 - 6n^2 + 17n - 12}{6}$, $A_1 = 1$, $A_2 = 2$을 풀이하여라.

15. $R(3, 4) = 9$가 됨을 보여라.

16. $R(3, 5) = 14$가 됨을 보여라.

17. (과일장수의 과일 쌓기) 가로로 L줄, 세로로 W줄을 맨 밑으로 하여 한 단계씩 올라갈 때마다 가로와 세로가 1씩 줄어드는 쌓기를 하여 제일 위 단에는 한 줄로 쌓아올린 사과는 전부 몇 개인가? 편의상 $L \geq W$라고 한다.

연습문제 9 – 문제풀이

3. 풀이 $f(x) = \dfrac{x}{(1-x)^3} = x + 3x^2 + 6x^3 + 10x^4 + 15x^5 + \cdots$.

4. 풀이 $a_n = \dfrac{(17+12\sqrt{2})^n + (17-12\sqrt{2})^n - 2}{32}$

6. 답 $6 = T_3$, $66 = T_{11}$, $666 = 1+2+3+\cdots+36 = \sum_{i=1}^{36} i$ 이므로 $666 = T_{36}$ 이다.

17. 풀이 $\dfrac{W(W+1)(2W+1)}{6} + (L-W)\left(W^2 - \dfrac{W(W-1)}{2}\right)$

PART 02

그래프 이론

10장 그래프

이 장에서는 그래프의 정의에 대하여 언급하고 기본적인 용어에 대하여 학습하기로 한다. 여기서 말하는 그래프는 우리가 중고등학교에서 학습한 $y = x^2$과 같은 함수의 그래프와는 근본적으로 다르다는 사실을 미리 언급한다. 그리고 그래프에서 사용하는 용어는 학자에 따라 약간 차이가 있으며 수학의 다른 분야와 마찬가지로 그래프 이론에는 아직도 추측이나 미해결문제들이 많이 있다.

그래프 이론은 1736년 당시 East Prussia에 있는 Königsberg [왕의 산(King mountain)이란 뜻] 시에 있던 7개의 다리문제로부터 시작된다. Kneiphof 섬과 Pregel 강을 두고 연결된 7개의 다리를 어느 지점에서 출발하여 모든 다리를 다 거쳐서 원래 위치로 돌아올 수 있는가 하는 문제였다. 이 문제가 당시 유명한 수학자 레온하르트 오일러(Leonhard Euler, 1707~1783)에 의해서 해결["Solutio problematic ad geometriam situs pertinenis"(The solution to a problem pertinent to the geometry of places), 1736년]되었다는 이야기는 너무 잘 알려져 있으며, 이것이 그래프 이론의 출발점이라는 데 이의를 다는 사람은 없다.

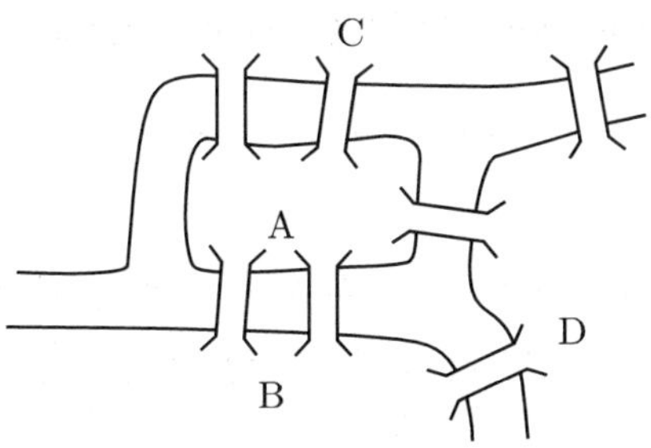

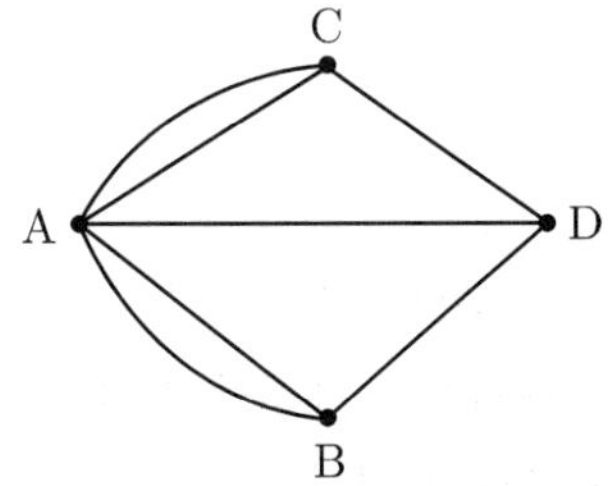

현재 러시아의 영토로, 폴란드와 발트 3국 사이에 위치한 Königsberg는 Kaliningrad로 이름이 바뀌었고, 군사적 요충지로 2차 세계대전 때 파괴가 되었으며 현재는 섬 주위만 보면 4개의 다리로 운영되고 있다.

정의 1

그래프(graph) G는 V를 **꼭짓점**(vertex, 또는 점, 정점)의 집합이라 하고, E를 **변**(edge, 또는 간선, 모서리)의 집합이라 하면, $G=(V, E)$ 또는 간단히 G로 나타낸다.

$G=(V, E)$에서 집합 V의 원소 개수를 $|V|=v$, 집합 E의 원소의 개수를 $|E|=e$로 나타낸다.

$a, b \in V$일 때 a와 b를 연결한 변을 $\{a, b\}$로 표시하고 $\{a, b\} \in E$이면 꼭짓점 a와 b는 인접한다고 한다.

어떤 꼭짓점에서 그 꼭짓점 자신으로 연결된 변을 **고리**(loop)라고 하며, 같은 한 쌍의 꼭짓점에 2개 이상의 변이 연결되었을 때 **다중변**(multiple edge)을 가진다고 하며 이런 그래프를 **다중그래프**(multipraph)라고 한다.

예제 1

정의 2

단순 그래프(simple graph)는 그래프 G가 고리(loop)와 다중변(multiple edge)을 가지지 않을 경우이다.

참고 Frank Harary 교수는 단순 그래프만을 그래프라고 하였다. 그러나 단순 그래프가 아닌 경우에도 그래프에서 나타나는 성질을 만족하는 경우가 있으므로 이들도 그래프로 인정하기로 한다.

예제 2

다음 그래프를 생각하자.

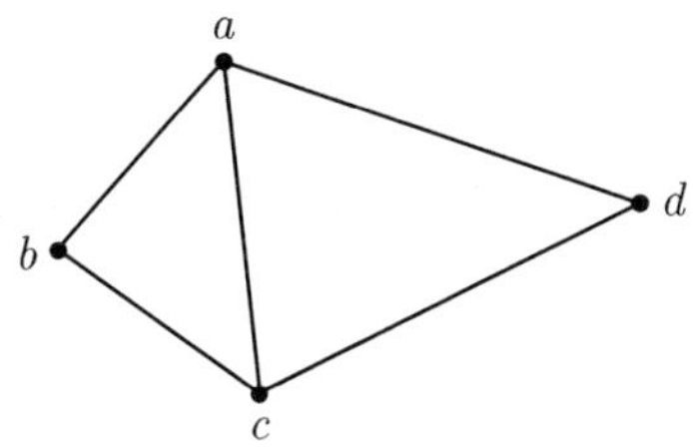

여기서 $V=\{a, b, c, d\}$, $E=\{\{a, b\}, \{b, c\}, \{a, c\}, \{a, d\}, \{c, d\}\}$이며, 이 그래프는 단순 그래프이다.

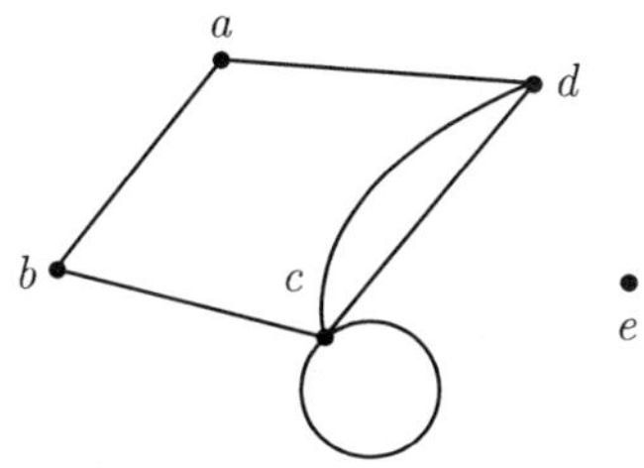

c는 고리(loop)를 가지고 있다. c와 d는 다중변(multiple edge)을 가지고 있다. e는 연결된 변을 가지고 있지 않다.

예제 2에서 꼭짓점 e를 고립된 꼭짓점(isolated vertex)이라고 한다.

정의 3 **방향 그래프와 무방향 그래프**

그래프에서 두 점을 잇는 변이 방향을 갖는 변으로 구성된 그래프를 **방향 그래프**(directed graph 또는 digraph)라고 한다. 그리고 변이 방향을 가지지 않는 경우를 **무방향 그래프**(undirected graph)라고 한다.

예제 3

꼭짓점 a에서 꼭짓점 b로 가는 방향 그래프

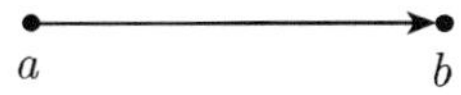

는 $E \subseteq V \times V$, $(a, b) \in E$와 같이 소괄호 ( )를 사용하여 나타낸다. 이와 달리 무방향일 때는 $\{a, b\}$와 같이 중괄호 { }를 사용하여 나타낸다. ■

정의 4

방향 그래프 G의 **기초가 되는 그래프**(underlying graph of digraph G)는 방향 그래프(digraph)에서 모든 변의 방향을 무시한 그래프를 말한다.

예제 4

아래 왼쪽 그래프의 underlying graph가 오른쪽 그래프이다.

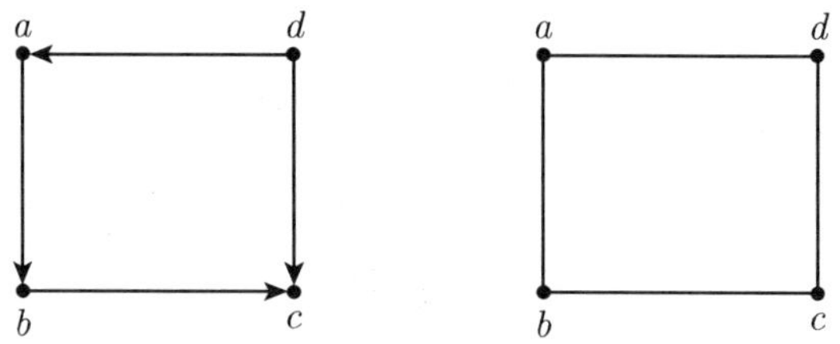

G underlying graph of G ■

예제 5

꼭짓점이 구별되지 않을 경우, 4개의 꼭짓점을 가지는 단순 그래프는 다음과 같이 11가지가 있다.

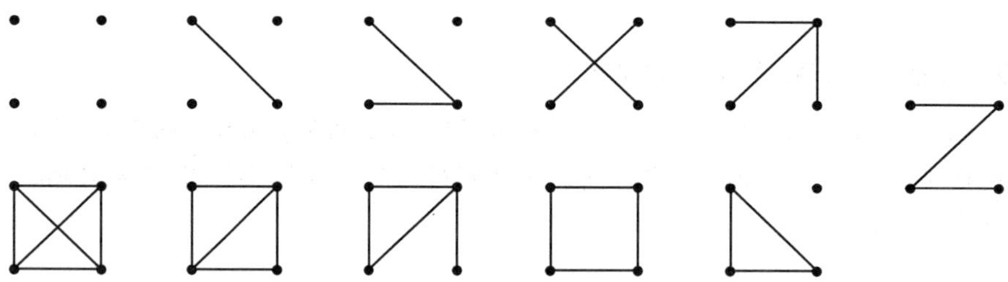

이 경우 꼭짓점이 구별이 된다면, 64가지의 단순 그래프가 있다. ■

일반적으로, $|V| = n$인 경우, 모든 가능한 변의 개수는 $\frac{n(n-1)}{2}$개이다. 따라서 이때 부분집합의 개수는 $2^{\frac{n(n-1)}{2}}$개이다.

정의 5

어떤 꼭짓점 $v \in V$에 연결된 변의 개수를 그 꼭짓점에서의 **차수**(degree)라 하고 $\deg(v)$로 나타낸다. 하나의 고리를 갖는 경우 그 꼭짓점의 차수는 2가 된다.

예제 6

다음 그래프에서 꼭짓점의 차수는 $\deg(a) = 2$, $\deg(b) = 3$, $\deg(c) = 2$, $\deg(d) = 5$이다.

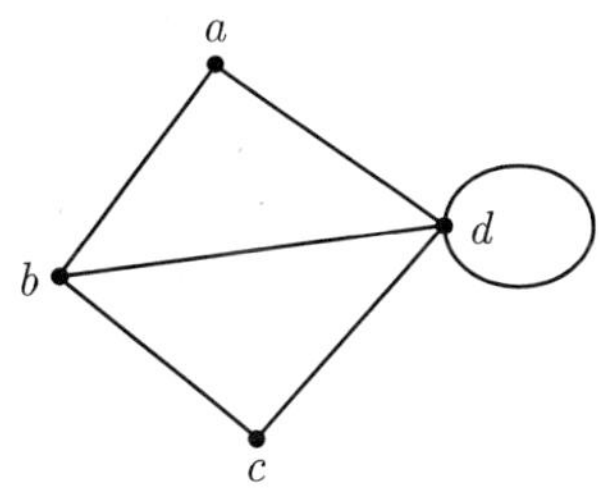

다음 정리는 단순하지만 그래프 이론에서 상당히 중요한 정리이다.

정리 1

$G = (V, E)$ 에서 $\sum_{v \in V} \deg(v) = 2|E|$ 이 성립한다.

증명 하나의 변은 그것에 의해 연결된 양끝(2개)의 꼭짓점 차수에 영향을 준다.

정리 2

(단순) 그래프에서 홀수 차수를 갖는 꼭짓점의 개수는 짝수이다.

정의 6

방향 그래프에서, 화살표가 도착하는 차수를 **진입차수**(indegree)라 하고 $\deg^-(v)$ 로 나타낸다. 화살표가 출발하는 차수를 **진출차수**(outdegree)라 하고 $\deg^+(v)$ 로 나타낸다.

정리 3

방향 그래프에서, 진입차수를 $\deg^{-}(v)$로, 진출차수를 $\deg^{+}(v)$로 나타내면

$$\sum \deg^{-}(v) = \sum \deg^{+}(v) \ .$$

예제 7

다음 방향 그래프에서, 각 꼭짓점마다 $\deg^{-}(v)$와 $\deg^{+}(v)$를 구하여라.

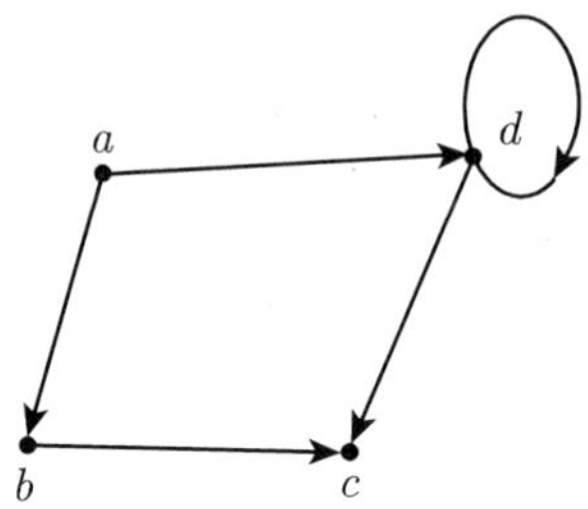

풀이 $\deg^{+}(a) = 2$, $\deg^{+}(b) = 1$, $\deg^{+}(c) = 0$, $\deg^{+}(d) = 2$

$\deg^{-}(a) = 0$, $\deg^{-}(b) = 1$, $\deg^{-}(c) = 2$, $\deg^{-}(d) = 2$ ■

n개의 꼭짓점을 가진 단순 그래프의 개수는 다음 표와 같다.

n	1	2	3	4	5	6	7	8	9
모든 그래프의 개수*	1	2	4	11	34	156	1044	12346	274668
연결 그래프의 개수	1	1	2	6	21	112	853	11117	261080
평면 그래프의 개수	1	2	4	11	33	142	822	6966	79853
연결 평면 그래프의 개수	1	1	1	2	6	20	99	646	5974

(*) label 표시가 없는 n개의 꼭짓점을 갖는 그래프의 개수

정의 7 그래프의 인접행렬(adjacency matrix of a graph)

$G=(V, E)$를 단순 그래프(simple graph)라 하고 $V=\{v_1, v_2, \cdots, v_n\}$이라 하자. 단순 그래프 G의 인접행렬 A의 성분은 v_i, v_j가 (변으로) 연결되어 있으면 $a_{ij}=1$, 그렇지 않으면 $a_{ij}=0$을 갖는다. G의 인접행렬을 A_G로 나타낸다.

특징 단순 그래프의 인접행렬 A_G는 $n \times n$ 정방행렬이며

(1) 주대각성분이 모두 0이다.

(2) 대칭행렬이다.

(3) 모든 성분이 0 또는 1이다. 이런 행렬을 **부울행렬**이라고 한다.

예제 8

(1) 단순 그래프인 경우 $G=(V, E)$, $V=\{a, b, c, d\}$

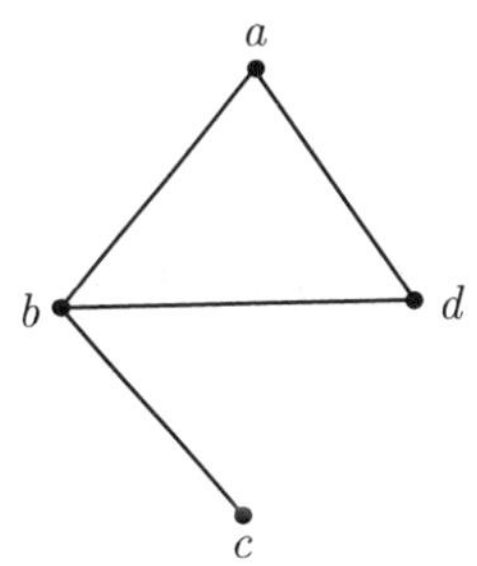

$$A_G = \begin{array}{c|cccc} f \backslash t & a & b & c & d \\ \hline a & 0 & 1 & 0 & 1 \\ b & 1 & 0 & 1 & 1 \\ c & 0 & 1 & 0 & 0 \\ d & 1 & 1 & 0 & 0 \end{array}$$ 또는 간단히 $A_G = \begin{pmatrix} 0&1&0&1 \\ 1&0&1&1 \\ 0&1&0&0 \\ 1&1&0&0 \end{pmatrix}$.

(2) 단순 그래프가 아닌 경우 $G=(V, E)$, $V=\{a, b, c, d\}$

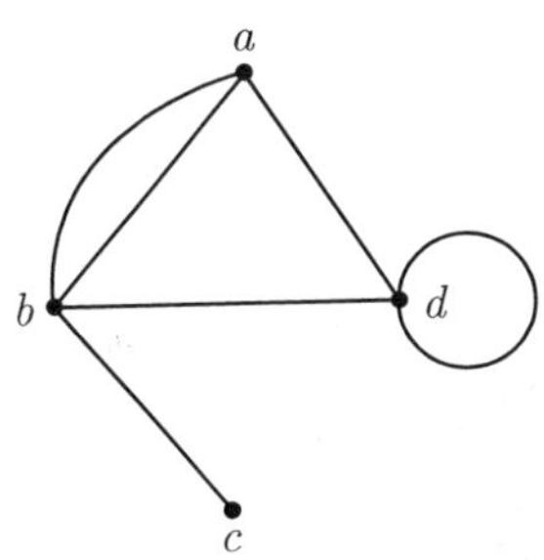

$$A_G = \begin{pmatrix} 0&2&0&1 \\ 2&0&1&1 \\ 0&1&0&0 \\ 1&1&0&1 \end{pmatrix}$$ 이때 4행4열원소가 1이다. ■

정의 8

방향 그래프 G의 인접행렬은 $V=\{v_1, v_2, \cdots, v_n\}$에서 v_i에서 v_j로의 방향이 있으면 그 개수를 a_{ij} 성분으로 인접행렬을 이룬다. 특히 v_i의 고리의 개수를 a_{ii}의 성분으로 인접행렬을 이룬다.

예제 9

아래 왼쪽의 방향 그래프에 대해 그 인접행렬을 나타내었다.

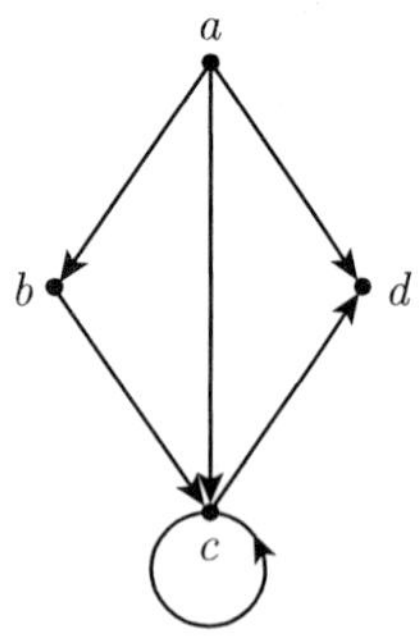

$$A_G = \begin{array}{c|cccc} {}_{f}\backslash^{t} & a & b & c & d \\ \hline a & 0 & 1 & 1 & 1 \\ b & 0 & 0 & 1 & 0 \\ c & 0 & 0 & 1 & 1 \\ d & 0 & 0 & 0 & 0 \end{array} \quad \text{또는 간단히 } A_G = \begin{pmatrix} 0\,1\,1\,1 \\ 0\,0\,1\,0 \\ 0\,0\,1\,1 \\ 0\,0\,0\,0 \end{pmatrix}.$$

참고 방향 그래프의 인접행렬에서, 각 행의 원소의 합은 그 꼭짓점에서의 진출차수이고, 각 열의 원소의 합은 그 꼭짓점에서의 진입차수이다.

정의 9

그래프 $G=(V, E)$ 의 **접속행렬**(incidence matrix, 또는 결속행렬)은 꼭짓점과 변의 접속상태를 표현한 행렬을 말한다.

$$I_G[v,\ e] = \begin{cases} 0 & v \text{가 } e \text{의 끝점이 아닐 때} \\ 1 & v \text{가 } e \text{의 끝점일 때} \\ 2 & e \text{가 } v \text{의 } loop \text{일 때} \end{cases}$$

예제 10

다음 그래프의 접속행렬을 구하여라.

(1)

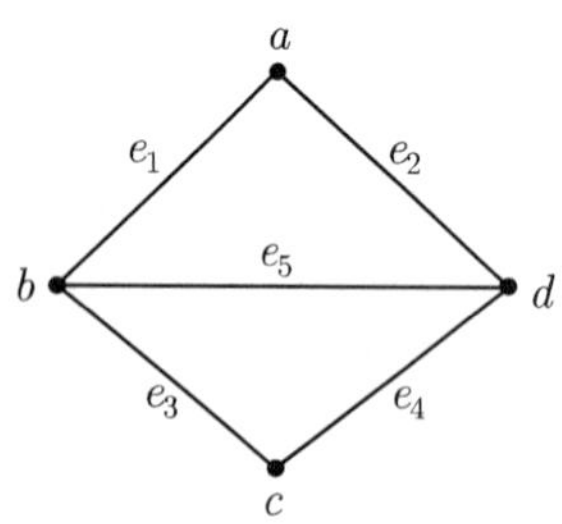

(2)

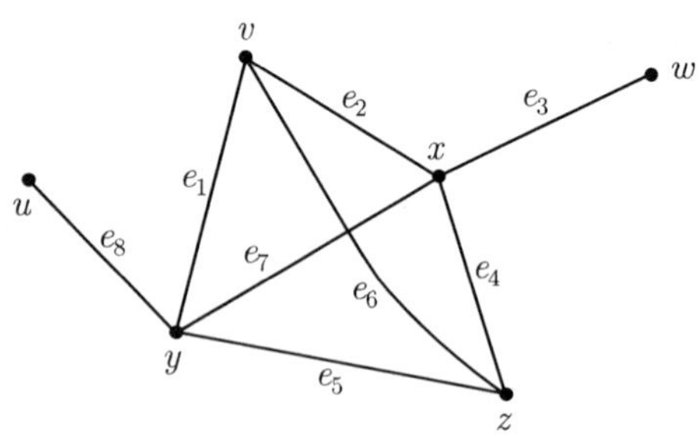

풀이 (1)

$$I_G = \begin{array}{c} \\ a \\ b \\ c \\ d \end{array} \begin{array}{c} \begin{array}{ccccc} e_1 & e_2 & e_3 & e_4 & e_5 \end{array} \\ \begin{pmatrix} 1 & 1 & 0 & 0 & 0 \\ 1 & 0 & 1 & 0 & 1 \\ 0 & 0 & 1 & 1 & 0 \\ 0 & 1 & 0 & 1 & 1 \end{pmatrix} \end{array} \quad \text{또는 간단히 } I_G = \begin{pmatrix} 11000 \\ 10101 \\ 00110 \\ 01011 \end{pmatrix}.$$

여기서 각 행의 원소의 합(행합)은 그 점에서의 꼭짓점 차수가 된다.

(2)

	e_1	e_2	e_3	e_4	e_5	e_6	e_7	e_8
u	0	0	0	0	0	0	0	1
v	1	1	0	0	0	1	0	0
w	0	0	1	0	0	0	0	0
x	0	1	1	1	0	0	1	0
y	1	0	0	0	1	0	1	1
z	0	0	0	1	1	1	0	0

이 행렬에서 1열은 변 e_1이 1인 원소를 가지는 v와 y를 연결한다는 것을 알려준다. ■

예제 11

다음 꼭짓점-변 접속행렬을 가지는 그래프를 구하여라.

	e_1	e_2	e_3	e_4	e_5	e_6	e_7
a	1	1	0	0	1	1	0
b	1	0	1	1	0	0	0
c	0	0	1	0	1	0	0
d	0	1	0	1	0	0	1
e	0	0	0	0	0	1	1

풀이

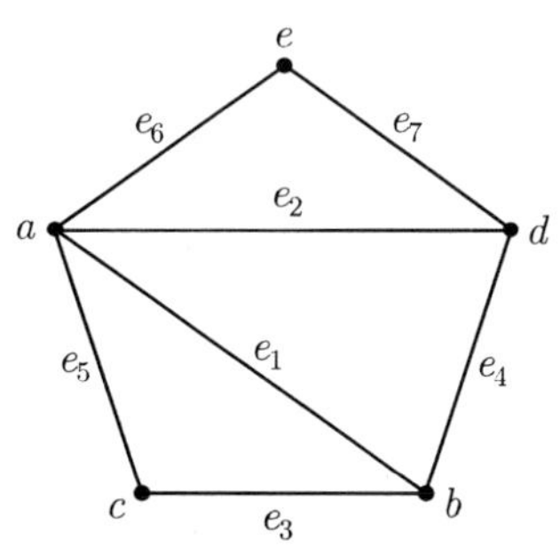

■

정의 10

방향 그래프의 접속행렬(incidence matrix of a digraph)은

$$I_G[v,\ e] = \begin{cases} 0 & v\text{가 } e\text{의 끝점이 아닐 때} \\ 1 & v\text{가 } e\text{의 종점일 때} \\ -1 & v\text{가 } e\text{의 시점일 때} \\ 2 & e\text{가 } v\text{의 고리일 때} \end{cases}$$

로 정의한다.

예제 12

다음 방향 그래프의 접속행렬을 구하여라.

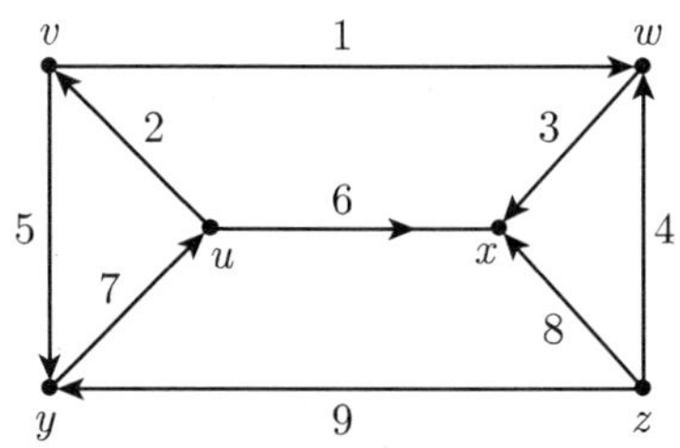

풀이 주어진 그래프에 대해 그에 대한 접속행렬을 구하였다. 1과 −1을 제외한 빈칸은 모두 0이며, 편의상 0은 생략하였다.

$$\begin{array}{c} \\ u \\ v \\ w \\ x \\ y \\ z \end{array} \begin{array}{c} \begin{array}{ccccccccc} 1 & 2 & 3 & 4 & 5 & 6 & 7 & 8 & 9 \end{array} \\ \begin{pmatrix} & -1 & & & & -1 & 1 & & \\ -1 & 1 & & & -1 & & & & \\ 1 & & -1 & 1 & & & & & \\ & & 1 & & & 1 & & 1 & \\ & & & & 1 & & -1 & & 1 \\ & & & -1 & & & & -1 & -1 \end{pmatrix} \end{array}$$

■

그래프에서 꼭짓점의 차수에 대하여 알아보기로 하자.

예제 13

$n\,(n \geq 2)$명이 모인 모임에는 적어도 어떤 두 사람은 같은 수의 친구를 가지고 있음을 보여라.

풀이 n명의 사람을 각각 $v_1, v_2, \cdots, v_n$이라 하자. 그러면 이런 v_i를 꼭짓점으로 가지는 집합을 V라 하고 친구관계이면 그 두 꼭짓점을 변으로 연결하면 하나의 단순 그래프가 얻어진다. 그러면 이 그래프의 꼭짓점의 차수는 $0, 1, 2, , \cdots, (n-1)$ 중의 하나가 될 것이다. 그런데 차수가 $n-1$인 것이 있다면 이 그래프는 이 꼭짓점으로 나머지 꼭짓점들이 연결된 그래프이므로 차수가 0인 꼭짓점은 존재하지 않는다. 따라서 n개의 꼭짓점에 $n-1$개의 차수를 대응시키므로 적어도 어느 차수는 같은 값을 가지게 된다. ■

정리 1에 의해 그래프 G의 차수를 $d_1, d_2, \cdots, d_n$이라 하면 d_i는 0 또는 자연수이고, 그 합은 짝수가 된다. 이것은 n명이 모인 모임에서 각 사람의 악수한 횟수의 합이 짝수가 된다는 일명 **악수 보조정리**(handshaking lemma)라고 한다.

정의 11

단순 그래프에서 꼭짓점의 차수를 내림차순(또는 경우에 따라 오름차순)으로 배열한 것을 **꼭짓점 차수열**(vertex-degree sequence)라고 한다.

이 점차수열을 이용하여 그와 같은 단순 그래프가 구성이 될 수 있는지 아니면 존재하지 않는지를 다음 알고리즘을 통하여 보일 수 있다.

축소 알고리즘(reduction algorithm)

단계 1. 첫줄에 꼭짓점차수열을 적는다.

단계 2. (반복단계) $i+1$번째 줄에는 i번째 줄에서 가장 큰 차수를 가지는 꼭짓점을 제거하고, 그 수에 해당하는 값을 그 오른쪽 수에서 차례로 1씩 줄인다. 다시 내림차순으로 정리하고 이 과정을 반복한다.

단계 3. 새로운 줄의 모든 원소가 0이 되면 이와 같은 그래프를 구성할 수 있다고 보고하고 멈춘다. 아니면 더 이상 새로운 줄을 만들 수 없으면 이와 같은 그래프가 존재하지 않는다고 보고하고 멈춘다.

위 알고리즘은 가장 차수가 큰 꼭짓점부터 그 꼭짓점에 연결된 변을 제거하는 방법을 반복 적용하는 것으로 생각할 수 있다.

예제 14

6개의 꼭짓점을 가지는 단순 그래프에서 $(5, 5, 4, 3, 3, 2)$와 같은 그래프 꼭짓점차수열이 가능한가? 그 이유를 설명하여라.

풀이 이와 같은 그래프가 존재한다면, 모든 꼭짓점의 차수의 합은

$$5+5+4+3+3+2=22$$

로 짝수이므로, 변의 개수는 $\frac{22}{2}=11$개가 된다.

(5, 5, 4, 3, 3, 2) ← 주어진 점차수열로 가장 차수가 큰 5를 제거하고 뒤의 5개의 꼭짓점에서 각각 1씩 뺀다.

(4, 3, 2, 2, 1) ← 내림차순으로 만든 다음, 다시 가장 차수가 큰 4를 제거하고 뒤의 4개의 꼭짓점에서 각각 1씩 뺀다.

(2, 1, 1, 0) ← 가장 차수가 큰 2를 제거하고 뒤의 2개의 꼭짓점에서 각각 1씩 뺀다.

(0, 0, 0) ← 모든 원소가 0이므로 이와 같은 그래프는 구성할 수 있다. ■

예제 15

8개의 꼭짓점을 가지는 단순 그래프에서 $(7, 6, 3, 3, 2, 1, 1, 1)$와 같은 그래프 꼭짓점차수열이 가능한가? 그 이유를 설명하여라.

풀이 각 차수는 양수이고 그 합은 24이므로 짝수가 된다. 그러나 8개의 꼭짓점에서 7의 차수를 가지는 꼭짓점은 나머지 7개의 꼭짓점과 연결이 되고, 6의 차수를 가지는 꼭짓점은 다른 6개의 꼭짓점과 연결이 되므로, 나머지 6개의 꼭짓점 중에서 5개는 최소한 차수가 2 이상이 되어야 하므로 이런 그래프 차수의 수열은 가능하지 않다. 위의 알고리즘을 사용하면

$$(7,\ 6,\ 3,\ 3,\ 2,\ 1,\ 1,\ 1)$$

처음 7을 제거하고 나머지 7개의 차수에서 각각 1씩 뺀다.

$$(5,\ 2,\ 2,\ 1,\ 0,\ 0,\ 0)$$

처음 5를 제거하고 나머지 5개의 차수에서 각각 1씩 뺀다.

$$(1,\ 1,\ 0,\ -1,\ -1,\ 0)$$

일부 차수는 음수로 나타나므로 이와 같은 그래프는 존재하지 않는다. ▩

연습문제 10

1. 임의의 5개의 꼭짓점을 가지는 그래프를 그리고 그 그래프의 인접행렬을 구하여라. 이 경우 방향 그래프인 경우와 무방향 그래프인 경우에 어떤 차이가 있는가?

2. 인접행렬을 이용하여 그에 대응하는 그래프를 그리기 위해서는 방향 그래프인 경우와 무방향 그래프인 경우 각각 어떤 차이가 있는가?

3. 다음과 같은 인접행렬을 가지는 그래프를 구하여라.

$$\begin{pmatrix} 0 & 1 & 1 & 1 \\ 1 & 0 & 1 & 0 \\ 1 & 1 & 0 & 1 \\ 1 & 0 & 1 & 0 \end{pmatrix}$$

4. 다음과 같은 꼭짓점차수열을 가지는 단순 그래프가 존재하는지 보여라.

(1) $(5, 3, 2, 1, 1, 1)$

(2) $(6, 5, 3, 3, 2, 2, 1)$

(3) $(7, 6, 5, 4, 3, 3, 2, 1)$

(4) $(6, 6, 5, 4, 3, 3, 1)$

(5) $(5, 5, 5, 4, 2, 1, 1, 1)$

(6) $(5, 5, 4, 4, 2, 2, 1, 1)$

5. $2k$개의 꼭짓점을 가지며 점차수열이

$$(k, k, k-1, k-1, k-2, k-2, \cdots, 2, 2, 1, 1)$$

인 그래프가 존재하는가? 단, k는 자연수이다.

6. $G=(V, E)$에서 $|V|=v$이고 $|E|=e$라 하자. 이때 이 G는 각각 꼭짓점의 차수가 k 아니면 $k+1$을 가진다면, G에서 차수 k를 가지는 꼭짓점의 수는 $(k+1)v-2e$임을 보여라.

연습문제 10 – 문제풀이

4. 답 (5) 존재하지 않음 (6) 존재함

5. 힌트 수학적 귀납법을 이용한다. 먼저 $(1, 1)$인 그래프는 존재한다.
$(k, k, k-1, k-1, k-2, k-2, \cdots, 2, 2, 1, 1)$인 그래프가 존재한다고 가정하고 $(k+1, k+1, k, k, k-1, k-1, k-2, k-2, \cdots, 2, 2, 1, 1)$가 그래프가 됨을 보여라.
이때 새로 추가되는 변의 개수는 (차수가 $2k+2$ 이므로) $k+1$이다.

11장 경로

그래프에서 나타나는 용어가 다수의 한글용어로 번역되는 경우, 혼란을 줄이기 위해 일부는 영어 용어를 직접 사용하거나 한글 용어와 나란히 사용할 것이다.

정의 1

$G=(V, E)$ 에서 꼭짓점 u에서 꼭짓점 v까지 **경로**(path)란 꼭짓점 u에서 그래프의 꼭짓점과 변을 거쳐서 꼭짓점 v에 도달하는 과정을 말한다.

$$u=v_0\ ,\ e_1\ ,\ v_1\ ,\ e_2\ ,\ \cdots\ ,\ v_{n-1}\ ,\ e_n\ ,\ v_n=v$$

여기서 u를 **시점**, v를 **종점**이라 하고, e_i는 v_{i-1}과 v_i를 연결하는 변이다.

정의 2

그래프 G가 **연결그래프**(connected graph)라는 것은 G의 임의의 2개의 꼭짓점도 그것들을 양 끝점으로 하는 경로(path)가 존재할 경우이다.

정의 3

경로(path)에서 시점 u가 종점 v와 같을 때 그 경로를 **닫힌 경로**(closed path)라고 한다. u와 v가 다르면 **열린 경로**(open path)라고 한다. **경로의 길이**는 경로에서 지나는 변의 개수를 말한다.

예제 1

197쪽 그림의 왼쪽은 닫힌 경로(closed path)이고 오른쪽은 열린 경로(open path)이다.

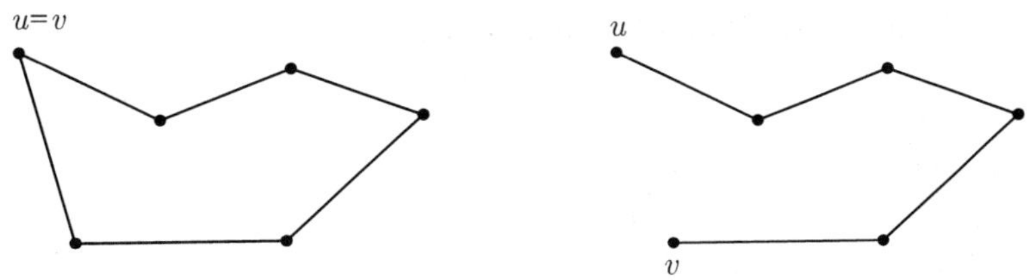

정의 4

단순경로(simple path)는 중복하는 변과 꼭짓점을 가지지 않은 경로(시점과 종점에서만 중복되는 경우는 가능)를 말한다.

정의 5

trail이란 변이 중복되지 않는 경로(path)를 말하며 이 경우 꼭짓점은 중복되어도 된다. **cycle**이란 닫힌 단순경로(closed simple path)를 말한다. **tour**는 **circuit**라고도 하며 closed trail을 말한다.

참고 path(경로)라는 용어 대신 walk(행로)를 사용하는 학자도 있다.

다음은 14장 Euler와 Hamilton 그래프에서 다시 자세히 다룰 것이다.

정의 6

(1) **Euler trail**은 G의 모든 변을 포함하는 trail을 말한다. **Euler tour**는 closed Euler trail을 말한다. **Euler graph**는 Euler tour를 가지는 graph를 말한다.
(2) **Hamilton cycle**은 G의 모든 꼭짓점을 지나는 cycle을 말한다. **Hamilton path**(경로)는 G의 모든 꼭짓점을 한 번만 지나는 단순경로(simple path)를 말한다.

정다면체와 그 골격 그래프(skeleton graph)

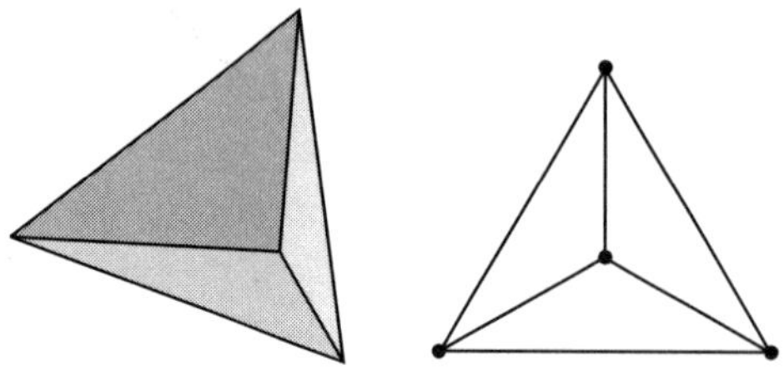

정사면체(tetrahedron)와 그 그래프

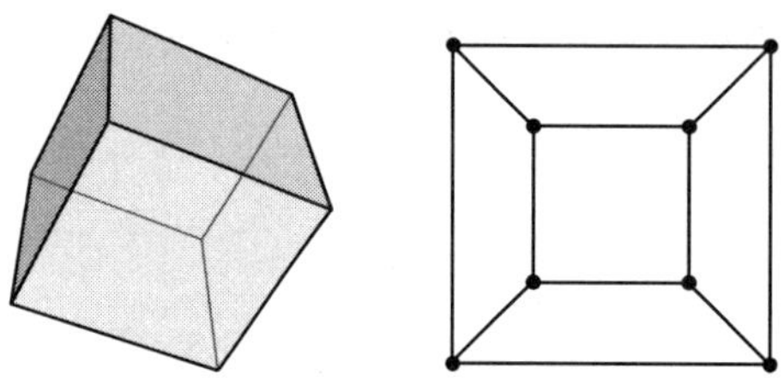

정육면체(cube)와 그 그래프

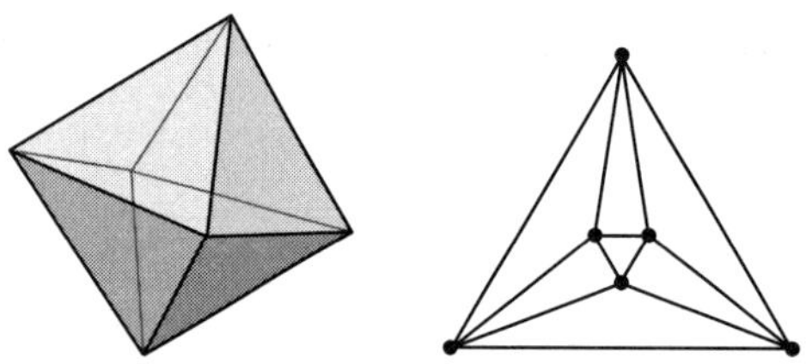

정팔면체(octahedron)와 그 그래프

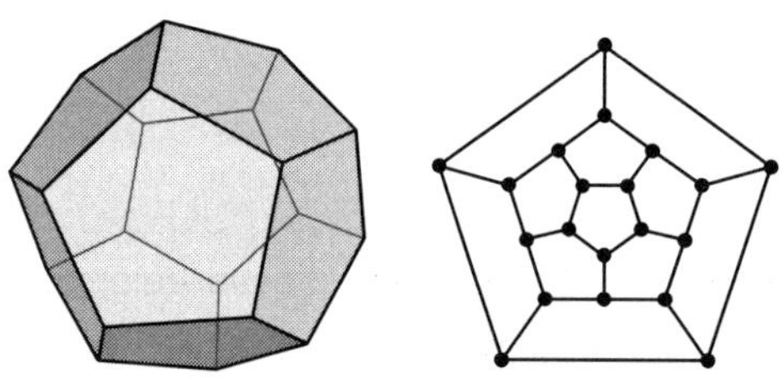

정십이면체(dodecahedron)와 그 그래프

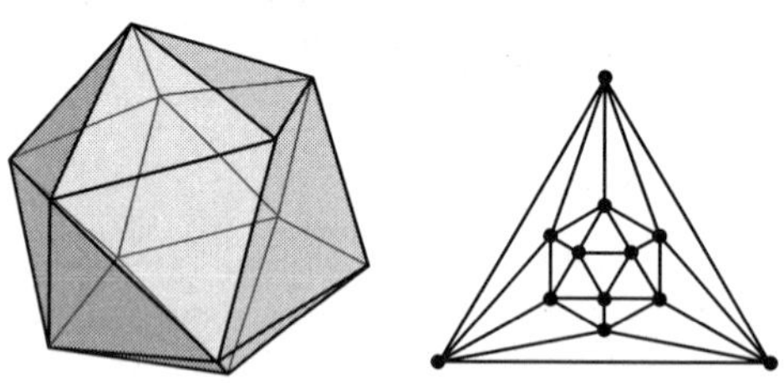

정이십면체(icosahedron)와 그 그래프

이들은 모두 Hamilton cycle을 가지지만 오직 정팔면체의 경우에만 Euler tour를 가진다.

정의 7

***u*로부터 *v*까지 거리**(distance 또는 length from u to v)는 $d(u, v)$로 나타낸다. u에서 v로 가는 경로(path)가 없으면 $d(u, v) = \infty$로 나타낸다. 그리고 $d(u, v)$는 “u에서 v까지 단순경로 중 가장 짧은 경로의 길이”를 나타낸다.

정의 8

주어진 경로의 일부분이면서 그 자신이 경로를 이룰 때 그 경로를 주어진 경로의 **부분경로**(subpath)라고 한다. 2개의 경로를 연결하여 하나의 경로를 만들 때 **경로를 연결**한다고 한다. T를 G의 부분경로라 할 때 $G-T$를 G에서 T의 **경로를 제거**한 것으로 나타낸다.

정리 1

G에서 u에서 v까지 경로(path) W에 대하여 단순경로인 W의 부분경로(subpath)가 존재한다.

증명 u에서 v까지 경로 중에 닫힌경로를 포함하면(왼쪽 그림), 그 닫힌경로 부분을 제거하면 단순경로인 부분경로(오른쪽 그림)를 얻을 수 있다.

정리 2

G를 무방향 그래프 또는 방향 그래프라고 하자.
A_G를 G의 인접행렬이라 하면 꼭짓점 v_i에서 꼭짓점 v_j 사이에 길이 k인 서로 다른 경로의 개수는 ${A_G}^k$의 (i, j) 성분의 원소와 같다.

증명 생략(수학적 귀납법을 이용한다.)

보조정리 1

정리 2에 의하면 n개의 꼭짓점을 갖는 그래프에서 $k \le n-1$일 때, $A_G + A_G^2 + \cdots + A_G^k$의 (i, j) 성분은 꼭짓점 v_i에서 꼭짓점 v_j로의 길이가 k보다 작거나 같은 경로(path)의 합이 된다.

예제 2

다음 그래프를 생각하자.

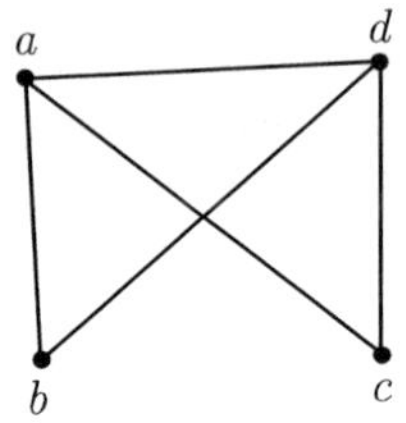

이 그래프의 인접행렬 A_G는

$$A_G = \begin{pmatrix} 0 & 1 & 1 & 1 \\ 1 & 0 & 0 & 1 \\ 1 & 0 & 0 & 1 \\ 1 & 1 & 1 & 0 \end{pmatrix}$$

이 된다. 여기서 A_G의 원소 a_{ij}는 길이가 1인 한 꼭짓점 i에서 다른 꼭짓점 j까지 길이를 나타낸다. A_G^2은 다음과 같고

$$A_G^2 = \begin{pmatrix} 0 & 1 & 1 & 1 \\ 1 & 0 & 0 & 1 \\ 1 & 0 & 0 & 1 \\ 1 & 1 & 1 & 0 \end{pmatrix}\begin{pmatrix} 0 & 1 & 1 & 1 \\ 1 & 0 & 0 & 1 \\ 1 & 0 & 0 & 1 \\ 1 & 1 & 1 & 0 \end{pmatrix} = \begin{pmatrix} 3 & 1 & 1 & 2 \\ 1 & 2 & 2 & 1 \\ 1 & 2 & 2 & 1 \\ 2 & 1 & 1 & 3 \end{pmatrix}.$$

여기서 A_G^2의 원소 a_{ij}는 길이가 2인 한 꼭짓점 i에서 다른 꼭짓점 j까지 길이를 나타낸다. 같은 방법으로 다음 A_G^3의 원소는 길이가 3인 한 꼭짓점에서 다른 꼭짓점까지의 길이를 나타낸다.

$$A_G^3 = \begin{pmatrix} 3 & 1 & 1 & 2 \\ 1 & 2 & 2 & 1 \\ 1 & 2 & 2 & 1 \\ 2 & 1 & 1 & 3 \end{pmatrix}\begin{pmatrix} 0 & 1 & 1 & 1 \\ 1 & 0 & 0 & 1 \\ 1 & 0 & 0 & 1 \\ 1 & 1 & 1 & 0 \end{pmatrix} = \begin{pmatrix} 4 & 5 & 5 & 5 \\ 5 & 2 & 2 & 5 \\ 5 & 2 & 2 & 5 \\ 5 & 5 & 5 & 4 \end{pmatrix}$$

이므로

$$A_G + A_G^2 + A_G^3 = \begin{pmatrix} 0 & 1 & 1 & 1 \\ 1 & 0 & 0 & 1 \\ 1 & 0 & 0 & 1 \\ 1 & 1 & 1 & 0 \end{pmatrix} + \begin{pmatrix} 3 & 1 & 1 & 2 \\ 1 & 2 & 2 & 1 \\ 1 & 2 & 2 & 1 \\ 2 & 1 & 1 & 3 \end{pmatrix} + \begin{pmatrix} 4 & 5 & 5 & 5 \\ 5 & 2 & 2 & 5 \\ 5 & 2 & 2 & 5 \\ 5 & 5 & 5 & 4 \end{pmatrix} = \begin{pmatrix} 7 & 7 & 7 & 8 \\ 7 & 4 & 4 & 7 \\ 7 & 4 & 4 & 7 \\ 8 & 7 & 7 & 7 \end{pmatrix}$$

의 (i, j) 성분은 꼭짓점 v_i에서 꼭짓점 v_j로의 길이가 3보다 작거나 같은 경로(path)의 합이 됨을 알 수 있다. ■

예제 3

다음 그래프의 인접행렬과 그의 제곱, 세제곱 행렬을 구하고 경로의 합을 확인하여라.

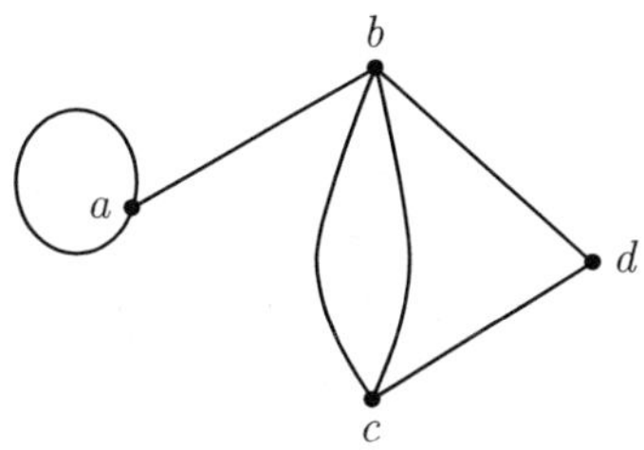

풀이 이 그래프의 인접행렬은

$$A_G = \begin{pmatrix} 1 & 1 & 0 & 0 \\ 1 & 0 & 2 & 1 \\ 0 & 2 & 0 & 1 \\ 0 & 1 & 1 & 0 \end{pmatrix}$$

$$A_G^2 = \begin{pmatrix} 1 & 1 & 0 & 0 \\ 1 & 0 & 2 & 1 \\ 0 & 2 & 0 & 1 \\ 0 & 1 & 1 & 0 \end{pmatrix} \begin{pmatrix} 1 & 1 & 0 & 0 \\ 1 & 0 & 2 & 1 \\ 0 & 2 & 0 & 1 \\ 0 & 1 & 1 & 0 \end{pmatrix} = \begin{pmatrix} 2 & 1 & 2 & 1 \\ 1 & 6 & 1 & 2 \\ 2 & 1 & 5 & 2 \\ 1 & 2 & 2 & 2 \end{pmatrix}$$

$$A_G^3 = \begin{pmatrix} 2 & 1 & 2 & 1 \\ 1 & 6 & 1 & 2 \\ 2 & 1 & 5 & 2 \\ 1 & 2 & 2 & 2 \end{pmatrix} \begin{pmatrix} 1 & 1 & 0 & 0 \\ 1 & 0 & 2 & 1 \\ 0 & 2 & 0 & 1 \\ 0 & 1 & 1 & 0 \end{pmatrix} = \begin{pmatrix} 3 & 7 & 3 & 3 \\ 7 & 5 & 14 & 7 \\ 1 & 14 & 4 & 6 \\ 3 & 7 & 6 & 4 \end{pmatrix}$$

■

예제 4

어느 대학생의 평일 하루 일과는 다음과 같다. 아침에 수업에 맞추어 집(H)을 출발하여 강의실(C)로 간다. 수업을 더 이상 듣지 않을 경우 강의실(C)에서 집(H)으로 바로 오지만 쉬는 시간에는 학생회관(S)에 가서 친구들을 만나거나, 간식과 식사를 하고, 수업을 듣기 위해 강의실(C)로 오거나 과제물 작성을 위해 도서관(L)에 갔다가 수업을 듣기 위해 강의실(C)로 온다. 그리고 더 이상 수업이 없으면 강의실(C)에서 집(H)으로 돌아온다. 이상을 그래프로 나타내면 왼쪽 그래프와 같고 오른쪽에 그 인접행렬과 그 제곱을 구하였다.

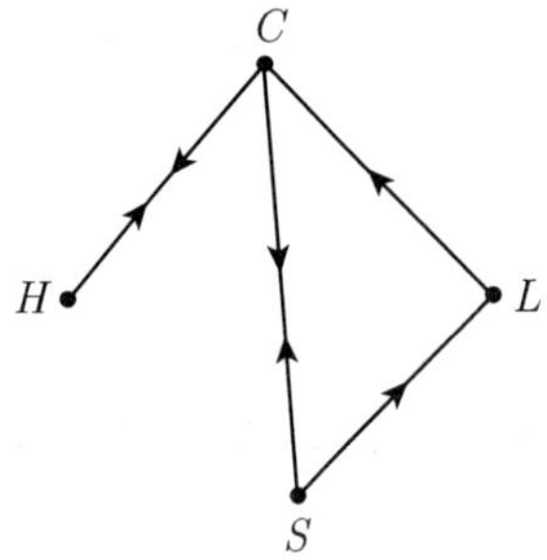

$$A_G = \begin{array}{c} \\ \text{H} \\ \text{C} \\ \text{S} \\ \text{L} \end{array} \begin{array}{c} \text{from} \backslash \text{to} \quad \text{H C S L} \\ \begin{pmatrix} 0&1&0&0 \\ 1&0&1&0 \\ 0&1&0&1 \\ 0&1&0&0 \end{pmatrix} \end{array}$$

$$A_G^{\ 2} = \begin{pmatrix} 0&1&0&0 \\ 1&0&1&0 \\ 0&1&0&1 \\ 0&1&0&0 \end{pmatrix} \begin{pmatrix} 0&1&0&0 \\ 1&0&1&0 \\ 0&1&0&1 \\ 0&1&0&0 \end{pmatrix} = \begin{pmatrix} 1&0&1&0 \\ 0&2&0&1 \\ 1&1&1&0 \\ 1&0&1&0 \end{pmatrix}$$ ■

정리 3

G를 무방향 단순 그래프라고 하자. 그러면 $A_G^{\ 2}$ 의 대각원소의 합은 G의 모든 꼭짓점 차수의 합과 같다.

증명 그래프 G가 n개의 꼭짓점을 가진다고 하자. 그리고 G의 인접행렬을

$$A_G = \begin{pmatrix} a_{11} & a_{12} & \cdots & a_{1n} \\ a_{21} & a_{22} & \cdots & a_{2n} \\ \cdots & \cdots & \cdots & \cdots \\ a_{n1} & a_{n2} & \cdots & a_{nn} \end{pmatrix}$$ 라 하고 $A_G^{\ 2}$의 대각원소를 생각하자.

$A_G^{\ 2}$의 $(i,\ j)$ 성분은 꼭짓점 v_i와 꼭짓점 v_j가 다른 한 꼭짓점을 사이에 두고 연결된 개수(경로 2인 개수)를 의미한다.

$A_G^{\ 2}$의 $(i,\ j)$ 성분은 $a_{i1}a_{1j} + a_{i2}a_{2j} + \cdots + a_{in}a_{nj}$이며 모든 a_{ij}는 (인접행렬의 성분이므로) 0 또는 1이므로 $a_{ik}a_{kj} = 1$이면 꼭짓점 v_i와 꼭짓점 v_j는 꼭짓점 v_k와 연결됨을 의미한다. 그러므로 $A_G^{\ 2}$의 $(i,\ i)$ 성분은 꼭짓점 v_i와 연결된 다른 꼭짓점의 개수가 되므로 그 꼭짓점의 차수가 된다. 따라서 $A_G^{\ 2}$의 대각원소의 합은 그래프 G의 차수의 합과 같다.

주의 예제 3은 단순 그래프가 아니므로 정리 3이 성립하지 않는다.

예제 5

무방향 단순 그래프 G의 인접행렬 A_G에 대하여

$$A_G^{\ 2} = \begin{pmatrix} 3&1&1&0 \\ 1&1&1&0 \\ 1&1&1&0 \\ 0&0&0&3 \end{pmatrix}$$

이 성립할 때 그래프 G의 변의 개수를 구하여라.

풀이 위 정리 3을 이용하면 $A_G{}^2$의 대각원소의 합 $3+1+1+3=8$은 A_G의 인접행렬의 차수의 합과 같다. 그러므로 변의 개수는 이 값의 절반이 된다. 따라서 $\frac{8}{2}=4$개의 변을 가진다. ▩

연습문제 11

1. 방향 그래프이거나 단순 그래프가 아닌 경우에 정리 3은 어떻게 되는가?

2. 다음 그래프의 인접행렬 A_G와 ${A_G}^2$, ${A_G}^3$, ${A_G}^4$, ${A_G}^5$을 구하여라. 그래프가 연결되지 않을 경우에는 어떤 결과를 얻을 수 있는가?

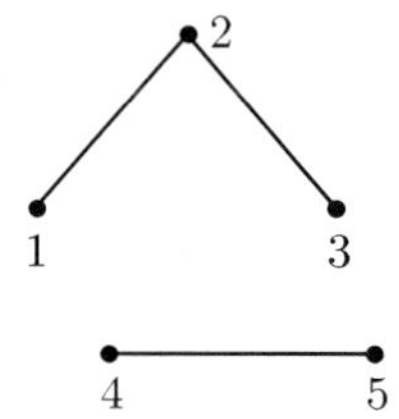

3. 다음 그래프의 인접행렬을 구하여라.

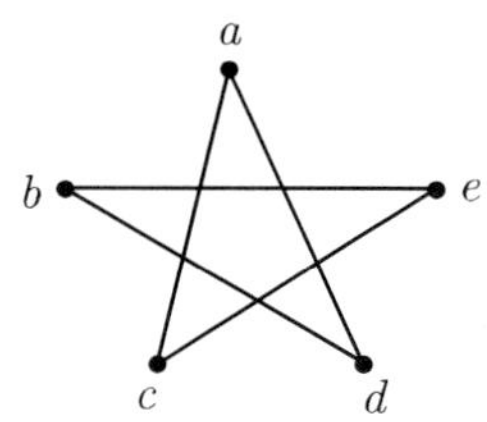

4. 다음 인접행렬을 갖는 그래프를 구하여라.

$$A_G = \begin{pmatrix} 0&1&0&0&0&0 \\ 1&0&1&1&0&0 \\ 0&1&0&0&1&0 \\ 0&1&0&0&1&0 \\ 0&0&1&1&0&1 \\ 0&0&0&0&1&0 \end{pmatrix}$$

연습문제 11 – 문제풀이

2. 풀이 $A_G = \begin{pmatrix} 0&1&0&0&0 \\ 1&0&1&0&0 \\ 0&1&0&0&0 \\ 0&0&0&0&1 \\ 0&0&0&1&0 \end{pmatrix}$, ${A_G}^2 = \begin{pmatrix} 1&0&1&0&0 \\ 0&2&0&0&0 \\ 1&0&1&0&0 \\ 0&0&0&1&0 \\ 0&0&0&0&1 \end{pmatrix}$, ${A_G}^3 = \begin{pmatrix} 0&2&0&0&0 \\ 2&0&2&0&0 \\ 0&2&0&0&0 \\ 0&0&0&0&1 \\ 0&0&0&1&0 \end{pmatrix}$

${A_G}^4 = \begin{pmatrix} 2&0&2&0&0 \\ 0&4&0&0&0 \\ 2&0&2&0&0 \\ 0&0&0&1&0 \\ 0&0&0&0&1 \end{pmatrix}$, ${A_G}^5 = \begin{pmatrix} 0&4&0&0&0 \\ 4&0&4&0&0 \\ 0&4&0&0&0 \\ 0&0&0&0&1 \\ 0&0&0&1&0 \end{pmatrix}$

3. 풀이 $A_G = \begin{pmatrix} 0&0&1&1&0 \\ 0&0&0&1&1 \\ 1&0&0&0&1 \\ 1&1&0&0&0 \\ 0&1&1&0&0 \end{pmatrix}$

12장 특별한 그래프

이 장에서는 여러 가지 그래프의 명칭에 대해서 학습하고, 그들의 성질에 대해 간단히 알아보기로 한다.

12.1 여러 가지 이름을 가진 그래프들

정의 1

$G=(V, E)$, G는 단순 그래프이고 $|V|=n$일 때, 이 n개의 꼭짓점은 모든 꼭짓점과 변으로 연결되는 그래프를 **완전그래프**(complete graph)라 하고 K_n으로 표시한다.

예제 1

다음은 완전그래프를 나열한 것이다.

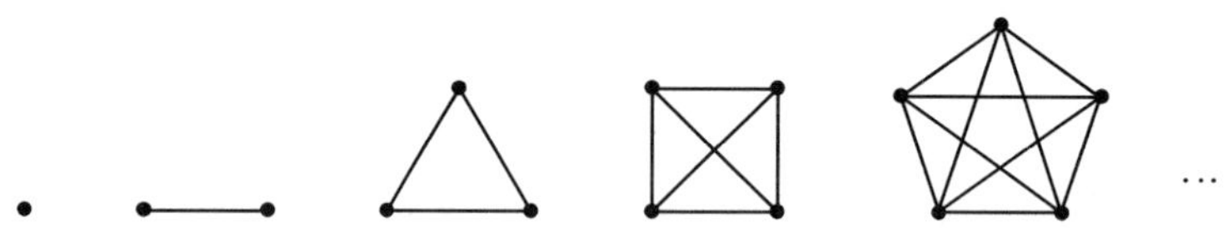

K_1 K_2 K_3 K_4 K_5 …

K_n은 $\binom{n}{2}=\dfrac{n(n-1)}{2}$ 개의 선분을 가지고 있다. ■

참고 (1) 완전그래프를 때로는 universal graph라고 하기도 한다.

(2) 꼭짓점상에서의 empty graph는 변이 하나도 없이 서로 고립된 꼭짓점으로 구성된 그래프이며, 꼭짓점이 하나도 없는 empty graph를 null graph라 한다. 꼭짓점이 하나만 있는 empty graph를 singleton graph라 한다. 이와 같이 꼭짓점 하나만 가지고 있고 변이 하나도 없는 그래프를 trivial graph라고 하기도 한다.

(3) 따라서 K_0(0개의 꼭짓점을 갖는 완전그래프)는 null graph이고, K_1은 singleton graph가 된다.

정의 2 순환그래프(cycle graph)

C_n, $n \geq 3$은

$$V = \{v_1, v_2, v_3, \cdots, v_n\}, \ E = \{v_1v_2, v_2v_3, \cdots, v_{n-1}v_n, v_nv_1\}$$

인 다음과 같은 그래프를 말한다.

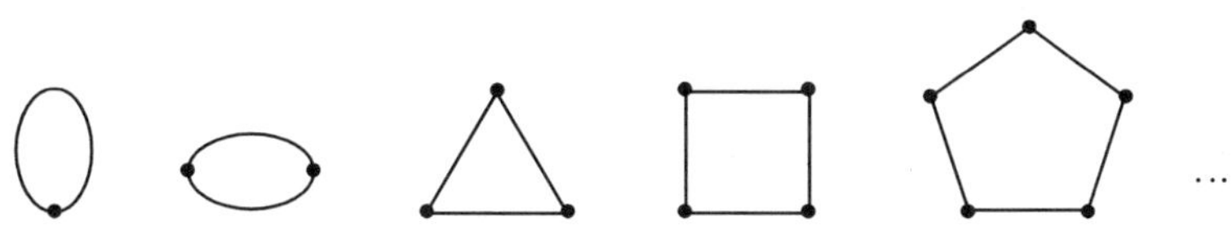

C_1 C_2 C_3 C_4 C_5 $\cdots$

C_n의 변의 개수는 n이고, 꼭짓점의 개수는 n이며, region(영역)의 개수는 2이다.

정의 3 wheel 그래프

W_n는 다음과 같은 그래프이다.

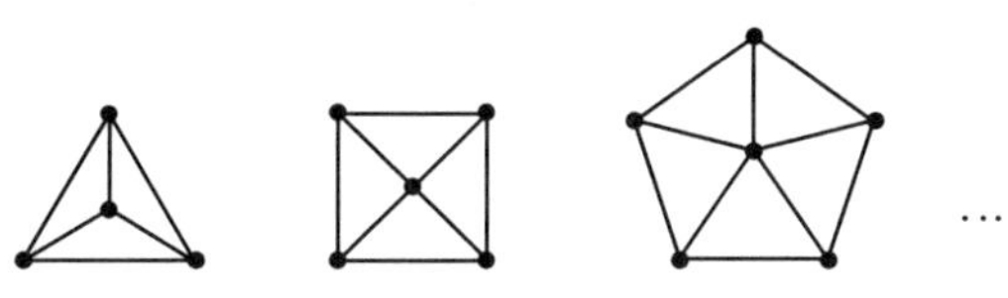

W_4 W_5 W_6 $\cdots$

W_n의 변의 개수는 $2n-2$이고, 꼭짓점의 개수는 n이며, 영역(region)의 개수는 n이다.

학자에 따라서는 W_4 대신 W_3을, W_5 대신 W_4라고 하나씩 첨자를 내려서 나타내기도 한다.

참고 위 정의 3에 의하면 $K_3 = C_3$, $K_4 = W_4$가 됨을 주의하여라.

정의 4

별그래프(star graph), S_n는 다음과 같은 그래프이다.

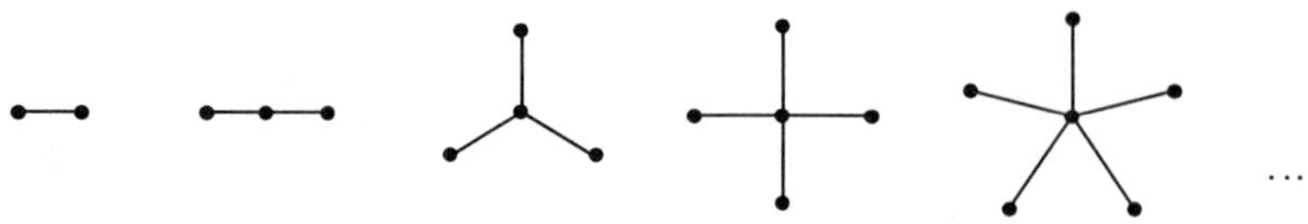

S_1 S_2 S_3 S_4 S_5 $\cdots$

S_n의 변의 개수는 n이고, 꼭짓점의 개수는 $n+1$이다.

별그래프(star graph)는 뒤에서 언급할 $K_{1,n}$의 형태를 이룬다.

정의 5

부케(bouquet), B_n은 다음과 같은 그래프이다.

B_2 B_3 B_4 $\cdots$

B_n의 변의 개수는 n이고, 꼭짓점의 개수는 1이다.

정의 6

양극(dipole)그래프, D_n은 다음과 같은 그래프이다.

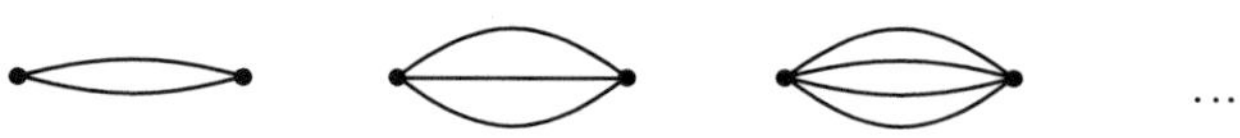

D_2 D_3 D_4 $\cdots$

정의 7

경로 그래프(path graph), P_n은 다음과 같은 그래프이다.

정의 8

비순환그래프(acyclic graph)란 닫힌 단순경로(cycle)를 갖지 않는 그래프를 말한다.

정의 9

n차원 초입방체(hypercube), Q_n은 다음과 같이 나타난다.

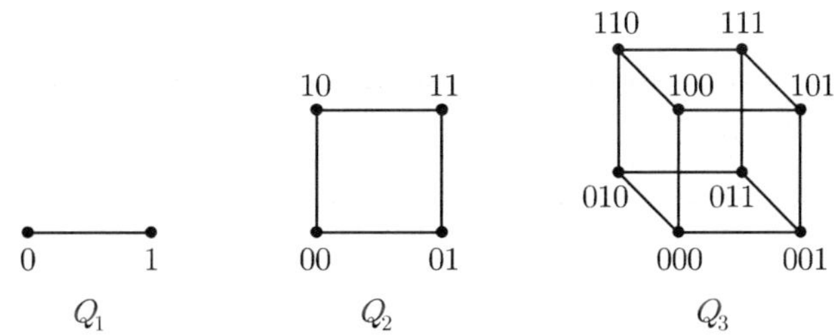

Q_4는 Q_3에서 (a)와 같이 처음 정육면체를 안으로 축소하거나, (b)와 같이 처음 정육면체를 이동한 형태로 이해하면 된다. Q_4를 입체로 나타낸 모양이 아래 그림 (c)가 된다.

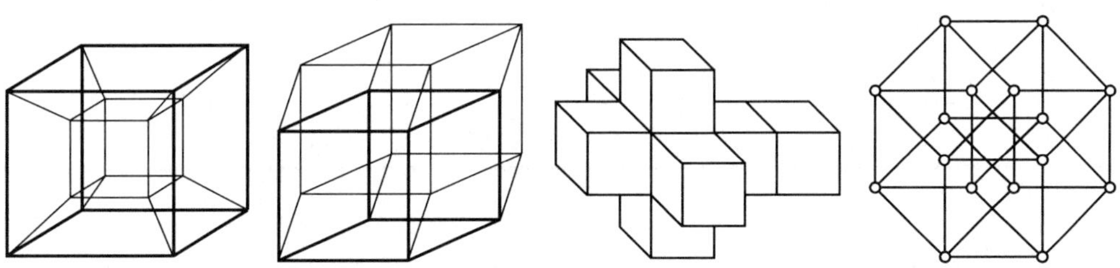

(a) (b) (c) (d)

초입방체 Q_4

위 (a), (b)와 (c) 그림 모두 8개의 정육면체, 16개의 꼭짓점, 24개의 정사각형, 32개의 변을 가지고 있는 (d)와 같은 그래프가 된다. 이와 같은 방법으로 n차원 입방체 Q_n ($n \geq 5$)을 만들어 나갈 수 있다.

예제 2

그래프 Q_4 를 아래 그래프와 같이 인접하는 꼭짓점과는 단지 하나의 자리(digit)만 다르게 꼭짓점에 번호를 부여할 수 있다.

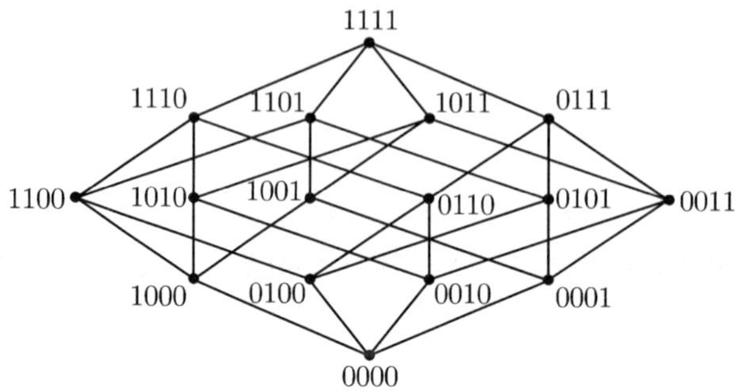

참고 Q_4는 다음과 같은 초정다면체에서 8포체에 해당한다.

초정다면체	꼭짓점	변	면	입체	구성도형	한 꼭짓점에 모인 선의 개수	한 선에 모인 면의 개수
5포체	5	10	10	5	정사면체	4	3
8포체	16	32	24	8	정육면체	4	3
16포체	8	24	32	16	정사면체	6	4
24포체	24	96	96	24	정팔면체	8	3
120포체	600	1200	720	120	정십이면체	4	3
600포체	120	720	1200	600	정사면체	12	5
성질 : 꼭지점 - 변 + 면 - 입체 = 0을 만족한다.							

4차원 공간에서 모든 면이 정다각형으로 이루어져 있는 초정다면체의 종류는 다음과 같이 6가지가 있다.

(1) 오포체 : 5개의 정사면체로 이루어져 있다.

(2) 팔포체 : 8개의 정육면체로 이루어져 있다.

(3) 십육포체 : 16개의 정사면체로 이루어져 있다.

(4) 이십사포체 : 24개의 정팔면체로 이루어져 있다.

(5) 백이십포체 : 120개의 정이십면체로 이루어져 있다.

(6) 육백포체 : 600개의 정사면체로 이루어져 있다.

12.2 이분그래프

정의 1 이분그래프(이분할그래프, bipartite graph 또는 간단히 bigraph)

$G=(V, E)$ 에서 $V_1 \neq \phi$, $V_2 \neq \phi$, $V_1 \subseteq V$, $V_2 \subseteq V$이고 $V_1 \cup V_2 = V$, $V_1 \cap V_2 = \phi$이며, E의 한 끝 꼭짓점은 V_1의 원소이고, 다른 끝 꼭짓점은 V_2의 원소로 이루어지는 집합일 때 이와 같은 G를 **이분그래프**라고 한다.

주의 이분그래프에서는 정의 1에 의해 양끝 꼭짓점이 V_1에 속하는 꼭짓점들끼리 연결한 변이나, 양끝 꼭짓점이 V_2에 속하는 꼭짓점들끼리 연결한 변이 존재하지 않는다.

예제 1

다음 그래프는 이분그래프이다.

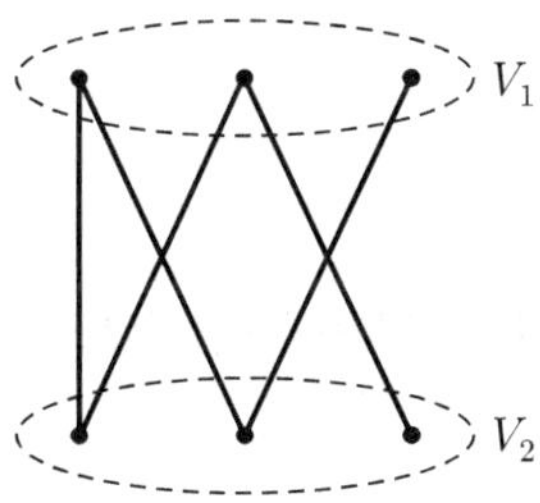

■

보조정리 1

G가 이분그래프이고 V_1과 V_2가 정의 1과 같은 이분할 집합이면 $\sum_{v \in V_1} \deg(v) = \sum_{v \in V_2} \deg(v)$ 이다.

정의 2

완전이분그래프(complete bipartite graph)는 이분그래프이며 V_1에 속하는 모든 꼭짓점(m개)이 V_2에 속하는 모든 꼭짓점(n개)과 연결이 되는 그래프이다. $K_{m,n}$으로 나타낸다.

예제 2

S_n(별그래프)은 이분그래프이다. 즉, $S_n = K_{1,n}$이다.

예제 3

다음은 완전이분그래프의 예이다.

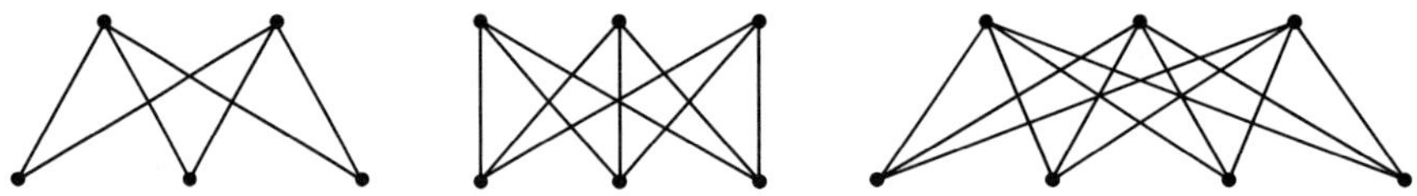

$K_{2,3}$ $K_{3,3}$ $K_{3,4}$

정리 1

그래프가 이분그래프일 필요충분조건은 그 그래프의 닫힌 단순경로(cycle)가 짝수의 길이(length)를 가질 경우이다. 따라서 이분그래프는 홀수의 닫힌 단순경로(cycle)를 포함하지 않는다.

정리 2

G가 이분그래프이고 H가 $H \subset G$인 그래프이면, H도 역시 이분그래프가 된다.

위 정의 2를 일반화하여 $k \geq 3$일 때, k-분할그래프(k-partite graph)와 완전 k-분할그래프(complete k-partite graph) $K_{m_1, m_2, \cdots, m_k}$를 생각할 수 있다.

예제 4

다음 그래프는 $K_{2,3,5}$이다.

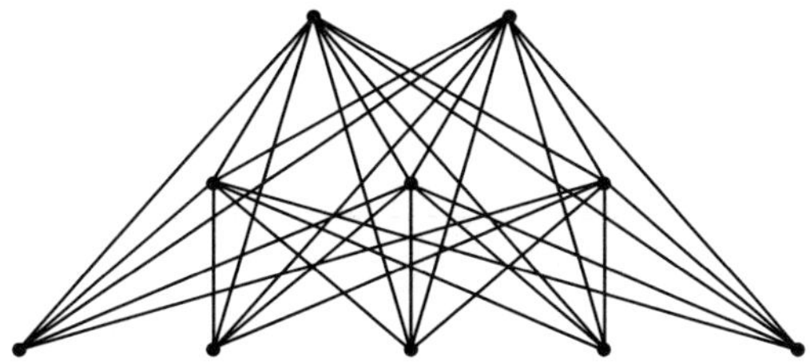

$K_{2,3,5}$는 $2+3+5=10$개의 꼭짓점을 가지며, $2\times 3+3\times 5+5\times 2=31$ 개의 변을 가짐을 알 수 있다. ■

예제 5

다음은 4-partite graph의 예이다.

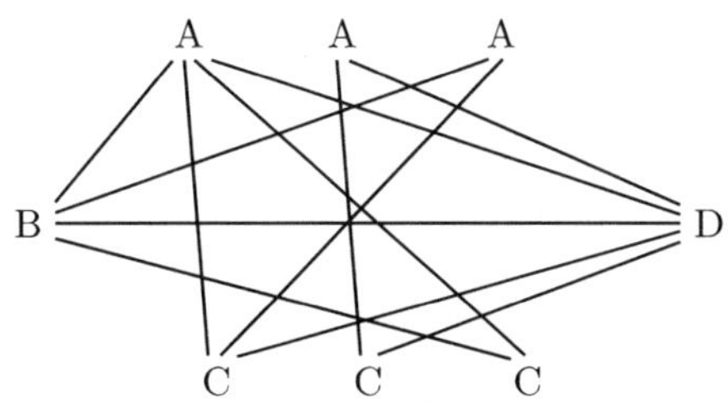

■

예제 6

$K_{l,m,n}$은 몇 개의 변과 꼭짓점을 가지는가?

풀이 변은 $lm+mn+nl$개, 꼭짓점은 $l+m+n$개를 갖는다. ■

참고 n을 꼭짓점의 개수라 하면

n	1	2	3	4	5	6	7	8
이분그래프의 개수	1	2	3	7	13	35	88	303
연결된 이분그래프의 개수	1	1	1	3	5	17	44	182

예제 7

4개의 꼭짓점을 가진 이분그래프는

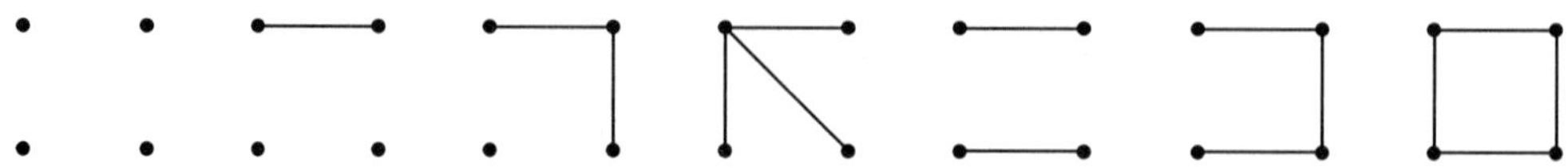

와 같이 7개가 있다. 이 중 3개는 연결그래프이다. ■

정리 3 **이분그래프(bipartite graph)의 응용**

다음 ①과 ②는 서로 동치이다.
① 직사각형 구조물이 견고(rigid)하다.
② 직사각형 구조물과 관련된 이분그래프가 연결그래프이다.

직사각형 구조물이 견고한가를 확인하려면 구조물의 행을 위에서부터 차례로 r_1, r_2, $\cdots$, r_m, 구조물의 열을 왼쪽부터 차례로 c_1, c_2, $\cdots$, c_n 이라 한 다음, 이를 꼭짓점으로 가지는 이분그래프를 그린다. 그리고 i 행 j 열에 비스듬히 보강하였다면 해당하는 이분그래프에서 r_i 와 c_j 를 연결한다. 이때 보강한 방향이 $/$이든지 $\backslash$이든지는 상관이 없다.

예제 8

다음 직사각형 구조물이 견고한지 그렇지 않은지를 설명하여라. 견고하지 않은 경우에는 최소 몇 군데를 보강해야 하는가?

(1)

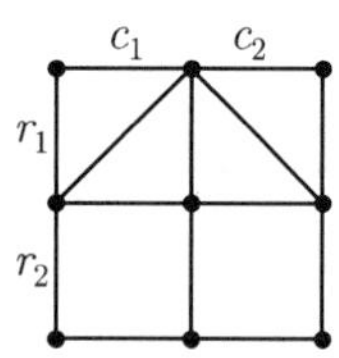

(2)

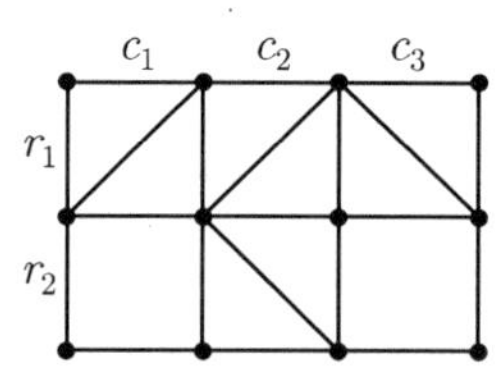

풀이 (1)은 아래와 같은 이분그래프로 나타낼 수 있고, 이는 연결된 그래프가 아니므로 견고하지 않다. 연결그래프로 만들기 위해서는 r_2 가 c_1 아니면 c_2 와 연결하여야 하므로 최소 한 군데를 보강해야 한다.

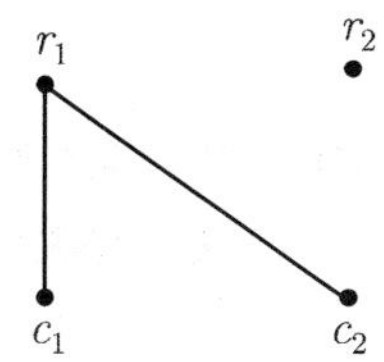

(2)는 아래와 같은 이분그래프로 나타낼 수 있고 이는 연결된 그래프이므로 구조물이 견고하다.

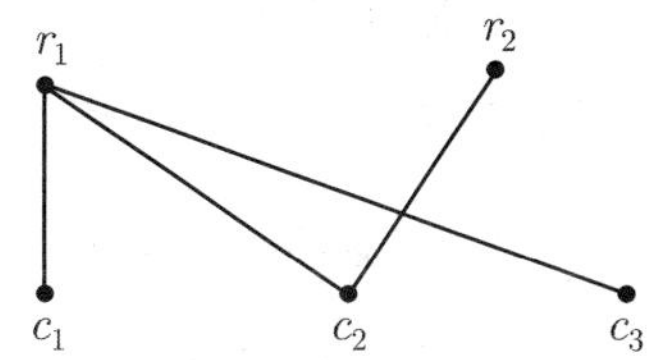

예제 9

다음 그래프가 이분그래프(bipartite graph)가 되는 n을 구하여라.

(1) C_n (2) P_n (3) K_n

풀이 (1) $n \geq 3$일 경우 n이 짝수이면 된다.

(2) $n \geq 2$일 경우 n이 자연수이면 된다.

(3) $n = 2$일 경우이다.

12.3 정규그래프

정의 1

원형사다리 그래프(circular ladder graph), CL_n은 다음과 같다.

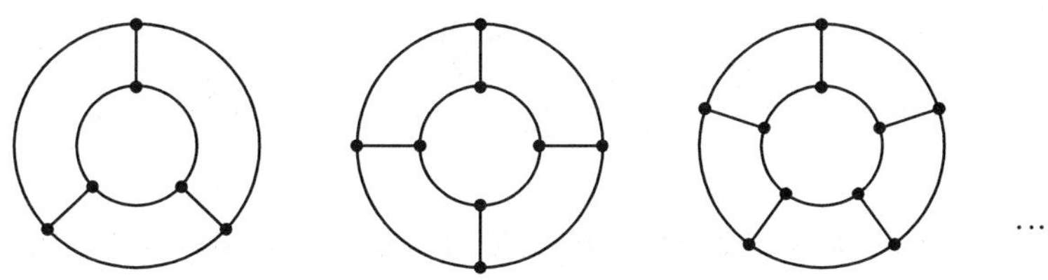

CL_3 CL_4 CL_5 …

정의 2

그래프[또는 다중그래프(multigraph)]에서 모든 꼭짓점이 같은 차수(degree)를 가질 때 그 그래프를 **정규그래프**(regular graph)라고 한다. **k - 정규그래프**(k -regular graph)는 꼭짓점의 차수가 k인 정규그래프를 말한다.

예제 1

피터슨 그래프(Petersen graph)는 다음과 같이 $|V|=10$, $|E|=15$로 이루어진 그래프이다. 이 그래프는 3-정규그래프(3-regular graph)이며, 다음 그래프는 피터슨 그래프와 동형이다.

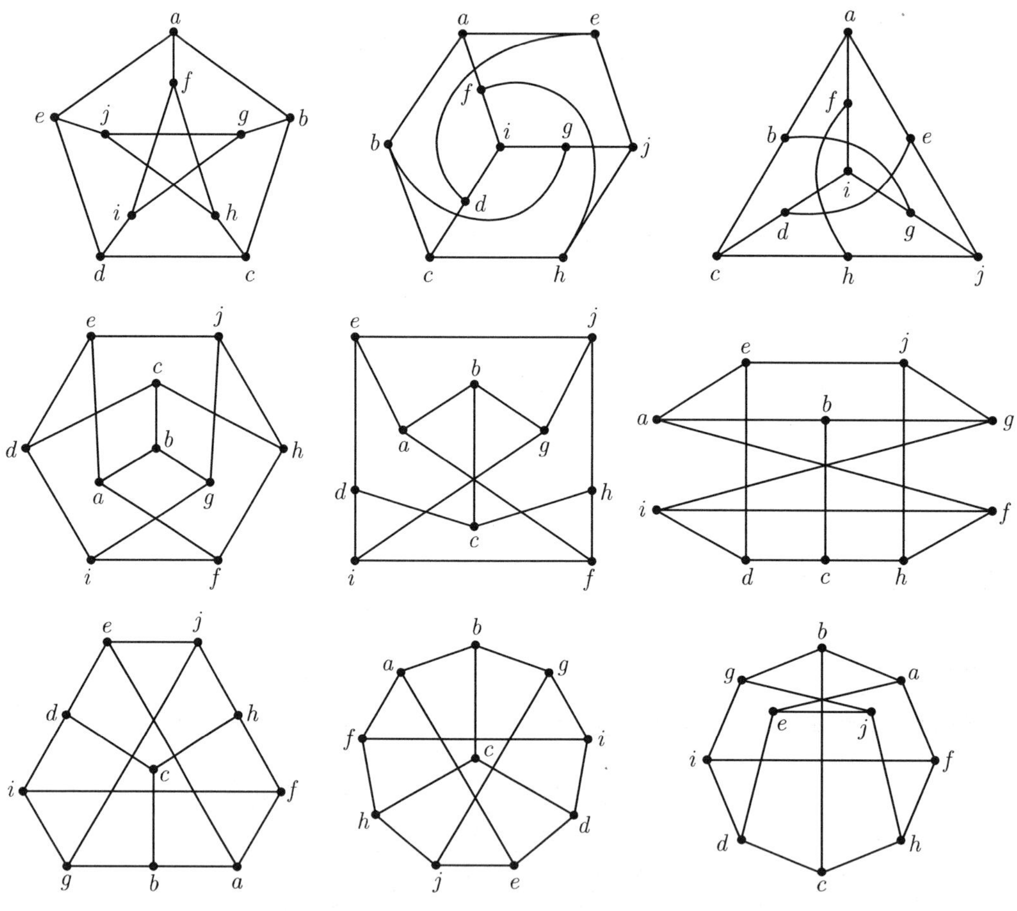

피터슨 그래프는 덴마크(Danish) 수학자 피터슨(Julius Petersen, 1839~1910)이 1898년경에, 연결된 bridge를 가지지 않는 3-정규그래프가 3개의 색으로 선분을 채색할 수 있는 주장에 대한 가장 작은 반례로 만든 그래프이다. 여기서 bridge란 그래프에서 어떤 변을 제거하였을 때 연결된 성분(component)이 늘어나는 변을 말한다.

예제 2

다음 그래프는 모두 정규그래프이다.

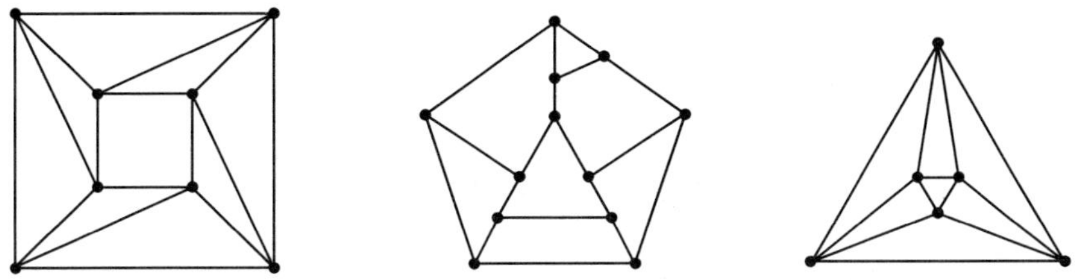

예제 3

정의 2에 의해서, K_n은 정규그래프이다.

예제 4

다음을 만족하는 정규그래프를 구하여라.

(1) 각 꼭짓점이 모두 차수가 4이고 10개의 변을 갖는 정규그래프가 존재하는가?

(2) 각 꼭짓점이 모두 차수가 4이고 15개의 변을 갖는 정규그래프가 존재하는가?

풀이 (1) 10장의 정리 1에 의해 $|E|=10$, $2|E|=20=\sum \deg(v)=4|V|$ 이므로 $|V|=5$인 그래프를 생각하면 된다. 이와 같은 그래프는 아래와 같이 여러 가지가 있을 수 있다.

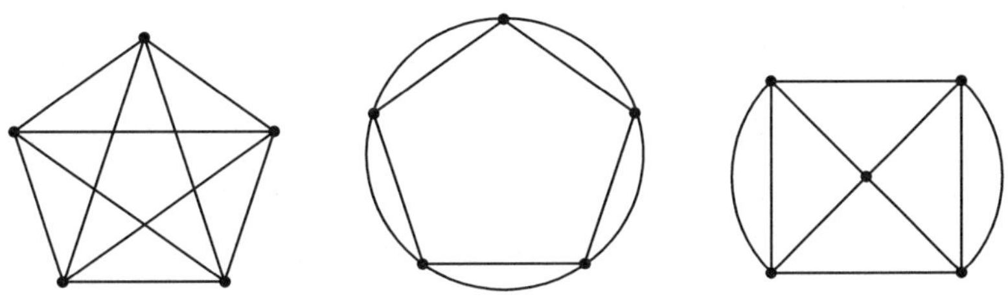

(2) $2|E|=\deg(v)$에서 $2 \cdot 15=30=\sum \deg(v)=4|V|$ 이므로 $|V|=\frac{30}{4}$이 된다.

이 경우는 꼭짓점이 자연수가 아니므로 이와 같은 조건을 갖는 그래프는 존재하지 않는다.

예제 5

(1) $G=(V, E)$가 $|E|=9$, 차수가 3인 정규그래프를 하나 구하여라.

(2) 정규그래프이면서 15개의 변을 갖는 그래프를 구하여라.

(3) $|E|=10$인 그래프에서 차수가 4인 꼭짓점 2개 있고 나머지는 차수가 3인 꼭짓점을 가질 때 $|V|$를 구하여라. 또 이와 같은 그래프를 하나 구하여라.

풀이 (1) 10장의 정리 1에 의해

$\sum_{v=V} \deg(v) = 2|E|$ 에서

$$\sum_{v=V} \deg(v) = 3|V| = 2|E| = 18$$

그러므로 $|V|=6$ 을 얻는다. 이 조건을 만족하는 그래프 중 하나는 다음과 같다.

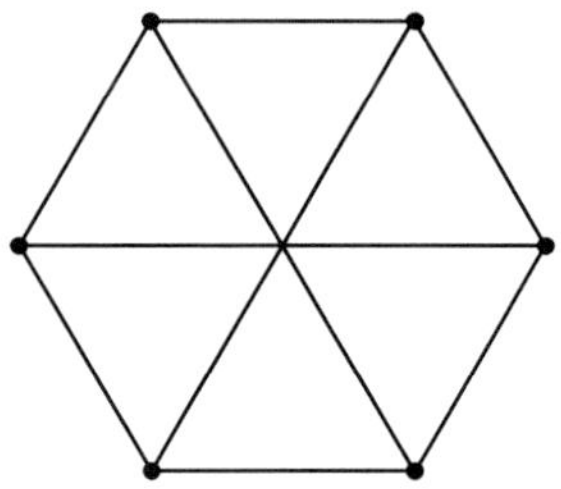

(2) 정규이면서 15개의 변을 가진다면 10장의 정리 1에 의해

$$\sum \deg(v) = 2|E| = 30 \text{ 이고}$$

각 꼭짓점의 차수가 m이면 $m|V|=30$ 이므로

$|V|=\dfrac{30}{m}$ $(m=1, 2, 3, 5, 6, 10, 15, 30)$이다. 따라서 다음과 같은 8가지 경우를 생각할 수 있다.

① $m=30$일 때, $|V|=1$이며, 15개 변은 고리를 가짐, 각 꼭짓점의 차수는 30.

② $m=15$일 때, $|V|=2$이며, 15개 변은 고리를 가짐, 각 꼭짓점의 차수는 15.

③ $m=10$일 때, $|V|=3$이며, 15개; 각 꼭짓점의 차수는 10.

④ $m=6$일 때, $|V|=5$이며, 각 꼭짓점의 차수는 6.

⑤ $m=5$일 때, $|V|=6$이며, 각 꼭짓점의 차수는 5.

⑥ $m=3$일 때, $|V|=10$이며, 각 꼭짓점의 차수는 3.

⑦ $m=2$일 때, $|V|=15$이며, 각 꼭짓점의 차수는 2.

⑧ $m=1$일 때, $|V|=30$이며, 15조각으로 된 그래프로 각 꼭짓점의 차수는 1.

(3) $|E|=10$일 때 $|V|=k$라 하면

차수가 4인 꼭짓점이 2개, 차수가 3인 꼭짓점은 $k-2$개이므로

$$\sum_{v=V} \deg(v) = 2 \mid E \mid = 20$$

이 성립한다. 그러므로

$$4 \times 2 + 3 \times (k-2) = 20$$

$$3(k-2) = 20 - 8 = 12$$

따라서 $k = 6$.

이 조건을 만족하는 그래프는 여러 가지가 있지만 그 중 하나는 다음과 같다.

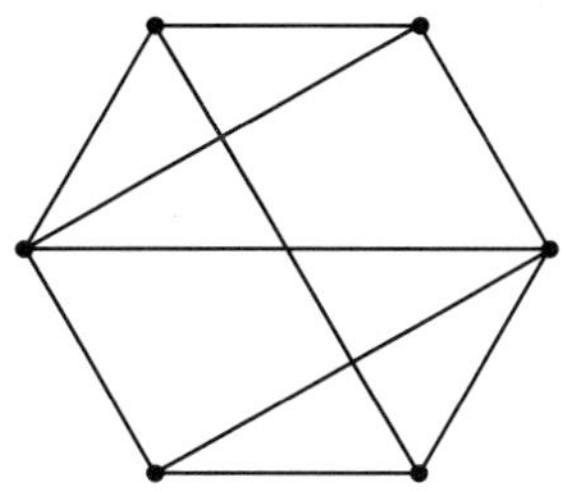

12.4 tree

tree에 대해 자세한 것은 자료구조를 통해서 이미 학습하였거나 별도로 보충하기로 하고 여기서는 그래프의 특수한 경우로 tree(수형도, 樹型圖)에 대해서는 간단히 언급하기로 한다.

정의 1

cycle을 가지지 않는 단순 연결그래프를 **tree**라고 한다.

예제 1

모든 tree는 이분그래프(bipartite grpah)이다.

그래프가 cycle를 포함하지 않으면 그 그래프를 cycle-free 또는 acyclic graph라고 한다. 따라서 tree는 cycle를 갖지 않는 유한인 연결그래프이다. 즉, tree는 단순 그래프에서 임의의 서로 다른 두 꼭짓점에 대하여 그 두 꼭짓점을 연결하는 경로가 유일한 (연결)그래프이다.

예제 2

다음은 6개의 꼭짓점을 가지는 서로 동형이 아닌(non-isomorphic) 6가지 tree를 나타낸 것이다.

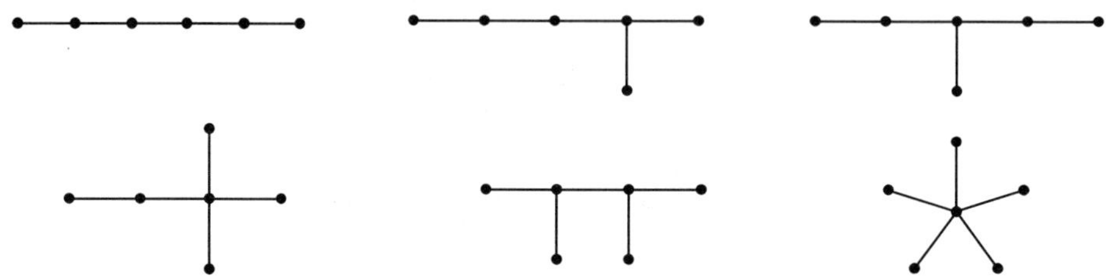

참고 꼭짓점의 개수가 n인 tree의 개수는 다음과 같다.

꼭짓점의 개수	1	2	3	4	5	6	7	8
tree의 개수	1	1	1	2	3	6	11	23

정리 1

단순그래프 $T=(V, E)$에서 다음은 모두 동치가 된다. 단, $|V|=v$이고 $|E|=e$이다.

(1) T는 tree이다.

(2) T는 연결되어있으며 $e=v-1$이다.

(3) T에 있는 임의의 두 점 사이에는 단지 하나의 경로가 존재한다.

(4) T는 연결되어 있지만, T에서 임의의 변을 제거하면 비연결그래프가 된다.

(5) T는 사이클을 가지지 않지만, 임의의 변을 첨가하면 사이클을 가지게 된다.

예제 3

Arthur Cayley가 1857년에 $C_k H_{2k+2}$의 형태의 포화탄화수소화합물을 수형도(tree)를 이용하여 나타내는 시도를 하였다. $C_k H_{2k+2}$의 이성체(isomer)를 구할 때 탄소원자의 결합상태를 이용하여 이성체의 개수를 구할 수 있음을 보였다.

$k=1$일 때 CH_4는 methane

$k=2$일 때 C_2H_6는 ethane

$k=3$일 때 C_3H_8는 propane은 한 가지뿐이다.

$k=4$일 때 C_4H_{10}는 n-butane과 2-methyl propane

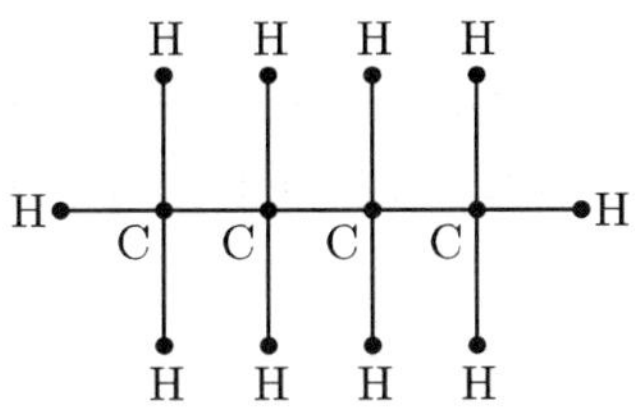

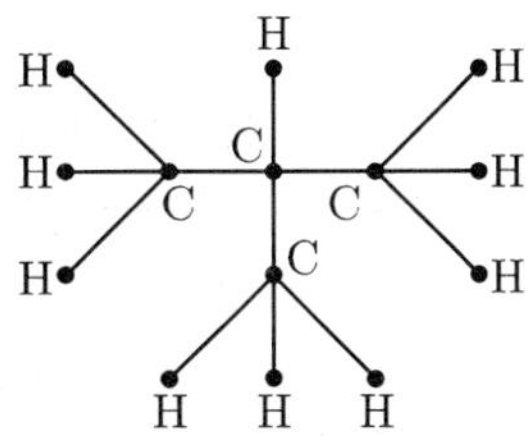

$k=5$일 때 C_5H_{12}는 n-pentane, 2-methyl butane와 2,2-dimethyl propane이 있다. 그러나 $k=6$일 때는 5개의 이성체가 있다. 이성체의 개수를 타나내는 표를 참조하여라.

k	1	2	3	4	5	6	7	8	9	10	11	12	13	14	15
이성체의 개수	1	1	1	2	3	5	9	18	35	75	159	355	802	1858	4347

12.5 그래프의 연산

정의 1

두 그래프 $G=(V_G, E_G)$, $H=(V_H, E_H)$에서, $V_H \subseteq V_G$, $E_H \subseteq E_G$이면 H는 G의 **subgraph**라고 하며, G는 H의 **supergraph**라고 한다.

정의 2

그래프 H가 그래프 G의 subgraph이며, $V_H \subset V_G$, $V_H \neq V_G$이거나 $E_H \subset E_G$, $E_H \neq E_G$이면 H를 G의 **진부분그래프**(proper subgraph)라고 한다.

정의 3

그래프의 성분(component of graph)을 $comp(G)$ 로 표시한다. $comp(G)=1$이면 G는 연결그래프(connected graph)이다.

정의 4

그래프 $G=(V, E)$에서 **꼭짓점 제거**(vertex-deletion)란 그래프 G에서 한 꼭짓점 v를 제거하는 것을 말한다. 그러면 그 꼭짓점이 제거되면서 그와 연결된 모든 변들도 같이 제거가 된다. 이것을 $G-v=(V-v, E-v)$로 표시한다.
그래프 $G=(V, E)$에서 **변 제거**(edge-deletion)란 그래프 G에서 한 변 e를 제거하는 것을 말한다. 이때는 꼭짓점 제거와는 달리 그 변만 제거하면 된다. 이것을 $G-e$로 표시한다. 이와 반대되는 개념으로 **꼭짓점 첨가**(add-vertex)와 **변 첨가**(add-edge)를 생각할 수 있다. 이들을 각각 $G\bigcup\{v\}$와 $G\bigcup\{e\}$로 나타낸다.

꼭짓점과 변의 집합으로 구성된 그래프도 하나의 집합으로 생각하여 다음과 같은 연산을 생각할 수 있다.

정의 5 그래프의 연산

$G_1=(V_1, E_1)$, $G_2=(V_2, E_2)$를 두 그래프라고 하자. 그러면

(1) G_1과 G_2의 **union**을 $G_1\bigcup G_2$ 로 나타내며, 꼭짓점의 집합은 $V_1\bigcup V_2$ 이고, 변의 집합은 $E_1\bigcup E_2$ 이다.

(2) G_1과 G_2의 **intersection**을 $G_1\bigcap G_2$로 나타내며, 꼭짓점의 집합은 $V_1\bigcap V_2$이고, 변의 집합은 $E_1\bigcap E_2$이다.

(3) G_1과 G_2의 **sum**을 G_1+G_2로 나타낸다.

(4) G_1과 G_2의 **join**을 $G_1\vee G_2$로 나타낸다.

(5) G_1과 G_2의 **Cartesian product**를 $G_1\times G_2$로 나타낸다.

참고 sum과 join은 학자에 따라 다른 기호를 사용하기도 하기 때문에 주의해야 한다.

예제 1

12.5의 정의 5를 이해하기 쉽도록 그래프를 이용하여 각각의 예를 보이기로 한다.

(1) 두 그래프 G_1과 G_2의 **Cartesian product** $G_1 \times G_2$

G_1

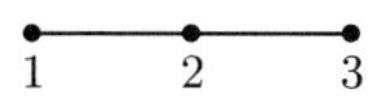

G_2

라고 하면

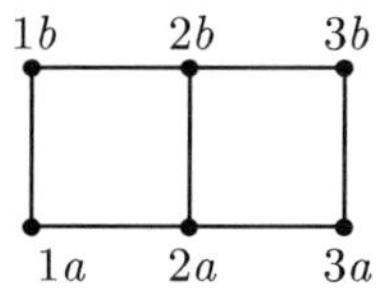

$G_1 \times G_2$

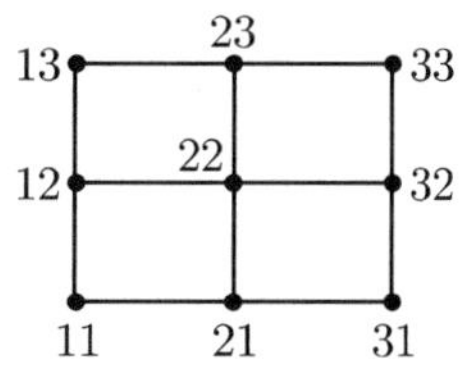

$G_2 \times G_1$

따라서 $G_1 \times G_2 \neq G_2 \times G_1$ 이다. 교환이 성립되지 않음을 알 수 있다.

(2) 두 그래프 G_1과 G_2의 **union** $G_1 \cup G_2$과 **intersection**을 $G_1 \cap G_2$

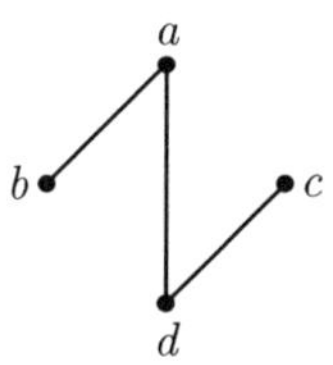

G_1

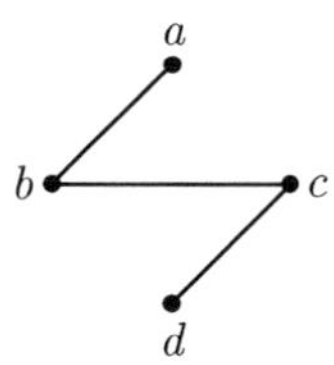

G_2

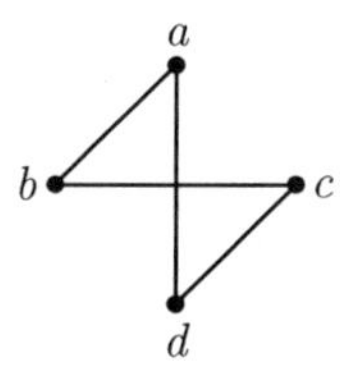

$G_1 \cup G_2$

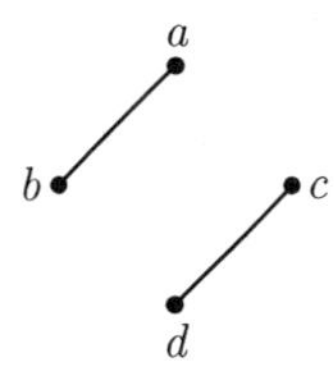

$G_1 \cap G_2$

(3) 두 그래프 G_1과 G_2의 **join**을 $G_1 \vee G_2$

G_1

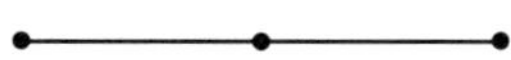

G_2

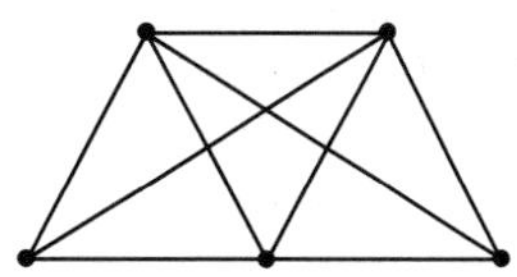
$G_1 \vee G_2$

(4) K_1, C_4일 때 $K_1 \vee C_4 = W_4$이다.

K_1

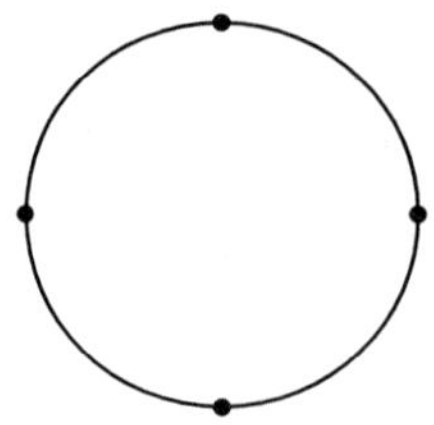

C_4

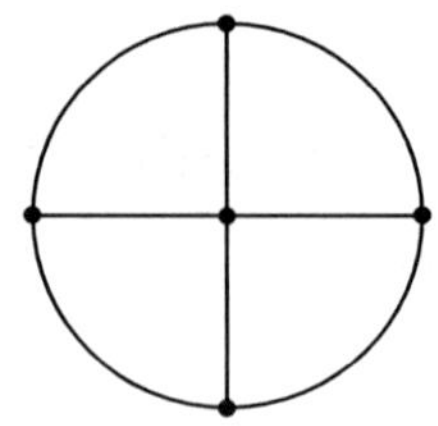

$K_1 \vee C_4 = W_4$ ■

예제 2

wheel은 $W_n = K_1 \vee C_n$이 된다. 그리고 $K_n = K_1 \vee K_{n-1}$, $K_{m,n} = \overline{K_m} \vee \overline{K_n}$ (여기서 "—"은 단순그래프의 complement graph, 13장 정의 2 참조)를 나타낸다. ■

정리 1

$G_1 = (V_1, E_1)$과 $G_2 = (V_2, E_2)$가 2개의 단순 그래프라 하자. 그리고 편의상 $v(G)$를 G의 꼭짓점의 개수, $e(G)$를 G의 변의 개수라고 하자. 그러면

(1) $G_1, G_2 \subseteq G$일 때 union $G_1 \bigcup G_2$는

$$v(G_1 \bigcup G_2) = v(G_1) + v(G_2) - v(G_1 \bigcap G_2)$$
$$e(G_1 \bigcup G_2) = e(G_1) + e(G_2) - e(G_1 \bigcap G_2)$$

(2) sum $G_1 + G_2$는

$$v(G_1 + G_2) = v(G_1) + v(G_2)$$
$$e(G_1 + G_2) = e(G_1) + e(G_2)$$

(3) join $G_1 \vee G_2$는

$$v(G_1 \vee G_2) = v(G_1) + v(G_2)$$
$$e(G_1 \vee G_2) = e(G_1) + e(G_2) + v(G_1) \cdot v(G_2)$$

(4) cartesian product $G_1 \times G_2$는

$$v(G_1 \times G_2) = v(G_1) \cdot v(G_2)$$
$$e(G_1 \times G_2) = v(G_1) \cdot e(G_2) + e(G_1) \cdot v(G_2)$$

예제 3

G_1과 G_2가 다음과 같을 때, $G_1 \vee G_2$와 $G_1 \times G_2$를 각각 구하여라.

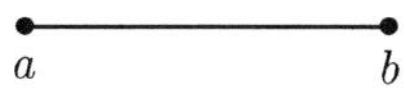

G_1

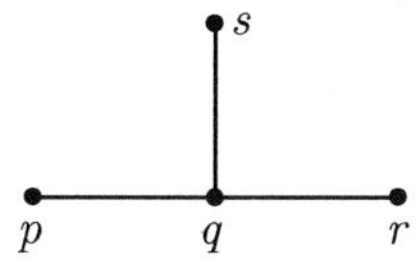

G_2

풀이

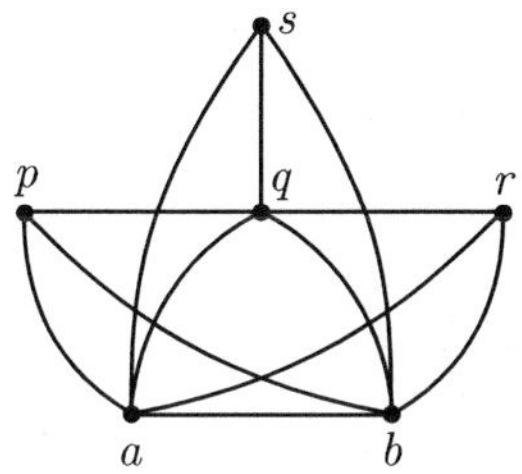

$G_1 \vee G_2$

꼭짓점 6개, 변 12개

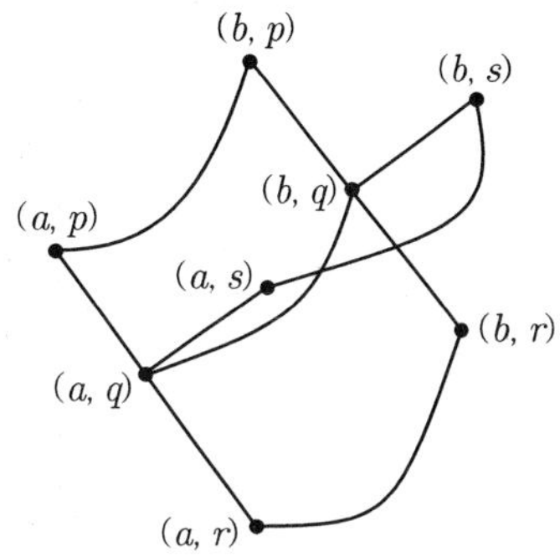

$G_1 \times G_2$

꼭짓점 8개, 변 10개

연습문제 12

1. 다음 28개의 변을 가지는 그래프는 이분그래프인가? 그러면 k -partite graph로 나타낼 수 있는가?

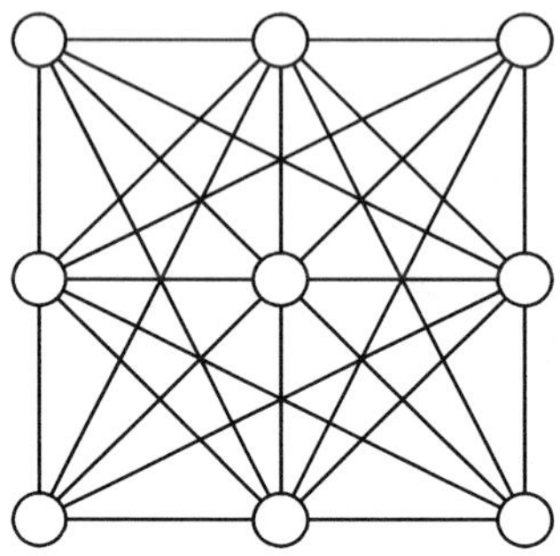

2. 피터슨 그래프의 모든 점에서의 차수를 구하고, 피터슨 그래프에서 길이가 5, 6, 7, 8, 9인 cycle을 각각 구하여라.

3. 단순그래프는 이분그래프를 부분그래프로 가짐을 보여라.

4. 다음 그래프가 $K_{2,2,2}$임을 보여라.

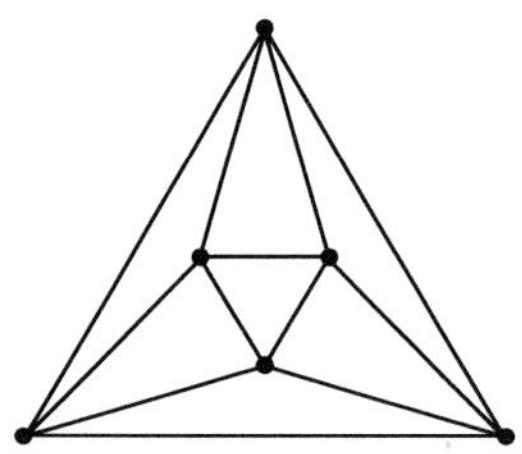

5. 5개 이하의 꼭짓점을 가지는 tree는 모두 8개이다. 다음 tree를 각각 나타내어라.
   (1) 1개의 꼭짓점을 가지는 tree는 1가지
   (2) 2개의 꼭짓점을 가지는 tree는 1가지
   (3) 3개의 꼭짓점을 가지는 tree는 1가지
   (4) 4개의 꼭짓점을 가지는 tree는 2가지
   (5) 5개의 꼭짓점을 가지는 tree는 3가지

6. 6개의 꼭짓점을 가진 서로 동형(13장 참조)이 아닌(non-isomorphic) tree는 6개가 있고, 7개의 꼭짓점을 가진 경우는 11개가 있음을 보여라.

7. K_n의 인접행렬을 구하여라.

8. 꼭짓점의 개수가 8인 3-regular 그래프가 있을 때, 이 그래프는 몇 개의 변을 가지고 있는가? 이와 같은 그래프를 하나 구하여라.

9. 20개의 변을 가진 정규그래프가 존재하는가? 존재하면 그와 같은 그래프를 하나 구하여라.

연습문제 12 - 문제풀이

1. 풀이 길이가 홀수인 닫힌 경로를 구할 수 있으므로 이분그래프가 아님을 쉽게 알 수 있다. $k=4$로 꼭짓점을 4개의 부분집합으로 나누면 4-partite graph가 됨을 알 수 있다. 같은 문자에 속하는 꼭짓점끼리 묶으면 4개의 분할된 부분집합으로 구분되기 때문이다.

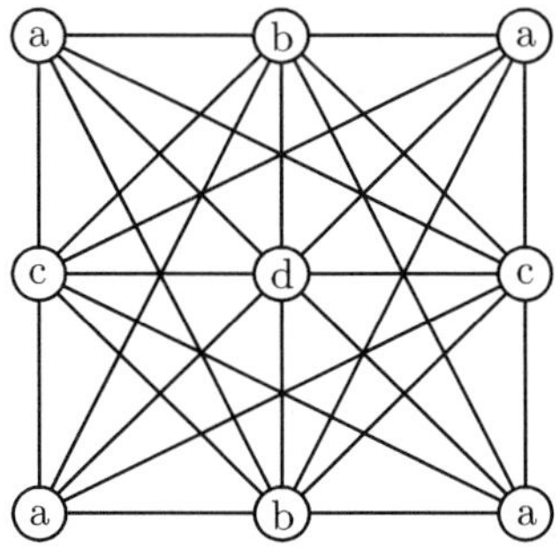

7. 풀이 대각선의 원소는 0이고 나머지 원소는 모두 1로 이루어진 정방행렬이다.

8. 풀이 $\sum \deg(v) = 8 \times 3 = 24 = 2|E|$ 에서 $|E| = 12$를 얻을 수 있다. 정육면체의 골격그래프를 생각하여라.

13장 그래프의 동형

이 장에서는 그래프의 동형과 그 동형을 찾기 위한 방법에 대하여 학습한다. 두 그래프가 동형이 되는 것을 확인하는 작업은 어려운 문제에 속한다. 이 장에서는 동형그래프와 그래프의 불변성, complement graph, 그리고 self-complementary graph 등에 대해 학습하기로 한다.

정의 1

그래프의 동형(graph isomorphism)이란 인접(adjacency)이 보존되는 하나의 그래프의 꼭짓점에서 다른 그래프의 꼭짓점으로의 일대일의 사상이다. 즉, 주어진 그래프 $G_1 = (V_1, E_1)$과 $G_2 = (V_2, E_2)$에 대해 동형 사상은 V_1 안의 모든 꼭짓점의 쌍 (a, b)에서 변 $(f(a), f(b))$가 E_2 안에 있으면 변 (a, b)가 E_1 안에 있는 함수이다. 그리고 G_1과 G_2가 동형일 경우 기호로 $G_1 \cong G_2$로 나타낸다.

참고 m개의 꼭짓점과 n개의 변을 가지고 있는 두 그래프가 동형인 것을 보이려면 $m!n!$번의 일대일 대응을 검사해야 한다. 그래프의 불변성을 이용하여 동형이 아닌 것을 판별할 수 있다. 1972년 R.M. Karp의 "그래프 동형문제는 NP- complete인가?"는 아직 해결되지 않은 문제이다. (참고문헌 [15])

정리 1

그래프에서 동형이라는 것은 동치관계(equivalence relation)가 된다. 즉,

(1) (반사율) G는 자기 자신과 동형이다.

(2) (대칭률) $G_1 \cong G_2$ 이면 $G_2 \cong G_1$ 이다.

(3) (추이율) $G_1 \cong G_2$ 이고 $G_2 \cong G_3$ 이면, $G_1 \cong G_3$ 이다.

예제 1

다음 두 그래프는 서로 동형임을 보여라.

(1)

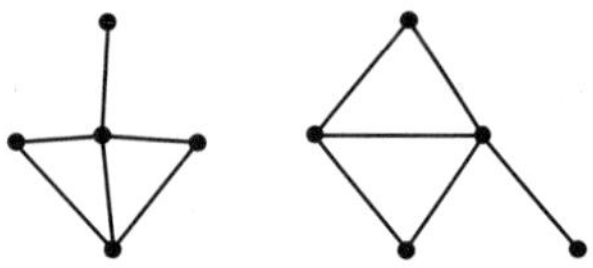

(2)

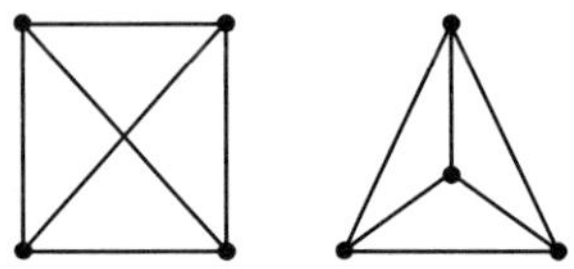

(3)

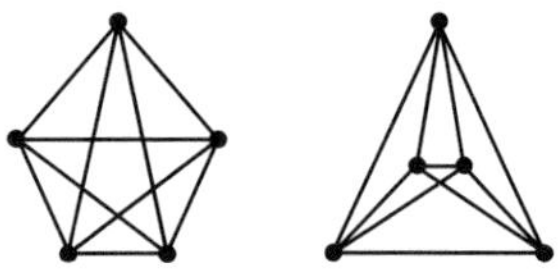

(4)

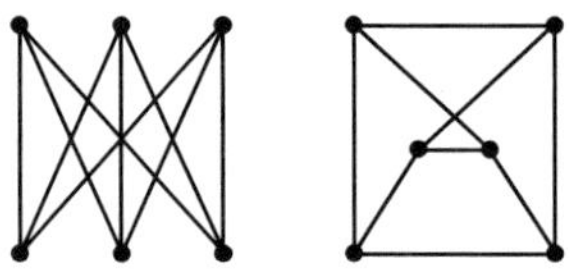

풀이 (1), (2), (3), (4) 모두 서로 동형이다. ■

예제 2

다음 두 그래프는 모두 $|V| = 6$, $|E| = 9$이다. 두 그래프는 동형인가?

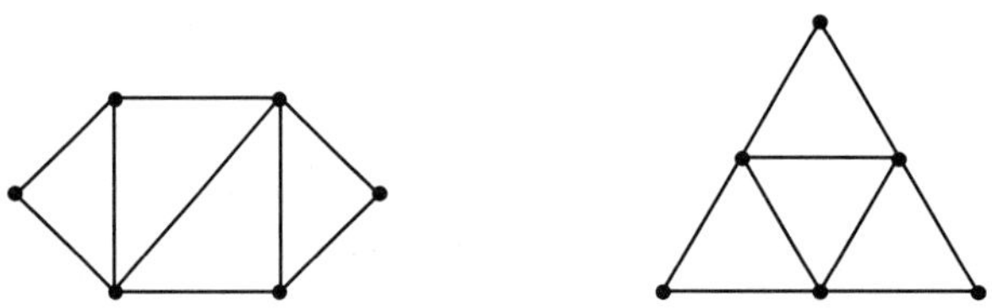

풀이 서로 동형이 아니다. 왜냐하면 두 그래프는 꼭짓점차수열이 서로 같지 않기 때문이다. ■

예제 3

다음 그래프가 서로 동형임을 보이고, 대응하는 꼭짓점에 같은 문자(또는 숫자)로 대응시켜라.

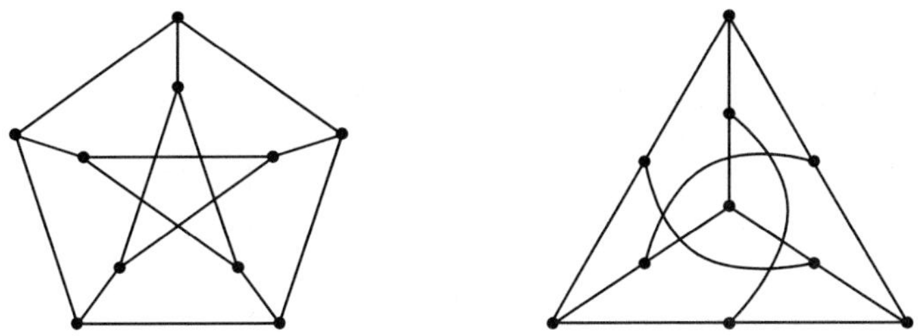

풀이

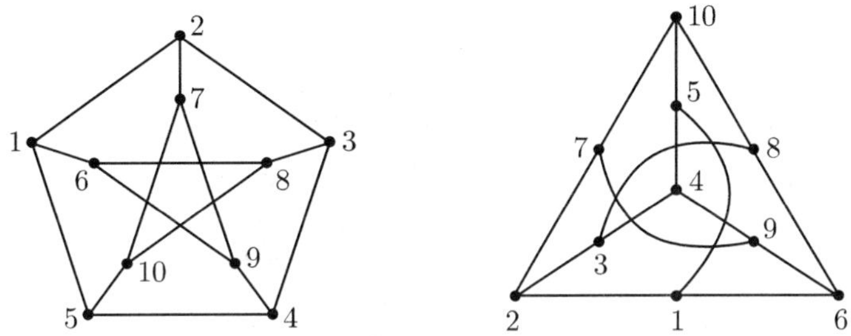

정의 2

그래프 G(loop를 가지지 않는 무방향 그래프)에서 G의 **여그래프**(complement of G)는 $\overline{G}$로 표시하며, 모든 꼭짓점 u와 v에 대해서, G에서 u와 v를 연결하는 변이 있을 때는 $\overline{G}$에서 u와 v를 연결하는 변이 없고, G에서 없을 때는 $\overline{G}$에서 있을 경우를 말한다.

참고 complement graph를 inverse graph라고도 한다.

예제 4

다음 두 그래프는 서로 complement이다. 대응하는 꼭짓점의 위치가 다른 점에 주의하여라.

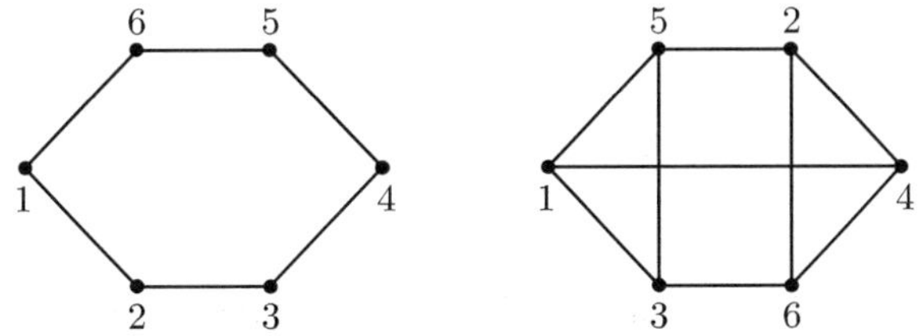

G $\overline{G}$

따라서 n개의 꼭짓점을 가진 그래프에서 complement를 구하려면 n개의 꼭짓점을 가진 완전 그래프 K_n과 비교하면 좋다.

예제 5

다음 그래프에 대해 그 complement 그래프를 구하여라.

(1)

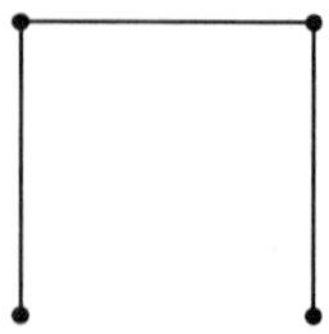

(2)

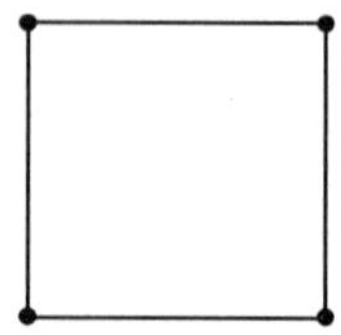

(3)

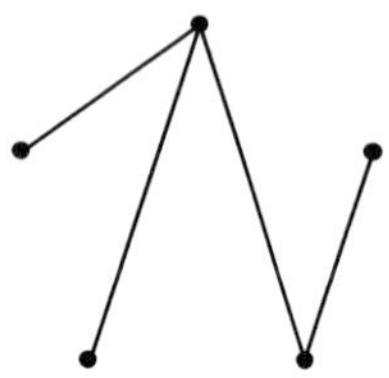

(4)

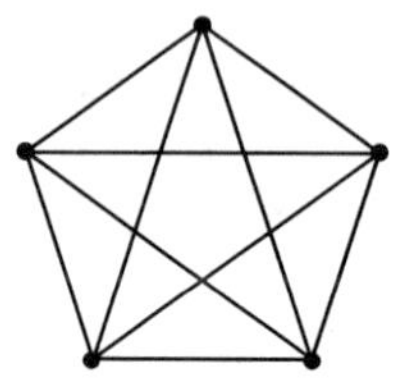

풀이 (1)과 (2)는 4개의 꼭짓점을 가지고 있으므로 K_4와 비교하여 연결된 변을 제외한 그래프를 구성하면 각각 다음과 같다.

(1)

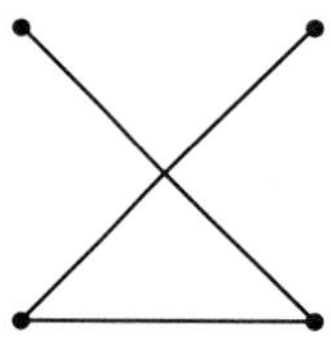

(2)

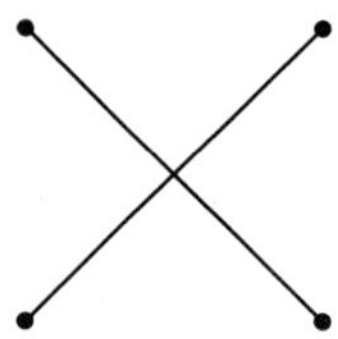

(3)과 (4)는 5개의 꼭짓점을 가지고 있으므로 K_5와 비교하여 연결된 변을 제외한 그래프를 구성하면 각각 다음과 같다. 특히 완전그래프의 complement 그래프를 주목하여라.

(3)

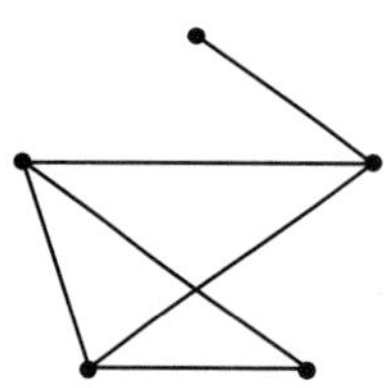

(4)

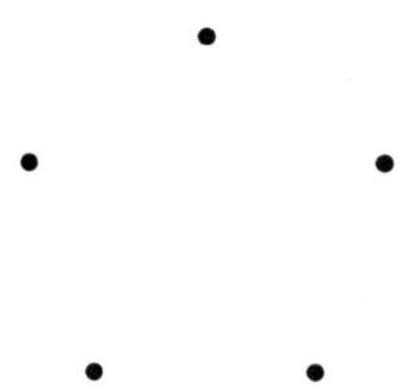

참고 n개의 꼭짓점을 가지며 변이 하나도 없는 그래프를 empty graph(또는 totally disconnected graph)라 하고 E_n으로 나타낸다.

예제 6

다음 단순 그래프 G와 그의 complement graph $\overline{G}$의 인접행렬 A_G와 $A_{\overline{G}}$를 각각 구하여 그 둘 사이에는 어떤 차이가 있는지 확인하여라.

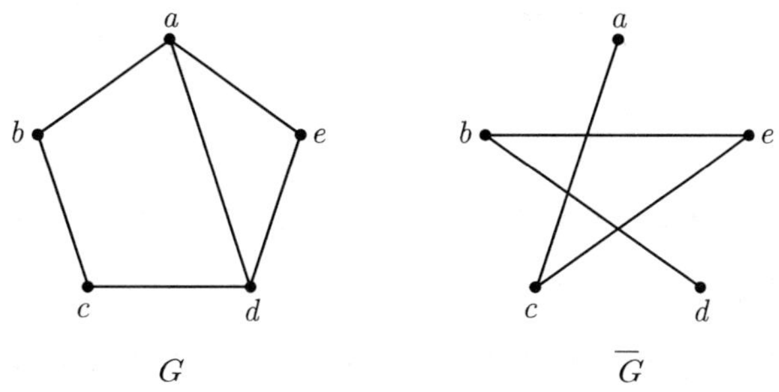

풀이

$$A_G = \begin{array}{c} \\ a \\ b \\ c \\ d \\ e \end{array} \begin{array}{c} \begin{array}{ccccc} a & b & c & d & e \end{array} \\ \begin{pmatrix} 0 & 1 & 0 & 1 & 1 \\ 1 & 0 & 1 & 0 & 0 \\ 0 & 1 & 0 & 1 & 0 \\ 1 & 0 & 1 & 0 & 1 \\ 1 & 0 & 0 & 1 & 0 \end{pmatrix} \end{array} \qquad A_{\overline{G}} = \begin{array}{c} \\ a \\ b \\ c \\ d \\ e \end{array} \begin{array}{c} \begin{array}{ccccc} a & b & c & d & e \end{array} \\ \begin{pmatrix} 0 & 0 & 1 & 0 & 0 \\ 0 & 0 & 0 & 1 & 1 \\ 1 & 0 & 0 & 0 & 1 \\ 0 & 1 & 0 & 0 & 0 \\ 0 & 1 & 1 & 0 & 0 \end{pmatrix} \end{array}$$

이므로 서로 complement인 두 그래프의 인접행렬은 대각원소를 제외하고, 0은 1로, 1은 0으로 교환한 것이다. ■

그래프가 상대적으로 많은 변을 가진 경우 두 그래프의 동형을 확인하기 위해서는, 그 그래프의 complement 그래프를 이용하여 비교하면 편할 경우가 있다. 따라서 다음 정리가 유용하게 쓰일 수 있다.

정리 2

$G_1 \cong G_2$ 일 필요충분조건은 $\overline{G_1} \cong \overline{G_2}$ 이다.

예제 7

다음 두 그래프는 서로 동형인가?

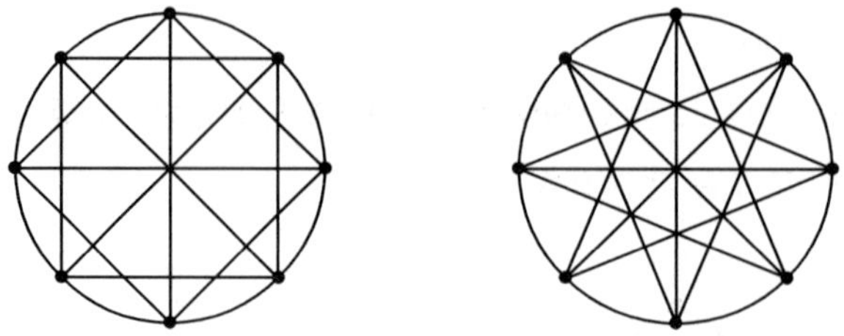

G_1 G_2

풀이 위 그래프가 서로 동형인가를 확인하기 위해서는 두 그래프의 complement를 그려서 확인하는 것이 편하다. K_8 이 $\binom{8}{2}$ =28개의 변을 가지는데, 위 그래프가 각각 20개의 변을 가지므로 complement 그래프는 각각 8개의 변을 가진다. 이들의 complement 그래프는 각각

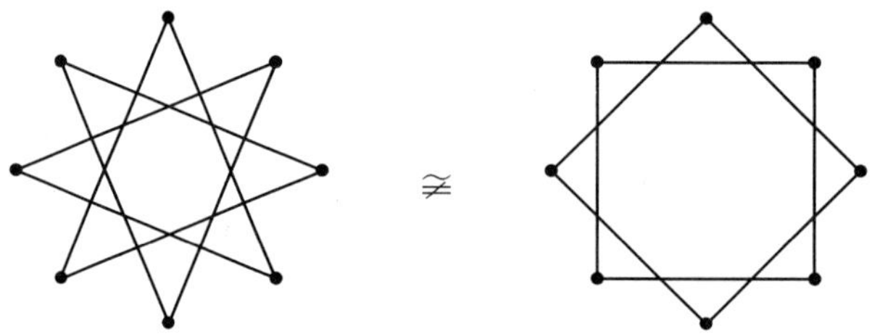

$\overline{G_1}$ $\overline{G_2}$

이고, 이 두 그래프는 서로 동형이 아니다. 따라서 원래 주어진 두 그래프도 서로 동형이 아니다. ■

정의 3

단순 그래프 G가 $G \cong \overline{G}$ 이면 **self-complementary**라고 한다.

예제 8

다음 그래프는 self-complementary이다. 각각 그래프의 complement 그래프와 동형이 되기 때문이다.

(1)

(2)

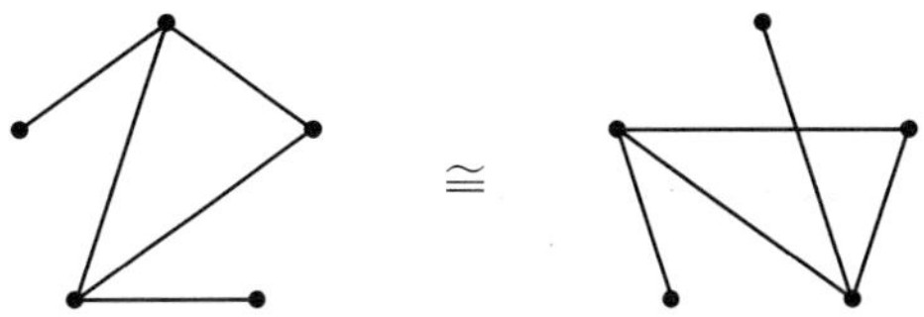

(3)

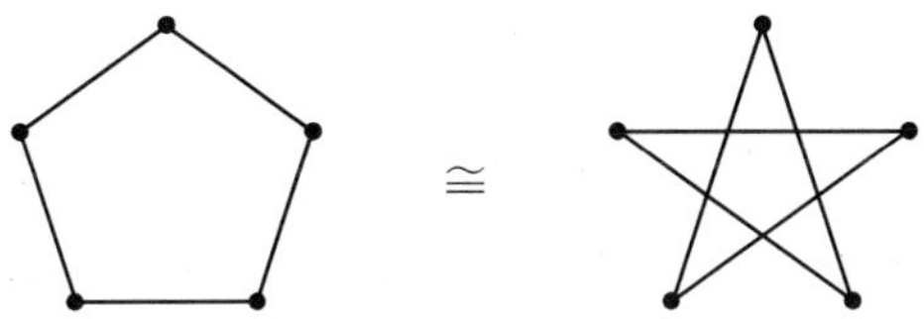

예제 9

그래프 G가 self-complementary이면 G는 몇 개의 변(edge)을 가지는가?

풀이 K_n은 $\binom{n}{2} = \frac{n(n-1)}{2}$ 개의 변을 갖는다. 그리고 정의 3에 의해 G와 $\overline{G}$는 같은 수의 변을 가져야 하므로 $\dfrac{\frac{n(n-1)}{2}}{2} = \dfrac{n(n-1)}{4}$ 개의 변(edge)이 있다.

정리 3

그래프 G가 n개의 꼭짓점을 갖는 self-complementary이면, $n = 4k$ 또는 $n = 4k+1$이다. 즉 self-complementary인 그래프는 이와 같은 n 값을 가질 때만 가능하다.

증명 예제 9에서 G가 self-complementary이면 $\frac{n(n-1)}{4}$ 개의 변을 갖는다는 것을 알았다. 그런데 이 값은 자연수이므로 $\frac{n(n-1)}{4} = k \in N$(자연수)이다. 따라서

n이 짝수이면 $n-1$은 홀수이다. $\Rightarrow$ $n = 4t$, $t \in N$

n이 홀수이면 $n-1$은 짝수이다. $\Rightarrow$ $n-1 = 4t$ 즉 $n = 4t+1$, $t \in N$.

위 정리 3에 의하면, n개의 꼭짓점을 가지는 self-complementary graph가 존재하기 위한 필요충분조건은 $n \equiv 0$ 또는 $1 \pmod 4$이다.

꼭짓점 n의 개수	1	4	5	8	9	12	13	16
동형이 아닌 self-complementary graph의 개수	1	1	2	10	36	720	5,600	703,760

정리 4

G를 단순그래프라고 하자. 그러면 $\overline{G}$도 역시 단순그래프이고, $\overline{\overline{G}} = G$이다.

어떤 그래프 G의 모든 꼭짓점의 차수(degree)가 k이면 k-regular graph라고 한다. 3-regular graph를 **cubic graph**라고도 한다. degree가 0인 꼭짓점을 **고립꼭짓점**(isolated vertex)이라 하며, degree가 1인 꼭짓점을 **매달린 꼭짓점**(pendant vertex)이라고 한다.

정리 5

단순그래프 G가 연결되지 않은 그래프(not connected graph)이면, $\overline{G}$는 연결그래프(connected graph)이다.

증명 G와 $\overline{G}$의 임의의 두 꼭짓점을 u와 v라고 하자. 그러면 G가 연결그래프가 아니므로 다음 2가지 중 하나가 성립한다.

(1) u와 v가 G에서 다른 component에 속한다.

(2) u와 v가 G에서 같은 component에 속한다.

만일 (1)이 성립한다면, u와 v는 $\overline{G}$에서 인접된다(연결된다).

만일 (2)가 성립한다면, G에서 u와 v가 속하지 않는 성분에 있는 꼭짓점 w에 대하여 $\overline{G}$에서는 $u-w$, $w-v$는 연결이 될 것이다. 따라서 $u-v$는 $\overline{G}$에서 경로(path)이다. 따라서 $\overline{G}$는 연결그래프가 된다.

주의 정리 5의 역은 예제 8(3)을 통해 성립하지 않음을 알 수 있다. 즉 $|V| = 5$인 경우 예제 8(3)의 두 그래프는 모두 연결(connected) 그래프이면서 C_5와 동형(isomorphic)이기 때문이다.

예제 10

self-complementary graph가 매달린 꼭짓점(pendant vertex)을 가지면 그 그래프는 적어도 다른 하나의 매달린 꼭짓점(pendant vertex)을 가진다. 예제 8에서 $n=4$와 $n=5$일 때 이를 확인할 수 있다. ▒

예제 11

4개의 꼭짓점을 가진 그래프에서 다음은 각각 self-complementary이다.

(1)

(2)

▒

예제 12

8개의 꼭짓점을 가지는 self-complementary graph를 하나 구하여라.

풀이 (1) 8개의 꼭짓점을 가지는 self-complementary graph는 $\dfrac{\binom{8}{2}}{2}=14$개의 변을 가진다.

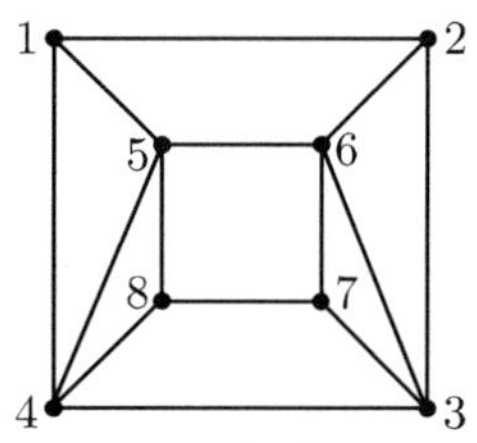

(a)

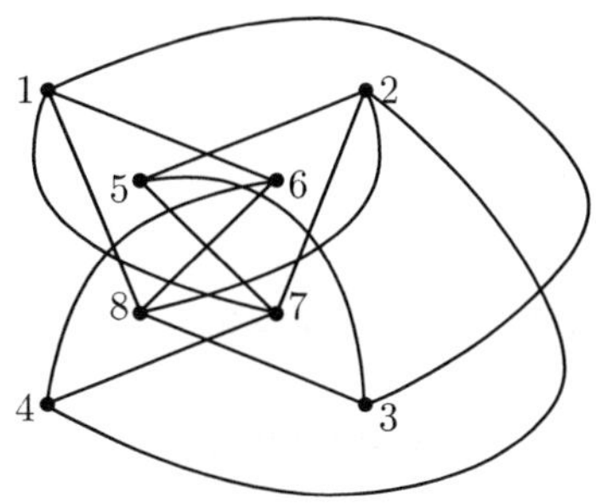

(b)

이 둘은 14개의 변을 가지는 self-complementary graph이다. 그러나 단지 14개의 변을 공통으로 가진 사실 이외는 서로 동형이라는 것이 쉽게 나타나지 않은 것 같아서 위의 그래프를 (a)와 같은 모습이 되도록 (b)를 꼭짓점 번호를 붙여서 다시 나타내었다.

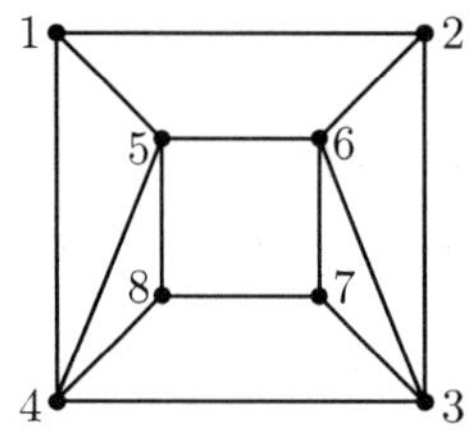

(a)

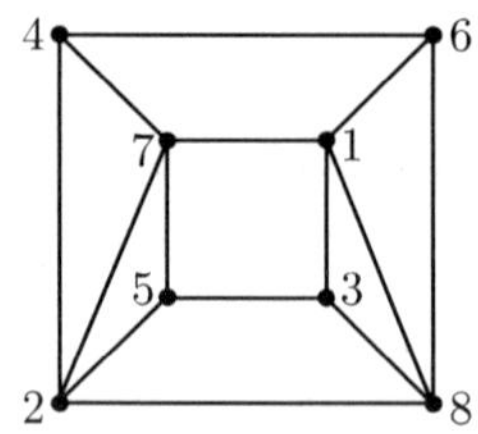

(b)

(2) 다음 두 그래프도 8개의 꼭짓점을 가지는 서로 self-complementary graph이다.

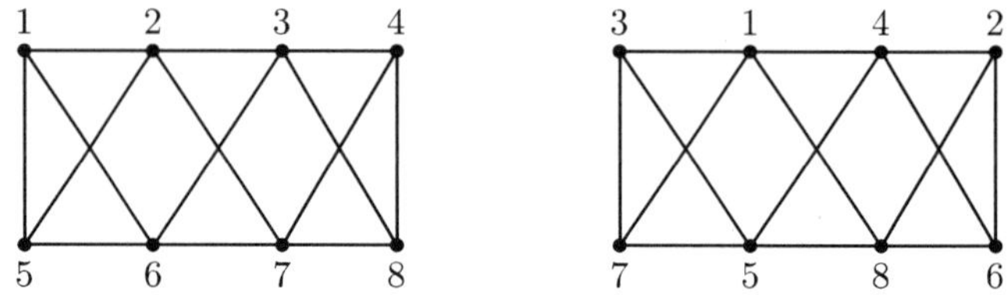

예제 13

9개의 꼭짓점을 가지는 self-complementary graph를 하나 구하여라.

풀이 P_4와 C_5를 아래 그림과 같이 변으로 연결한 그래프를 생각하여라. 이 그래프는 18개의 변을 가지고 있다. 이 그래프의 complement를 그리고 서로 비교한다.

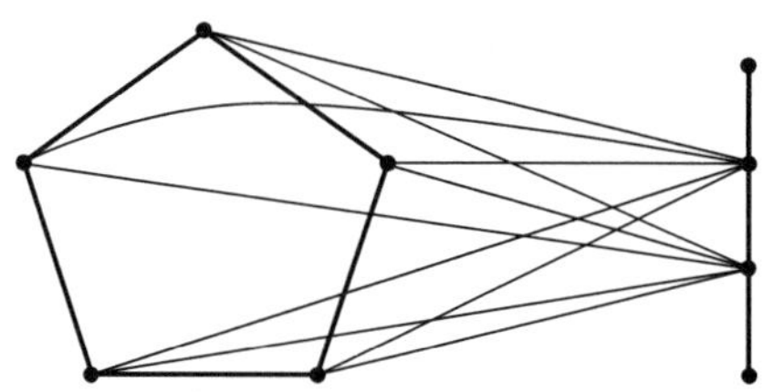

예제 14

다음 두 그래프는 서로 동형이다.

Q_3 (hypercube) CL_4 (circular ladder graph)

정의 4

Möbius ladder ML_n은 CL_n에서 대응하는 2개의 변을 제거한 다음 그 2개의 변을 교차하게 연결한 그래프이다.

예제 15

아래 왼쪽 그래프 CL_4에서 2개의 변을 제거한 다음 그 2개를 교차하여 연결한 오른쪽 그래프가 ML_4 그래프이다.

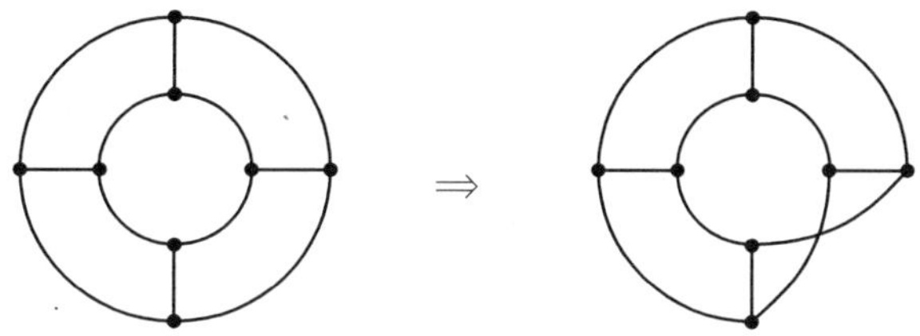

예제 16

$K_{3,3}$과 ML_3은 동형인가?

풀이 아래 그림과 같이 변을 대응하면

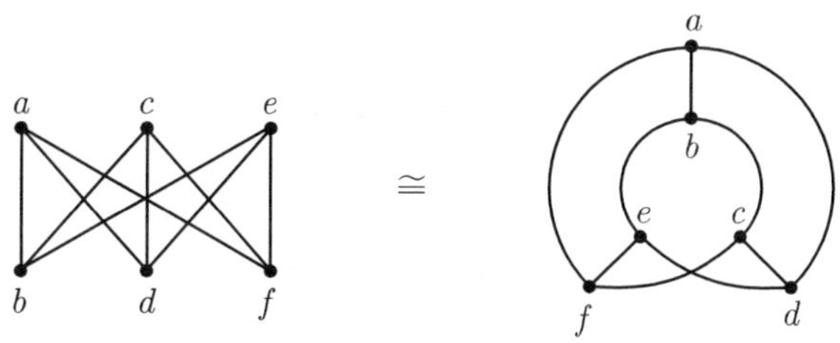

같은 문자로 대응시킨 꼭짓점을 보면 두 그래프가 동형이 됨을 알 수 있다.

예제 17

다음은 모두 8개의 꼭짓점과 12개의 변을 가지고 있다. 이들은 모두 정육면체의 골격 그래프로 서로 동형이다. 대응하는 꼭짓점을 같은 문자로 표시하였다. 이들이 동형임을 확인하여라.

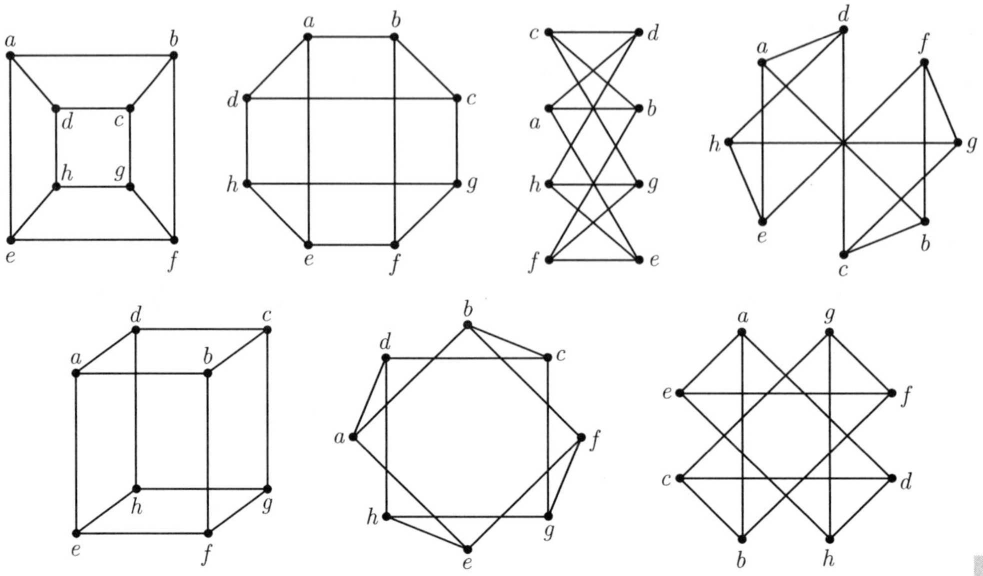

정의 5

그래프의 동형(isomorphism)에 의해 변하지 않는 성질을 그래프의 **불변성**(invariant)이라고 한다.

예제 18

그래프에서 꼭짓점의 개수, 변의 개수, 꼭짓점차수열, 성분(component)은 불변성이다.

주의 두 그래프에서 그래프의 불변성이 같다고 해도 두 그래프가 동형이 아닐 수 있다.

다음 내용은 선형대수학의 기초를 학습하지 않았을 경우, 생략해도 전체 흐름에 영향을 받지 않는 부분이다.

정리 6

그래프 G_1과 G_2가 동형일 필요충분조건은 $A_{G_1} = P^{-1} A_{G_2} P$를 만족하는 치환행렬(permutation matrix) P가 존재할 경우이다.

2개의 $n \times n$ 실대칭행렬이 상사(similar)일 필요충분조건은 그 두 행렬이 같은 특성다항식을 가질 경우이다. 따라서 인접행렬의 특성다항식은 불변(invariant)임을 알 수 있다.

예제 19

다음과 같은 인접행렬 A_G와 그 그래프에 대하여 생각하자.

$$A_G = \begin{pmatrix} 0 & 1 & 1 & 1 \\ 1 & 0 & 0 & 0 \\ 1 & 0 & 0 & 1 \\ 1 & 0 & 1 & 0 \end{pmatrix}$$

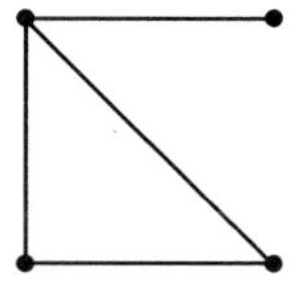

그러면 $\det(xI_n - A_G) = \left| \begin{pmatrix} x & 0 & 0 & 0 \\ 0 & x & 0 & 0 \\ 0 & 0 & x & 0 \\ 0 & 0 & 0 & x \end{pmatrix} - \begin{pmatrix} 0 & 1 & 1 & 1 \\ 1 & 0 & 0 & 0 \\ 1 & 0 & 0 & 1 \\ 1 & 0 & 1 & 0 \end{pmatrix} \right|$

$$= \begin{vmatrix} x & -1 & -1 & -1 \\ -1 & x & 0 & 0 \\ -1 & 0 & x & -1 \\ -1 & 0 & -1 & x \end{vmatrix}$$

$$= x^4 - 4x^2 - 2x + 1$$

정리 7

$G_1 \cong G_2$ 이면, $\det(xI_n - A_{G_1}) = \det(xI_n - A_{G_2})$이다. 그러나 이 역은 성립하지 않는다.

예제 20

다음 두 그래프 G_1과 G_2를 생각하자.

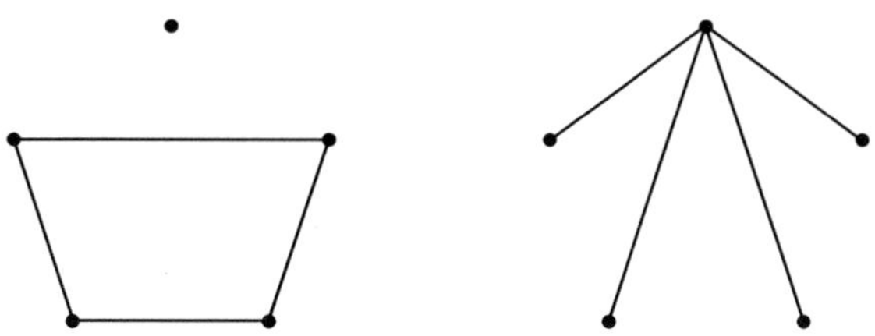

G_1 G_2

$G_1 \ncong G_2$ 인 것은 바로 확인할 수 있다. 그런데

$$\det(xI_5 - A_{G_1}) = x^5 - 4x^3$$

$$\det(xI_5 - A_{G_2}) = x^5 - 4x^3$$

으로 같은 특성다항식을 갖는다. 따라서 정리 7의 역은 성립하지 않는다.
여기서 $\det(xI_5 - A_{\overline{G_1}}) = \det(xI_5 - A_{\overline{G_2}})$임을 확인할 수 있고 $\det(A_{\overline{G_1}}) \neq \det(A_{\overline{G_2}})$임을 확인할 수 있다. ■

연습문제 13

1. 인접행렬이 다음과 같을 때 두 그래프 G와 H는 서로 동형인가?

$$A_G = \begin{pmatrix} 0&1&0&1&0 \\ 1&0&0&1&1 \\ 0&0&0&1&0 \\ 1&1&1&0&1 \\ 0&1&0&1&0 \end{pmatrix} \quad A_H = \begin{pmatrix} 0&1&1&1&1 \\ 1&0&0&1&0 \\ 1&0&0&1&0 \\ 1&1&1&0&0 \\ 1&0&0&0&0 \end{pmatrix}$$

2. 다음 두 그래프는 모두 $|V| = 8$, $|E| = 10$이다. 두 그래프는 동형인가?

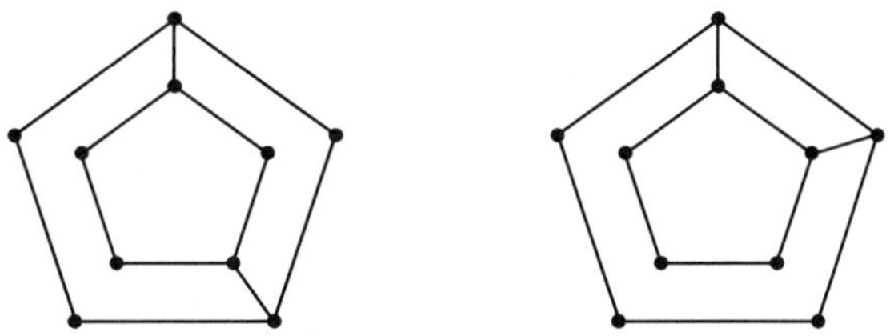

3. 다음 두 그래프가 동형이 아님을 보여라.

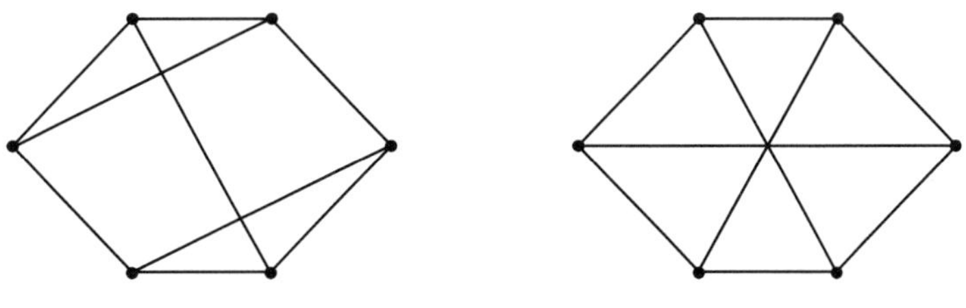

4. 다음 그래프의 complement graph를 각각 구하여라.

(1) (2)

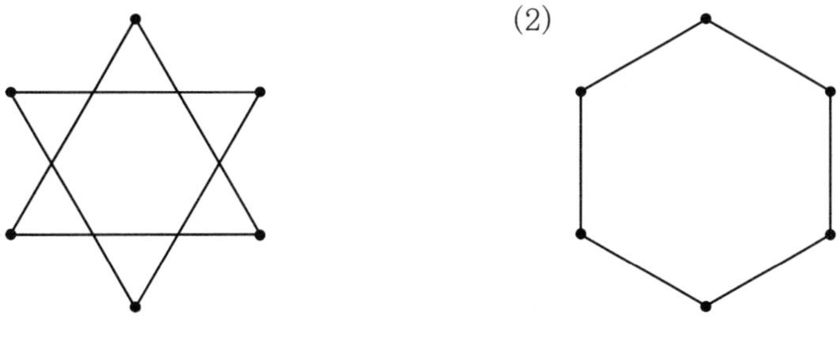

5. 5개의 꼭짓점을 가진 단순 그래프가 34개가 있음을 (10장 표에서) 보았다. 이 34개의 그래프를 그리고 이들이 각각 서로 동형이 아님을 확인하여라. 경우에 따라서는 complement를 이용하여 확인하는 것도 좋은 방법이다.

6. 다음 그래프가 서로 동형임을 보여라.

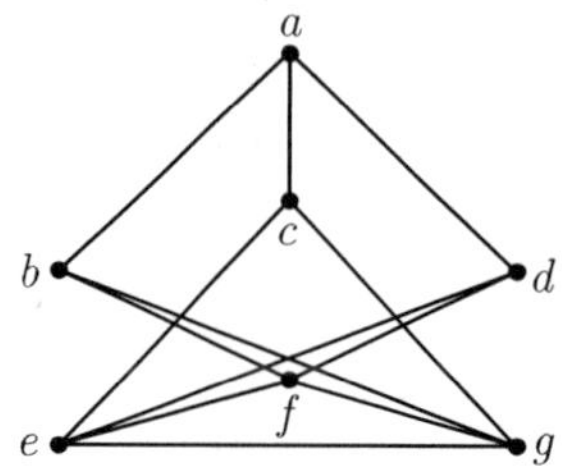

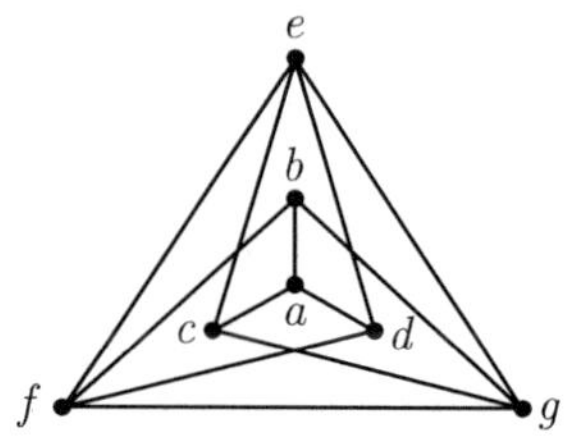

7. $G = (V, E)$에서 $|V| = v$이고, $|E| = e$일 때, G의 최대 차수(degree)를 M이라 하고, G의 최소 차수(degree)를 m이라 하면 $m \le \dfrac{2e}{v} \le M$ 임을 증명하여라.

8. 단순 이분그래프에서 $e \le \dfrac{v^2}{4}$ 임을 보여라. 여기서 $|V| = v$이고, $|E| = e$이다.

연습문제 13 – 문제풀이

1. 풀이 위 인접행렬을 이용하여 그래프를 작성하면

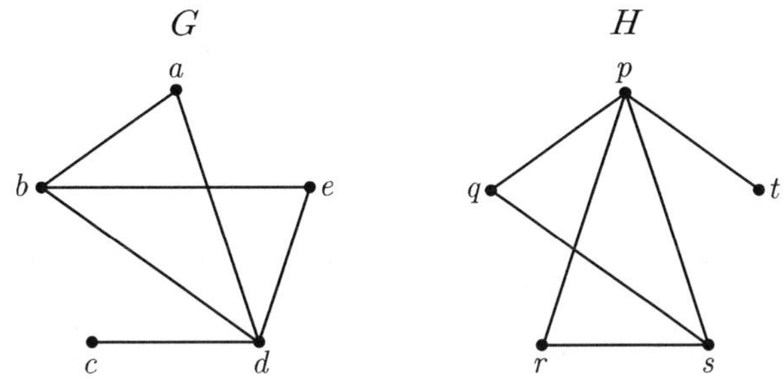

가 된다. 이 두 그래프는 꼭짓점을 $a \leftrightarrow q$, $b \leftrightarrow s$, $c \leftrightarrow t$, $d \leftrightarrow p$, $e \leftrightarrow r$로 대응시키면 서로 동형이 됨을 알 수 있다.

4. 풀이 (1)

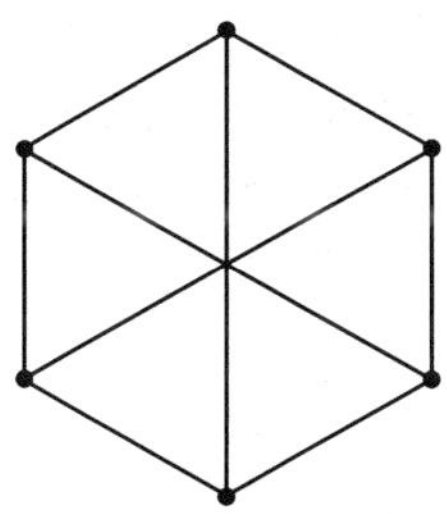

(2)

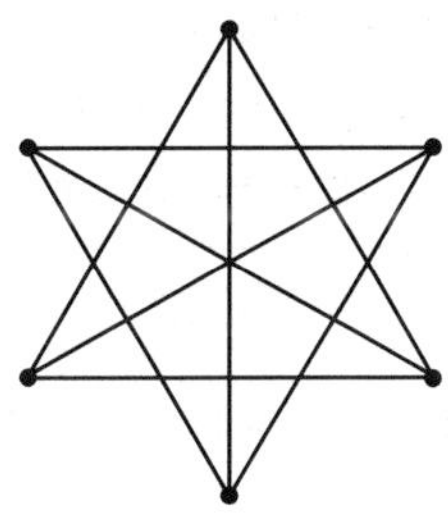

6. 힌트 차수가 4인 3개의 꼭짓점과, 차수가 3인 4개의 꼭짓점끼리 대응시킨다. 두 그래프 모두 $|E| = 12$이고 $|V| = 7$이다.

14장 Euler와 Hamilton 그래프

이 장에서는 Euler의 1736년 당시 동프러시아의 Königsberg 시에 있는 Kneiphof 섬과 Pregel 강의 7개 다리 문제와, 1859년에 Hamilton이 제안한 문제로 거슬러 올라가게 된다.

정의 1

단순경로(simple path)란 경로에서 점과 변이 중복되게 나타나지 않는 경로를 말한다. cycle은 닫힌(closed) 단순경로를 말하며, 닫혔다는 것은 시점과 종점이 같은 것을 말한다. trail이란 경로에서 변이 한 번만 나타나는 경우를 말하고, tour는 circuit, 즉 closed trail을 말한다.

11장에서 언급했던 정의 6을 복습하기로 하자.

G를 그래프라 하자. 그러면 Euler trail은 G의 모든 변을 포함하는 trail이며, Euler tour는 closed Euler trail이고, Euler graph는 Euler tour를 가지는 graph이며, Hamilton cycle이란 G의 모든 꼭짓점을 방문하는 cycle이고, Hamilton 경로는 G의 모든 꼭짓점을 방문하는 단순경로(simple path)이다. 앞으로 학습할 18장에서는 13가지 준정다면체 그래프(Archimedean graph)가 존재하며, 그들은 모두 정규(regular)이고 평면(planar)이고, 다면체(polyhedral)이고, Hamiltonian이다.

Coxeter(코제트) graph는 다음과 같은 그래프로 non-Hamiltonian, symmetric, cubic graph로 28개의 꼭짓점과 42개의 변을 가지고 있다.

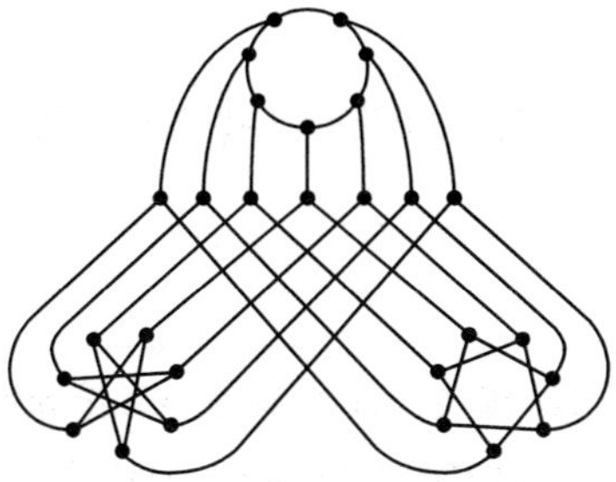 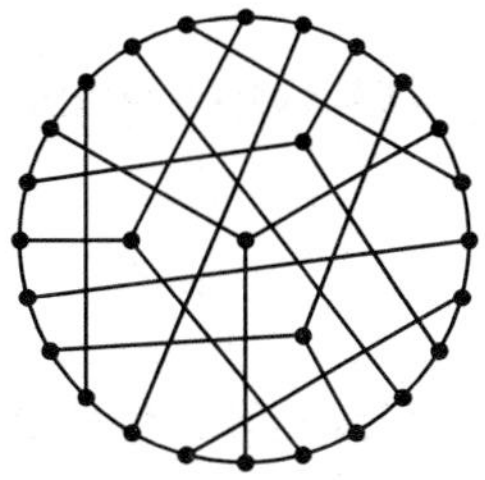

singleton graph $\boxed{\cdot}$ 는 변이 없이 1개의 꼭짓점으로 이루어진 그래프이다. 그러므로 singleton graph는 1개의 꼭짓점을 가지는 empty graph이다. 편의상 singleton graph도 Hamiltonian이라고 간주한다.

정리 1

G를 연결그래프라 하자. G가 Euler tour(순회)(또는 Euler circuit)가 존재하기 위한 필요충분조건은 G의 모든 꼭짓점에서 차수(degree)가 짝수일 경우이다.

정리 2

G를 연결그래프라 하자. G가 Euler trail을 가질 필요충분조건은 G의 꼭짓점들의 차수(degree) 중 단지 2개만 홀수일 경우이다.

중국인 우체부 문제(Chinese Postman Problem)는 1962년 중국수학자 Meigu Guan에 의해 소개되었다. 이 문제는 **Guan의 우체부 문제**(Guan's Postman Problem)라고도 하며, 우편배달원이 출근하여 자기 구역의 도로 변에 위치해 있는 우편함의 편지를 배달하고 우체국으로 돌아오는 방법을 찾는 문제이다. 이것은 그래프 G의 모든 변을 적어도 한 번 지나서 시작점으로 돌아오는 최소 거리(또는 최소비용, 또는 최소시간)를 갖는 경로를 구하는 문제이다. 우편배달원이 담당한 지역의 지도가 오일러 그래프에 대응되면, 그는 오일러 회로를 따라서 이동하면 최적이 되므로 쉽게 해결할 수 있다. 그러나 대응되는 오일러 회로가 없다면, 우편배달원은 어떤 길은 두 번 이상 지나가게 될 수도 있으며, 추가로 지나가는 길을 더하여 전체 최소 거리(또는 비용, 시간)가 되도록 해야 한다.

예제 1

눈이 많이 내리는 대도시에서 거리의 눈 치우기 작업이 대표적인 중국인 우체부 문제이다. ■

정의 2

그래프 G의 모든 변을 적어도 한 번 지나서 시작점으로 돌아오는 닫힌 경로를 **postman tour**라고 한다. postman tour에서 최솟값을 갖는 tour를 **optimal postman tour**라고 한다.

예제 2

점 A가 우체국이라 하고, 다음과 같은 우체부의 담당구역에 대하여 우체부 문제를 풀이하여라. 단 변 위에 적힌 숫자는 두 지점 사이의 거리라고 한다. optimal postman tour를 구하여라.

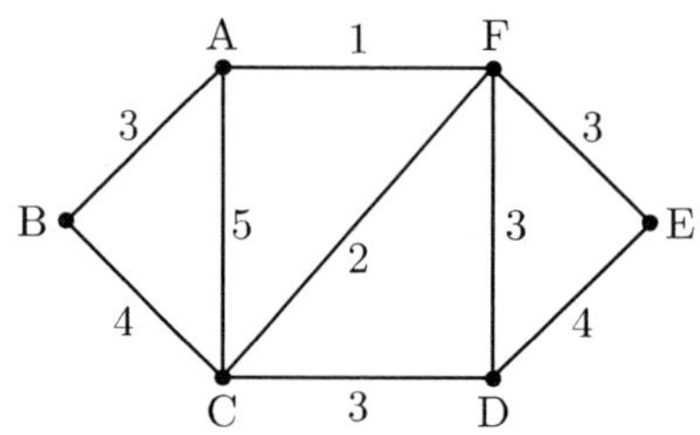

풀이 먼저 모든 변을 한 번씩 다 지나야 하고, Euler tour가 되도록 합이 최소가 되도록 하는 변을 추가해야 한다. 각 점의 차수를 구하면 A와 D는 홀수 차수를 가지고, 나머지는 모두 짝수 차수를 갖는 것을 알 수 있다. 따라서 A에서 D로 가는 경로 중에 최소 거리를 가지는 것을 구해야 한다. 가능한 경로는

$$A \to B \to C \to D,\ A \to C \to D,\ A \to F \to C \to D,\ A \to F \to D,\ A \to F \to E \to D$$

가 있고, 이 중 최소거리가 되는 것은 $A \to F \to D$로 그 거리는 4가 된다.

따라서 우체부가 이동할 거리는 그래프의 A에서 출발하여 모든 변을 다 지나서 A로 돌아오는 오일러 회로를 택하면 될 것이다. 따라서 모든 변을 한 번씩 지나면 $3+4+5+1+2+3+3+3+4=28$이고, 여기에 $A \to F \to D$인 거리 4를 더한 32가 optimal postman tour의 거리가 된다.

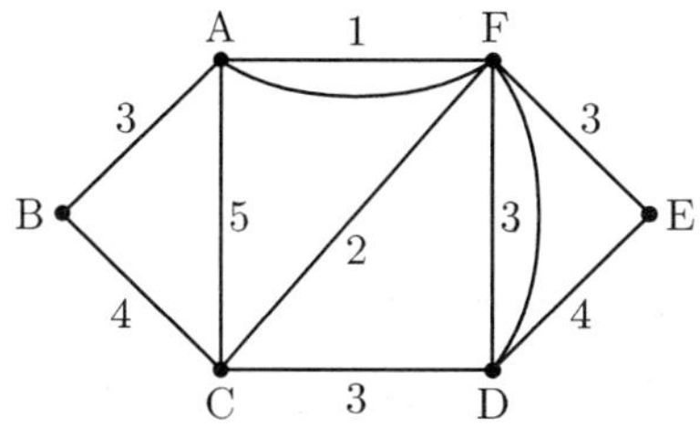

예제 3

다음과 같은 그래프에서 optimal postman tour를 구하여라.

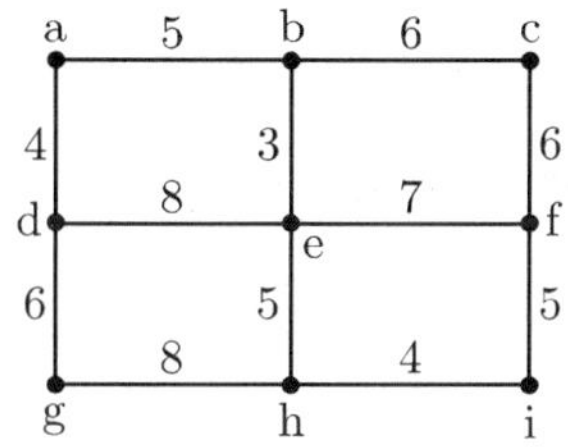

풀이 홀수 차수(degree)를 갖는 꼭짓점을 생각하여 Euler cycle이 되도록 변을 추가하면 (모든 점의 차수가 짝수가 되어야 하므로) 위 그래프에 변을 추가하여 만들어지는 그래프를 그리면

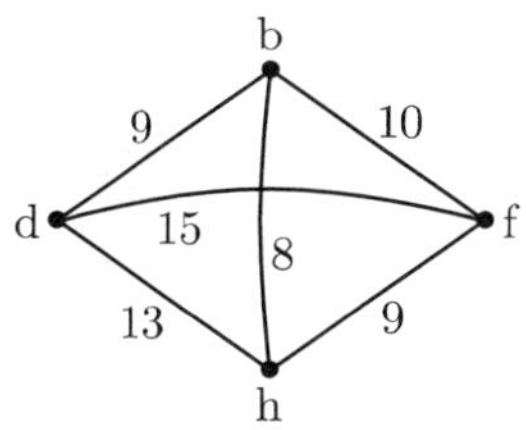

이 된다. 추가하는 변을 최소로 하기 위해서는 홀수 차수를 갖는 꼭짓점끼리 둘씩 짝을 지어 연결하여 추가되는 변의 값이 가능한 한 최소가 되는 경로를 구한다. 즉,

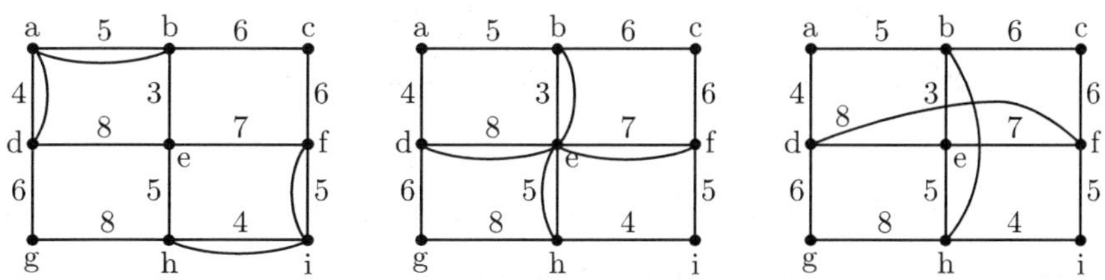

에서 각각 (b,d)(f,h), (b,h)(d,f), (b,f)(d,h)로 짝을 지을 경우 추가되는 변의 값은

각각 18, 23, 23이므로 최소가 되는 것은 18이므로, 본래 그래프의 모든 변에 (b,d)(f,h)를 짝을 지은 b→a→d, h→i→f의 경로를 추가한 것이 최솟값을 갖는 tour가 된다. ■

정의 3 해밀턴 그래프(Hamilton graph)

(1) Hamilton cycle이란 연결그래프 G에서 모든 꼭짓점을 포함하는 cycle을 말한다.
(2) Hamilton 경로란 연결그래프 G에서 모든 꼭짓점을 포함하는 단순경로를 말한다.

Hamilton 경로와 Hamilton cycle은 아일랜드 수학자 윌리엄 해밀턴(William Rowan Hamilton, 1805~1865)이 정십이면체의 한 꼭짓점에서 출발하여 나머지 모든 꼭짓점을 오직 한 번씩 거쳐서 출발한 꼭짓점으로 돌아올 수 있는 경로를 찾는 문제(1859년, around the world 게임)에서 시작된다. 이때 모든 모서리(변)를 다 지날 필요는 없다.

예제 4

다음 그래프는 각각 Hamilton cycle을 갖는지 보여라.

(1)

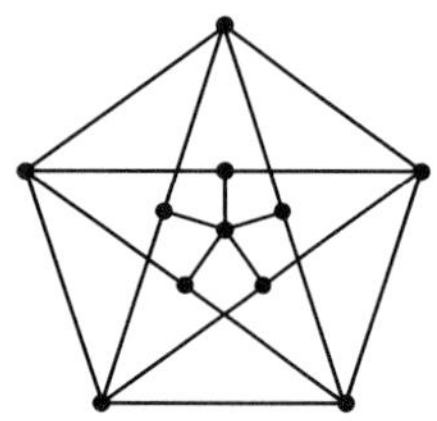

(2)

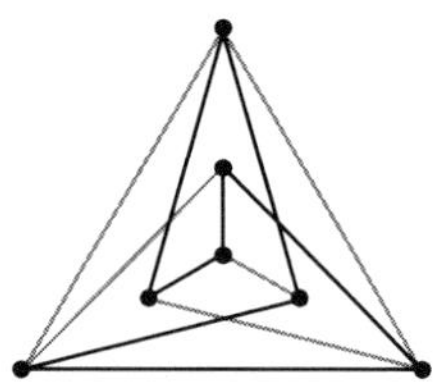

풀이 다음과 같이 실선으로 나타낸 부분이 Hamilton cycle이 된다.

(1)

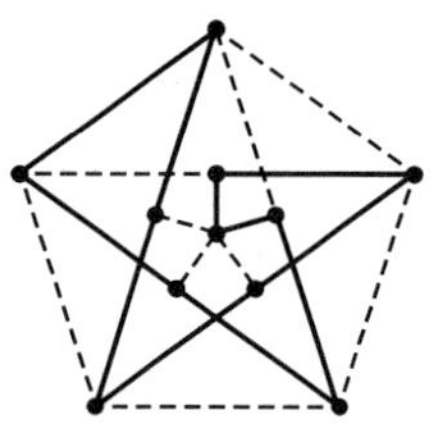

(2)

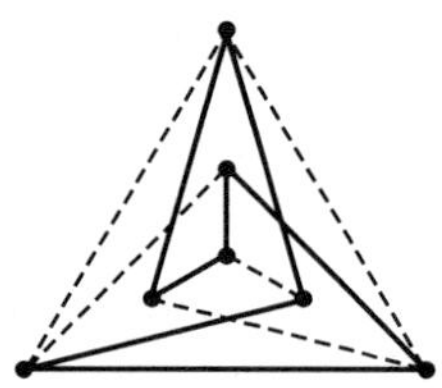

■

Eulerian graph 또는 간단히 Eulerian이라는 것은 어떤 그래프가 Eulerian cycle을 포함하는 그래프를 말한다. Hamiltonian graph 또는 간단히 Hamiltonian(또는 더 간단히 Hamilton)이라는 것은 어떤 그래프가 Hamiltonian cycle을 가지는 그래프를 말한다. Hamiltonian이 아니면 nonhamiltonian이라고 한다. 이 경우 Eulerian이나 Hamiltonian은 고유명사에서 나왔지만 널리 쓰이는 보통명사로 취급하여 eulerian이나 hamiltonian과 같이 첫 글자를 소문자로 적기도 한다.

예제 5

(1) Hamilton cycle을 갖지만 Euler circuit를 갖지 않는 예를 들어라.

(2) Euler circuit를 갖지만 Hamilton cycle를 갖지 않는 예를 들어라.

풀이 (1)

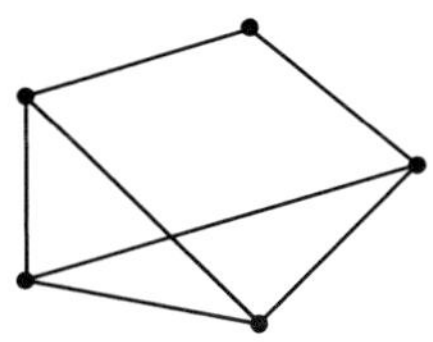

(2)

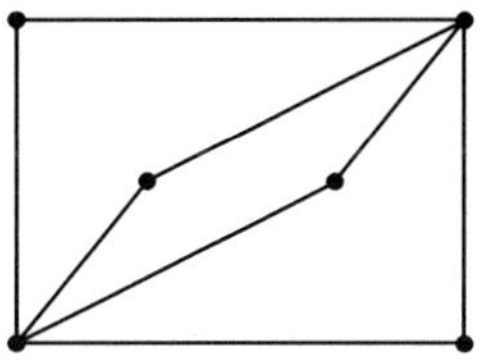

어떤 연결그래프 G 에서 Hamilton cycle이나 Hamilton 경로가 존재하는지를 찾는 일은 쉬운 문제가 아니다. 어떤 그래프가 Hamilton cycle이 존재하는지 알 수 있는 충분조건은 많이 알려져 있지만, 어떤 그래프가 Hamilton cycle을 가지는가를 알려주는 필요충분조건은 아직까지 발견되지 않았다. Euler circuit를 구하는 것과 같은 작업을 Hamilton cycle에서 가능하지 않기 때문에, 연결그래프에서 Hamilton 경로를 구할 수 있는 문제는 NP-complete problem(참고문헌 [15])이다.

다음은 Hamiltonian이 되기 위한 조건 (대부분 충분조건)에 대해서 언급하기로 한다.

정리 3

$K_{m,n}$이 Hamilton cycle을 가지기 위한 필요충분조건은 $m=n$이다. 단, $m, n \geq 2$.

정리 4

Hamilton 경로와 Hamilton cycle에 대한 정리

① K_n은 Hamilton 경로를 갖는다.

② K_n $(n \geq 3)$은 Hamilton cycle을 갖는다.

정리 5

단순 연결그래프(simple connected graph) $G=(V,\ E)$, $|V| \geq 3$에서 임의의 두 꼭짓점 u, v에서 $\deg(u) + \deg(v) \geq n$이면 G는 Hamilton cycle을 포함하고 있다.

따름정리 1

단순 연결그래프(simple connected graph) $G=(V,\ E)$, $|V| \geq 3$에서 각 꼭짓점 v에서 $\deg(v) \geq \frac{n}{2}$이면 G는 Hamilton cycle을 포함하고 있다.

예제 6

$K_{3,\,3}$은 $\deg(v) = \frac{6}{2} = 3$이며 Hamilton cycle을 가진다. ■

주의 위 따름정리 1에서 $\deg(v) < \frac{n}{2}$ 인 경우라도 Hamilton cycle을 가지는 경우가 있다. 그 대표적인 예가 정십이면체의 골격그래프이다.

예제 7

$G=(V,\ E)$가 연결그래프이고 $|V| = n$에서 모든 꼭짓점의 차수가 $\frac{n-1}{2}$ 이상이면서 Hamilton cycle이 존재하지 않는 예를 들면 다음과 같다.

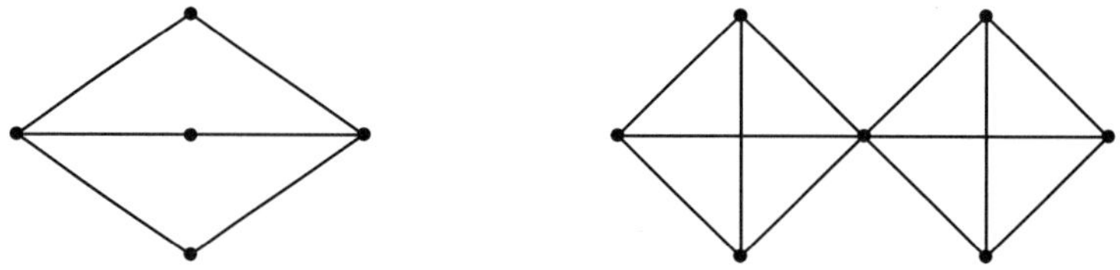

■

예제 8

꼭짓점이 구별되지 않는다고 할 때 정사면체, 정육면체, 정팔면체의 골격그래프에서 Hamilton cycle를 구하여라.

풀이 (1) 정사면체는 1가지 Hamilton cycle이 존재한다. 다른 Hamilton cycle이 있다면 이와 동형이 된다.

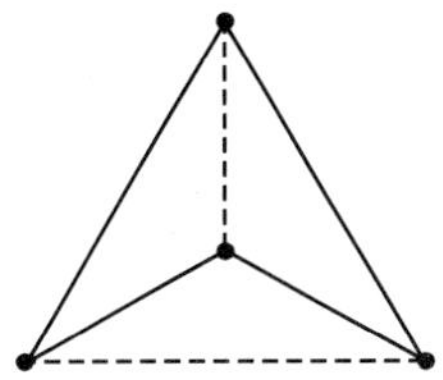

(2) 정육면체는 1가지 Hamilton cycle이 존재한다. 다른 Hamilton cycle이 있다면 이와 동형이 된다.

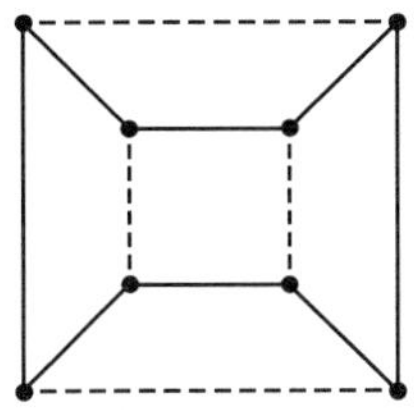

(3) 정팔면체에서 아래 그림 (a)와 (b)의 Hamilton cycle은 서로 동형이다. 그리고 재미있는 것은 이들이 실선으로 연결된 그래프와 점선으로 연결된 그래프가 complement 라는 것이다. 아래 그림 (c)는 이들[(a) 또는 (b)]과 동형이 아닌 Hamilton cycle를 나타내고 있다. 이 (c)의 complement graph(점선부분)는 연속이 아님에 주목하여라.

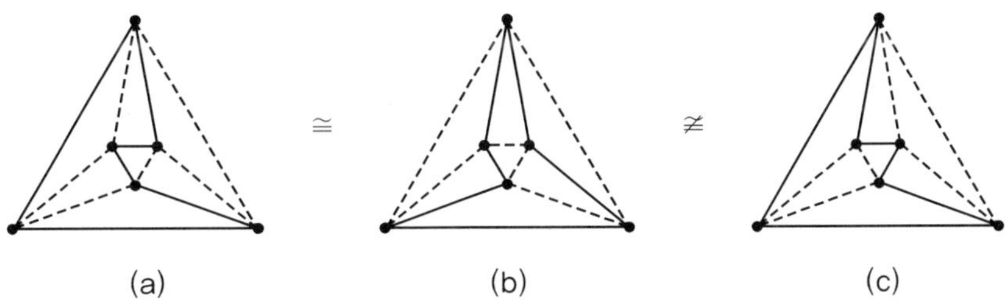

정십이면체의 골격그래프에서 Hamilton cycle를 구하는 것을 생각해보자. 이는 Hamilton의 세계일주("Round the World" Puzzle) 게임(1859년)으로 이미 널리 알려진 것이다.

정십이면체는 각 꼭짓점마다 차수가 3이므로 아래 ↑로 진입할 경우 왼쪽인 L과 오른쪽인 R의 2가지 경로를 생각할 수 있다.

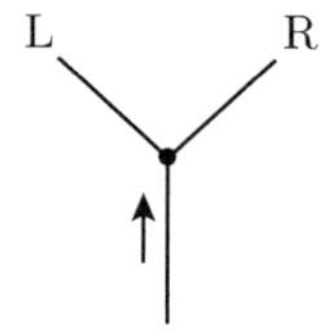

R은 오른쪽 변을 택하는 경우이고, L은 왼쪽 변을 택하는 경우이며, I는 현 위치에 있는 것을 말한다. RL은 먼저 오른쪽으로 간 후 (그 다음 꼭짓점에서) 왼쪽으로 진행하는 것을 의미한다. 이와 같은 곱은 결합적(associative)이지만 교환적(commutative)이 아님을 알 수 있다.

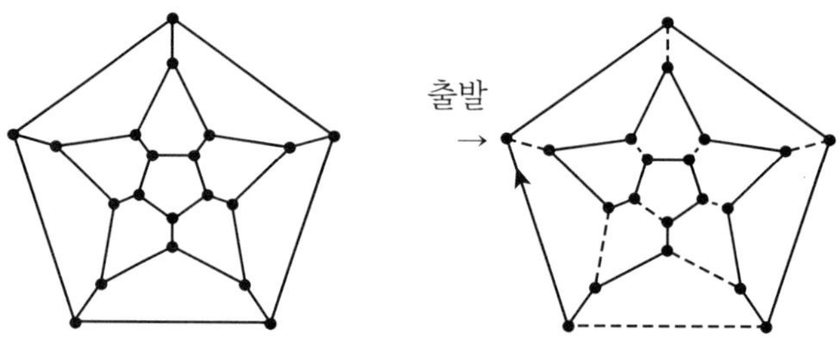

(1) 우회전을 연속하여 5번을 하면 원위치로 온다.

$$R^5 = I$$

(2) 좌회전을 연속하여 5번을 하면 원위치로 온다.

$$L^5 = I$$

(3) 어느 변을 따라 진행하여 5각형의 한 꼭짓점을 만나면 다음 단계는 5각형의 나머지 4개의 꼭짓점으로 나가는 경로는 RR, LL, RLR, LRL와 같이 4가지 경우가 있다.

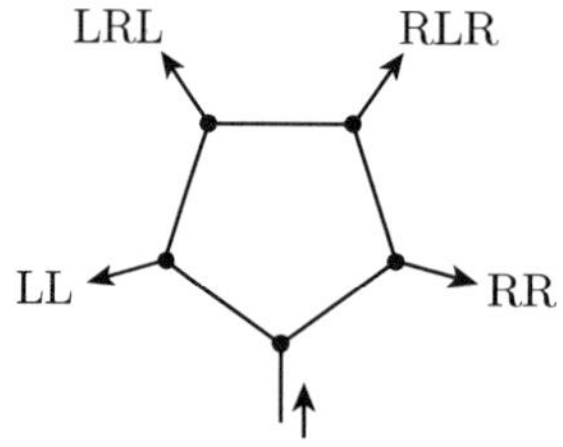

$$RR = LRRRL$$
$$LL = RLLLR$$
$$RLR = LRRL$$
$$LRL = RLLR$$

$$\begin{aligned} I &= R^5 = R^2 R^3 = (LR^3 L) R^3 = LR^2 RLR^2 R \\ &= (LR^3)^2 = (LRRR)^2 = (LLRRRLR)^2 \\ &= (LLLRRRLRLR)^2 \end{aligned}$$

이는 위 오른쪽 그래프의 경로를 따라서 얻은 결과와 같음을 알 수 있다.

여기서 마지막 20개의 연산을 포함한 L과 R만으로 이루어진 문자열은 중간에 어느 곳에서도 I를 포함하지 않으므로 Hamilton cycle을 나타낸다. 여기서 L을 R로, R을 L로 교환한 것도 성립한다.

예제 9

(1) 위 경우 $(RRRLLLRLRL)^2$ 역시 Hamiltonian임을 보일 수 있다.

(2) 위 경우 $(LLLRLRLRRR)^2$ 역시 Hamiltonian임을 보일 수 있다.

예제 10

정사면체와 정육면체의 골격그래프는 모든 꼭짓점의 차수가 3인 것을 이용하여 위와 같은 L과 R을 이용하여 Hamilton cycle을 나타내어라.

풀이 정사면체는 $RLRL$ 또는 $LRLR$이고, 정육면체는 $LL = RLLR$, $LRL = RLR$, $RR = LRRL$, $I = R^4 = L^4$을 이용하면 $I = L^2 L^2 = RLLRRLLR$이다.

예제 11

정이십면체의 골격그래프에서 Hamilton cycle이 존재함을 쉽게 보일 수 있다.

이상에서 모든 정다면체 5가지의 골격그래프는 Hamilton cycle를 가짐을 알 수 있다. 그리고 모든 준정다면체 13가지의 골격그래프도 Hamilton cycle을 가진다. 15장에서 학습할 쌍대그래프에 대해서 준정다면체의 쌍대그래프는 Hamilton cycle을 가지지 못하는 경우도 있을 수 있다.

여기까지 이르는 동안 우리는 다면체(polyhedral)의 그래프는 모두 Hamilton cycle을 가질 것이라고 추측할 수 있다. 그러나 이 추측은 옳지 않다. 왜냐하면 다음과 같은 Herschel graph(허셜 그래프)는 Hamilton cycle을 가지지 않는 최소의 다면체(polyhedral) 그래프이다. 그러나 이 그래프는 오른쪽 그림과 같은 실선 부분의

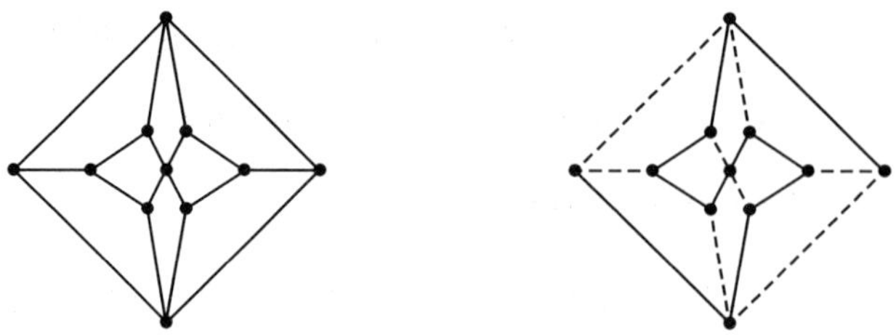

(a) (b)

허셜 그래프(a)와 그 중에 하나의 Hamilton 경로를 가지는 그래프(b)

Hamilton 경로를 가지고 있다.

위 그래프는 꼭짓점의 개수 11개, 변의 수 18개로 유일하다. 이것은 차수가 3인 꼭짓점이 8개, 차수가 4인 꼭짓점이 3개 있다. 차수의 총합은 36이다. 이 그래프는 이분그래프가 됨을 쉽게 보일 수 있다(14장 연습문제 7번 참조).

예제 4(1)에서 언급한 그뢰쳐 그래프(Grötzsch graph)는 차수가 5인 꼭짓점 1개, 차수가 4인 꼭짓점이 5개, 차수가 3인 꼭짓점이 5개로 이루어진 다음과 같은 그래프를 말하며, 다음 두 그래프는 서로 동형이다.

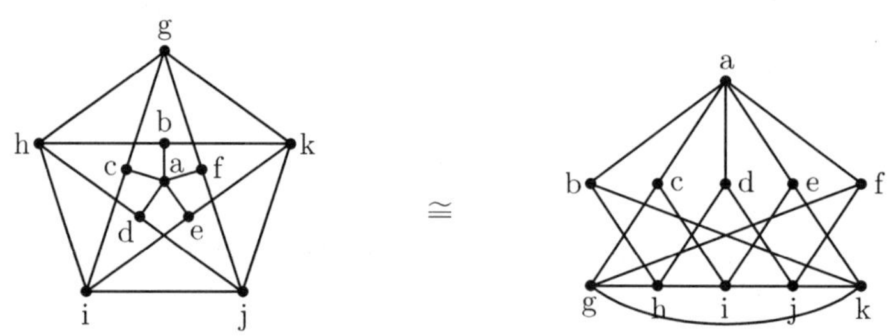

그뢰쳐 그래프

그뢰쳐 그래프는 다음과 같이 실선 부분으로 나타난 Hamilton cycle을 갖는다.

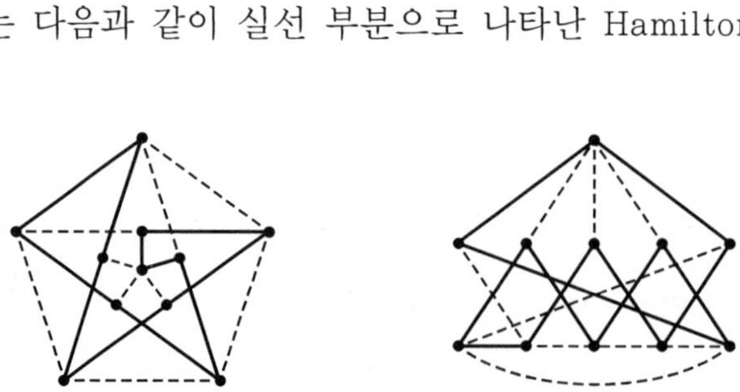

정리 6

그래프 $G=(V, E)$가 Hamilton cycle $H=(V_1, E_1)$를 갖는다면 다음이 성립한다.

(1) $V=V_1$

(2) H는 연결그래프이다.

(3) $|E_1|=|V_1|=|V|$

(4) H는 2-정규그래프이다.

위 정리 6을 참고로 하여 어떤 그래프에서 Hamilton cycle을 다음과 같은 방법으로 구할 수 있다.

(a) 주어진 그래프에서 차수가 2인 꼭짓점이 있으면 그 꼭짓점을 포함한 양쪽 두 변은 반드시 Hamilton cycle에 포함된다. (정리 6(4))

(b) Hamilton cycle은 모든 꼭짓점을 포함하므로, 모든 꼭짓점을 포함하지 않는 cycle은 Hamilton cycle이 아니다. (정리 6(1),(2))

(c) v라는 꼭짓점이 Hamilton cycle에 포함되면 v를 지나는 2개의 변을 제외한 나머지 변을 제거하여 cycle을 계속 구해 나간다. (정리 6(3),(4))

앞에서 학습한 중국인 우체부 문제(Chinese Postman Problem)와 이제 학습할 외판원 문제(Traveling Salesman Problem, 간단히 TSP)는 오일러와 해밀턴의 관계와 같다.

외판원 문제(Traveling Salesman Problem, TSP 또는 Traveling Salesperson Problem)는 여러 도시가 있고, 어떤 도시에서 다른 도시로 가는 여행 경비를 알고 있을 때, 모든 도시를 한 번씩 방문하고 출발한 도시로 다시 되돌아오는 최소비용(또는 최단거리)을 가지는 여행경로를 구하는 문제이다. 이는 외판원이 아침에 회사에 출근하여 거래처를 한 번씩 방문하고 회사로 돌아오는 해밀턴 경로 중에 비용(또는 거리, 시간)을 최소로 하는 것이다.

예제 12

4개의 지점을 모두 한 번씩 방문하여 처음으로 돌아오는 경로의 합이 최소가 되는 Hamilton cycle을 구하여라.

from \ to	W	Y	B	R
W	∞	10	17	15
Y	20	∞	19	18
B	50	44	∞	25
R	45	40	20	∞

풀이

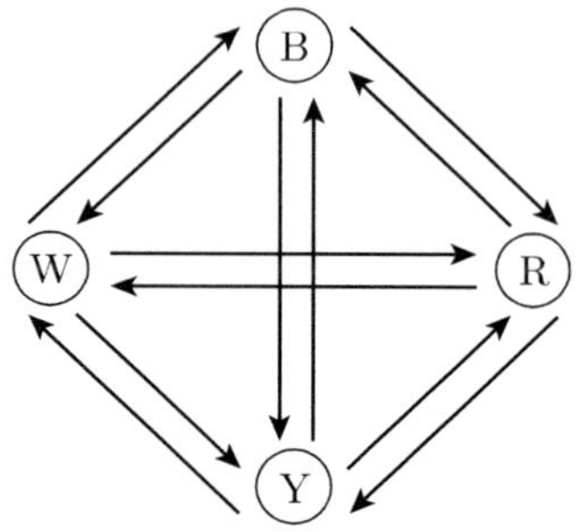

일반적으로 n개의 꼭짓점인 경우는 $(n-1)!$ 가지 순환경로가 있다. 따라서 이 경우 $(4-1)! = 6$가지 경로를 조사해야 한다.

W→Y→B→R→W : 99

W→Y→R→B→W : 98

W→B→Y→R→W : 124

W→B→R→Y→W : 102

W→R→B→Y→W : 99

W→R→Y→B→W : 124

따라서 비용이 최소가 되는 경로는 W→Y→R→B→W가 된다.

참고 traveling salesman problem(TSP)을 풀기 위한 일반적인 다항식 알고리즘은 아직 발견되지 않고 있다.

오일러 경로 문제

예제 13

다음 그림과 같은 7개의 방에 문이 있다. 이 문을 모두 한 번씩 통과하여 처음 출발했던 곳으로 돌아올 수 있는가?

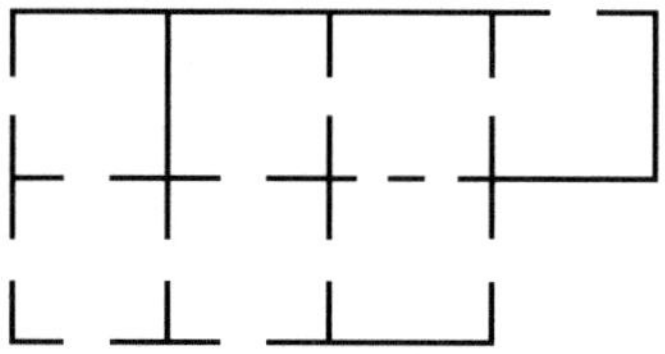

풀이 7개의 방 내부에 각각 하나의 꼭짓점을 잡고, 외부에도 하나의 꼭짓점을 잡은 다음, 문을 통과하도록 연결한다. 그러면 아래 그림과 같이 된다. 이 연결한 것을 그래프로 나타내면 각 꼭짓점의 차수는 모두 짝수가 되므로 모든 문을 모두 한 번씩 통과하여 처음 출발했던 곳으로 돌아올 수 있게 된다.

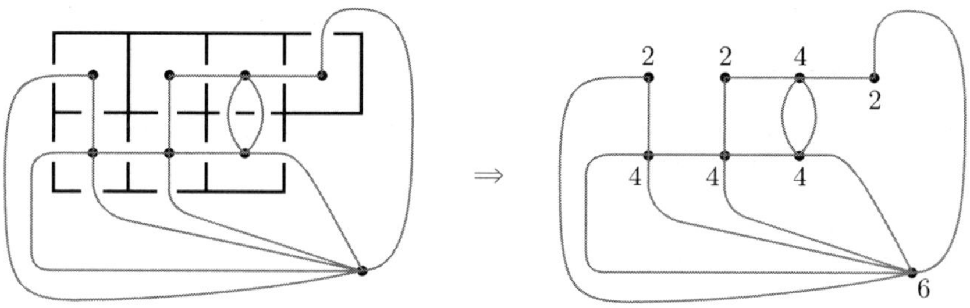

연습문제 14

1. 다음 그래프는 이분그래프(bipartite graph)인가? 정규그래프(regular graph)인가?

(1)

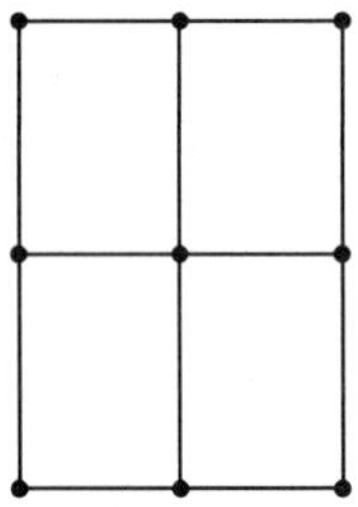

(2)

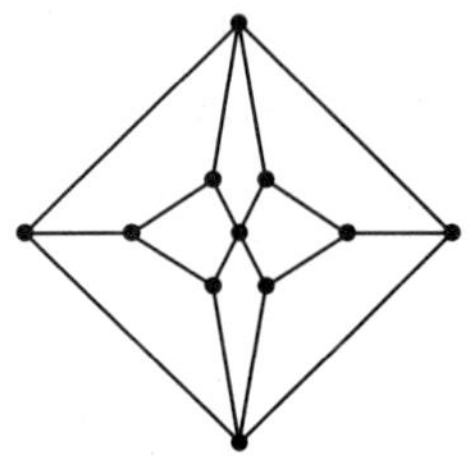

2. 다음 각각 그래프는 Eulerian인가? Hamiltonian인가?

(1)

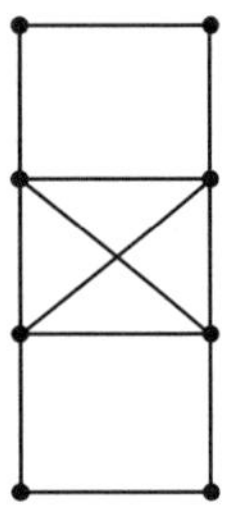

(2)

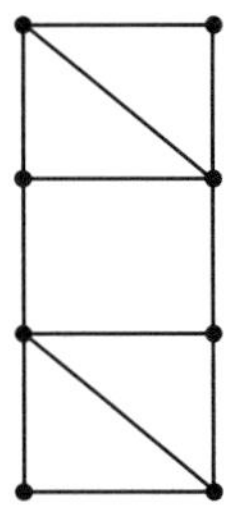

(3)

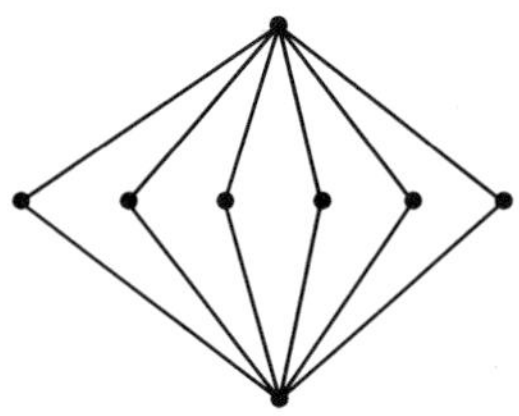

(4)

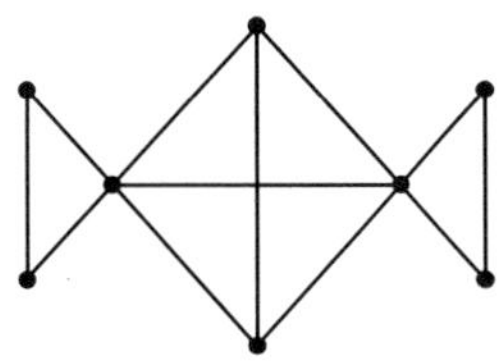

3. 다음과 같은 그래프에 대하여 중국인 우체부 문제를 풀이하여라.

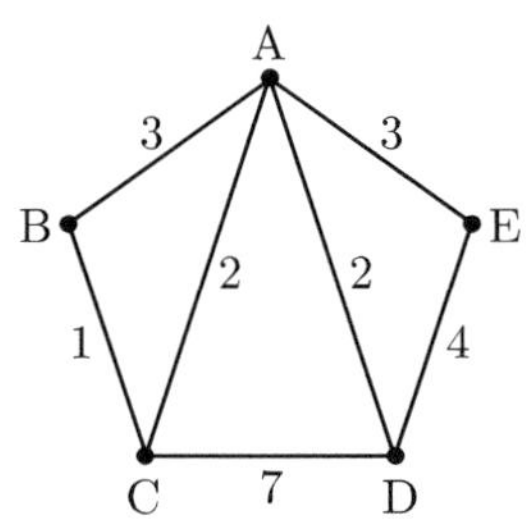

4. 다음을 보여라.

(1) n이 홀수이면 K_n은 Eulerian이고, $n \geq 3$이면 K_n은 Hamiltonian이다.

(2) $m = n \geq 2$이면 $K_{m,n}$은 Hamiltonian이고, m과 n이 짝수이면 $K_{m,n}$은 Eulerian 이다.

(3) $n \geq 2$이면 C_n은 Eulerian이다.

(4) n이 짝수이면 Q_n은 Eulerian이다.

(5) Petersen graph는 Eulerian이 아니다.

5. 인접행렬을 이용하여 주어진 그래프가 Euler tour를 가지는지, Hamilton 경로를 가지는지를 어떻게 알 수 있는가를 설명하여라.

6. K_5는 264개의 오일러 경로(Euler path)를 가짐을 보여라.

7. Herschel graph가 이분그래프가 됨을 보여라.

8. 다음과 같은 경우 모든 문을 모두 한 번씩 통과하여 처음 출발했던 곳으로 돌아올 수 있겠는가?

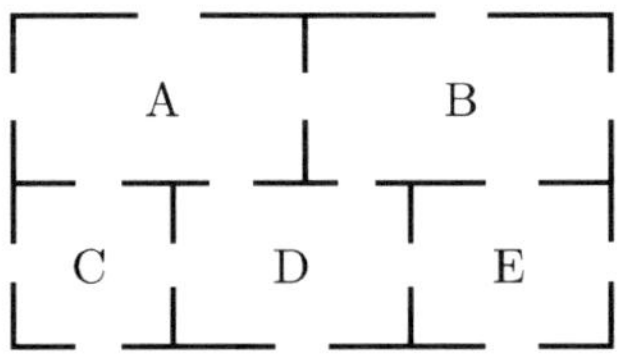

9. 다음 그래프를 Grinberg graph라고 한다. 이 그래프가 non-Hamiltonian임을 보여라.

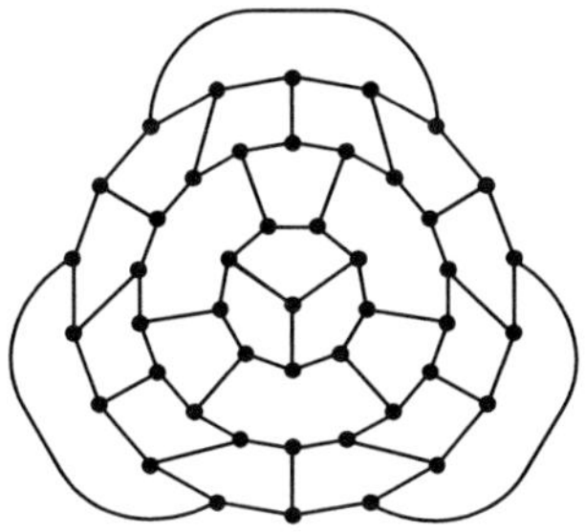

10. 다음 그래프를 Tutte graph라고 한다. 이 그래프가 non-Hamiltonian임을 보여라.

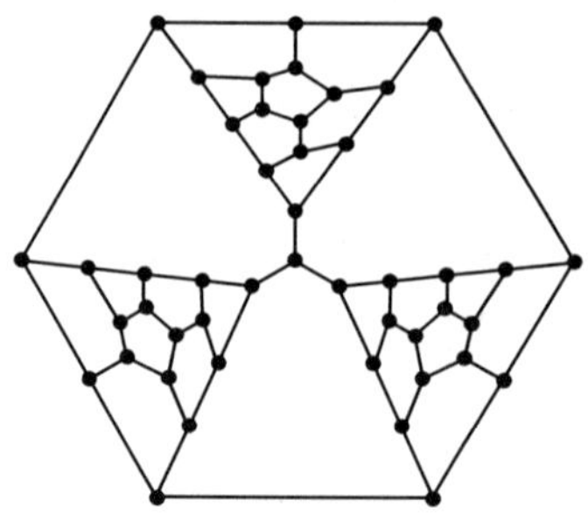

11. 꼭짓점의 개수가 홀수 개인 이분그래프는 non-Hamiltonian임을 보여라.

연습문제 14 – 문제풀이

2. 풀이 (1) Eulerian이며 Hamiltonian이다.

(2) Eulerian이 아니며 Hamiltonian이다.

(3) Eulerian이며 Hamiltonian이 아니다.

(4) Eulerian이 아니며 Hamiltonian도 아니다.

6. 힌트 도미노에서 (0,0), (0,1), (0,2), (0,3), (0,4), (1,1), (1,2), (1,3), (1,4), (2,2), (2,3), (2,4), (3,3), (3,4), (4,4)의 15 개를 가지고 조사하여라.

15장 평면 그래프

자동차가 많이 다니는 사거리 교차로에서는 서로 직진하기 위해서는 평면교차로인 경우에는 신호등을 설치하여 교대로 직진을 하거나, 입체교차로로 한쪽을 고가차도 아니면 지하차도로 만들어 구성해야 한다. PCB(인쇄회로기판-Printed Circuit Board)에서 서로 금속회로가 겹치지 않도록 전기회로 설계시 플레이너(planar)가 아닌 것을 최소화하도록 하고 있다. 도로와 전기회로의 설계와 구조에서 이와 같은 개념은 앞으로 학습할 평면 그래프가 중요한 역할을 함을 알 수 있다.

정의 1

그래프를 평면 위의 꼭짓점이 아닌 곳에서 변들이 서로 만나지 않게 그릴 수 있을 때 그 그래프를 **평면 그래프**(planar graph)라고 한다. 평면 그래프가 아닌 경우를 **비평면 그래프**(nonplanar graph)라고 한다.

어떤 그래프가 평면 그래프인가는 그와 동형인 그래프로서 평면 그래프를 구할 수 있으면 원래 그래프도 평면 그래프가 된다.

예제 1

K_1, K_2, K_3 은 평면 그래프이다. K_4는 평면 그래프이다. 왜냐하면

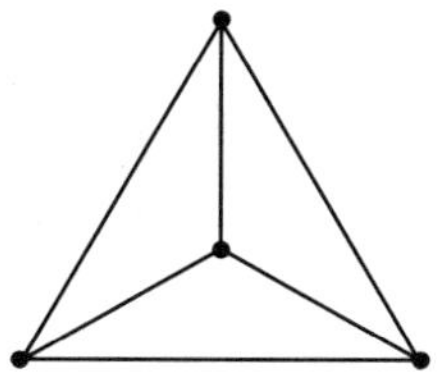

또는

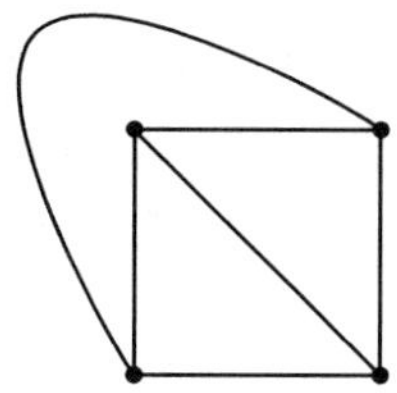

이므로 K_4는 평면 그래프이다.

예제 2

$K_{1,\,n}$과 $K_{2,\,n}$ $(n \geq 1)$은 평면 그래프이다.

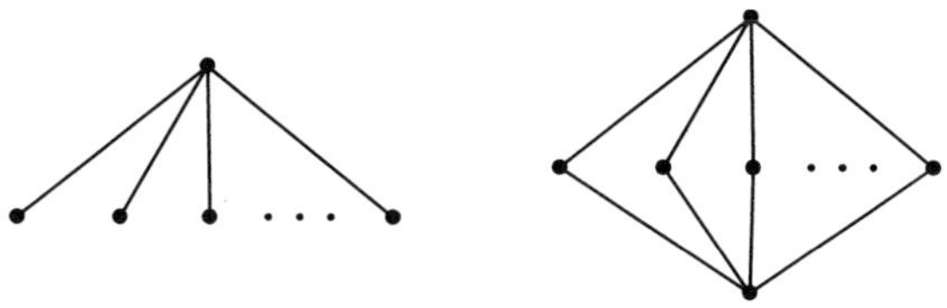

예제 3

$K_{2,3}$은 평면 그래프이다.

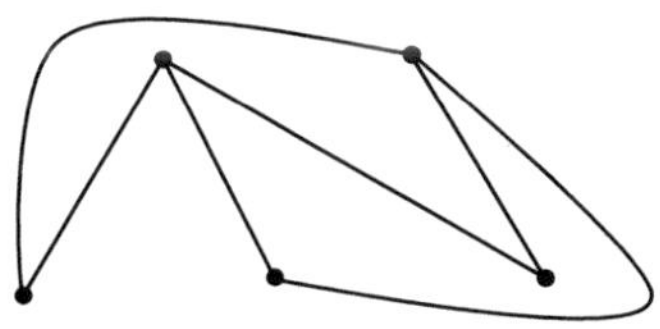

예제 4

피라미드 모양을 평면 그래프로 나타내면 다음과 같이 된다.

위에서 본 모양

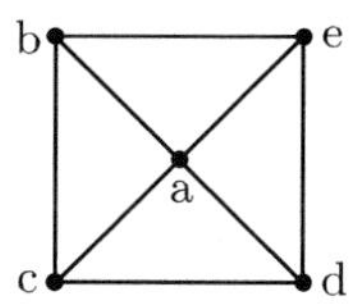

밑면에서 본 모양

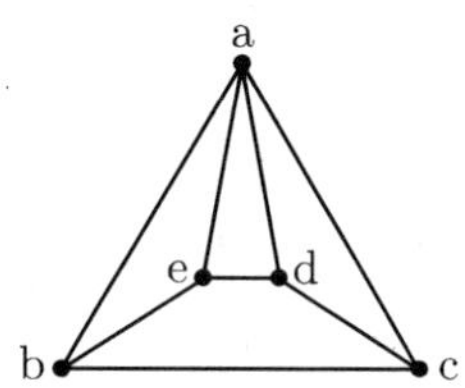

이 두 그래프는 동형으로 평면 그래프가 된다.

정리 1 평면 그래프에 대한 오일러 공식

G가 연결된(connected) 평면(planar) 그래프라 하자. 그리고 v를 꼭짓점의 개수, e를 변의 개수, r을 영역(1개의 무한 영역을 포함)이라 하면 $v-e+r=2$가 성립한다.

증명 e에 대해 수학적 귀납법을 이용한다.

(1) $e=1$인 경우

이 경우는 고리(loop)이거나 두 꼭짓점을 연결한 그래프이다.

(a)

(b)

왼쪽 그래프는 $v=1$, $e=1$, $r=2$이므로 $v-e+r=2$가 성립한다. 오른쪽 그래프는 $v=2$, $e=1$, $r=1$이므로 $v-e+r=2$가 성립한다. 그러므로 (a)와 (b) 모두 오일러의 공식을 만족한다.

(2) $e=k$인 경우

(경우 1) G에서 변을 하나 추가할 때 새로운 꼭짓점(이 경우는 pendant vertex)을 가지는 경우

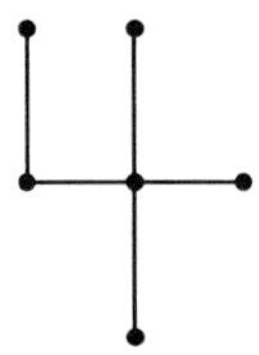

→ v는 1 증가, e는 1 증가 →

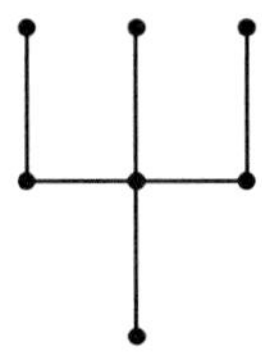

왼쪽 그래프에서 $v-e+r=2$가 성립하면 오른쪽 그래프는 v는 1 증가, e는 1 증가이므로 $(v+1)-(e+1)+r=v-e+r=2$가 된다. 따라서 오일러의 공식을 만족한다.

(경우 2) G에서 변을 하나 추가할 때 새로운 꼭짓점을 가지지 않는 경우

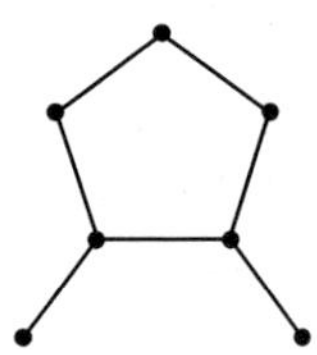

→ e는 1 증가, r는 1 증가 →

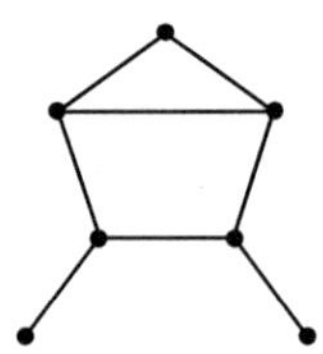

왼쪽 그래프에서 $v-e+r=2$가 성립하면 오른쪽 그래프는 e는 1 증가, r는 1 증가이므로 $v-(e+1)+(r+1)=v-e+r=2$가 된다. 따라서 오일러의 공식을 만족한다.

예제 5

다음 그래프들은 서로 동형이므로 왼쪽 그래프도 평면 그래프가 된다.

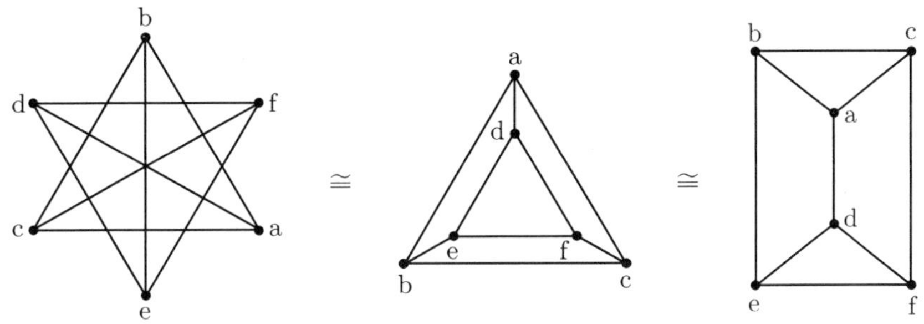

■

예제 6

다음 그래프는 평면 그래프인가?

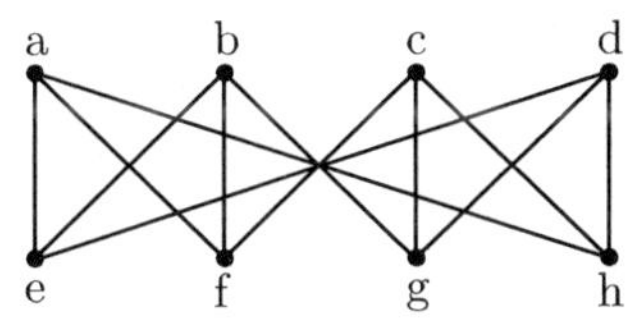

풀이 위 그래프는 다음과 같이 동형인 평면 그래프로 나타낼 수 있으므로, 위 그래프도 평면 그래프가 된다.

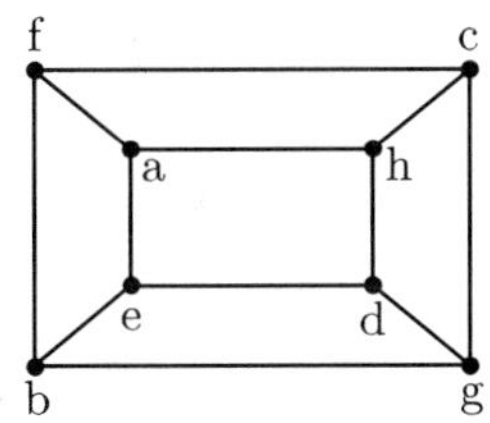

■

정리 1은 단순 그래프가 아니어도 연결된 평면 그래프일 때 성립하였다. 그러나 다음 정리는 단순 연결 평면 그래프라는 3가지 조건이 모두 만족할 때 성립한다.

정리 2

단순 연결 평면 (simple connected planar) 그래프 G는, v를 꼭짓점의 개수, e를 변의 개수, r을 영역((1개의) 무한 영역을 포함)의 개수라 하면

① $2e \geq 3r$ ② $3v \geq e+6$

이 성립한다.

증명 하나의 r에는 3개 이상의 변이 있어야 한다. 각 변은 두 r의 경계이다. 그러므로

$$2e \geq 3r \text{ 즉 } \frac{2}{3}e \geq r.$$

여기서 오일러 공식 $v-e+r=2$를 대입하면

$v-e+\frac{2}{3}e \geq v-e+r=2$에서

$$v-e+\frac{2}{3}e \geq 2$$

$$v-\frac{1}{3}e \geq 2$$

그러므로 $3v \geq e+6$.

주의 이 역은 성립하지 않는다. 따라서 보통은 이 정리의 대우를 많이 이용한다. 즉

"$3v < e+6$이면 G는 평면 그래프가 아니다."

예제 7

다음 그래프에서 r을 구하여라.

(1)

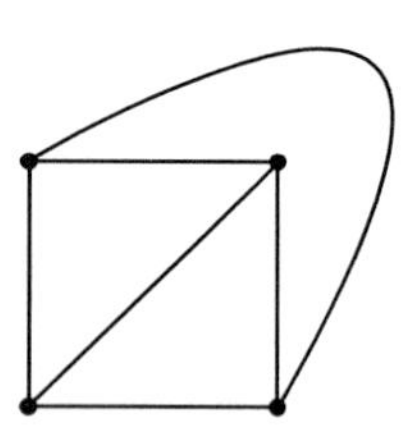

(2)

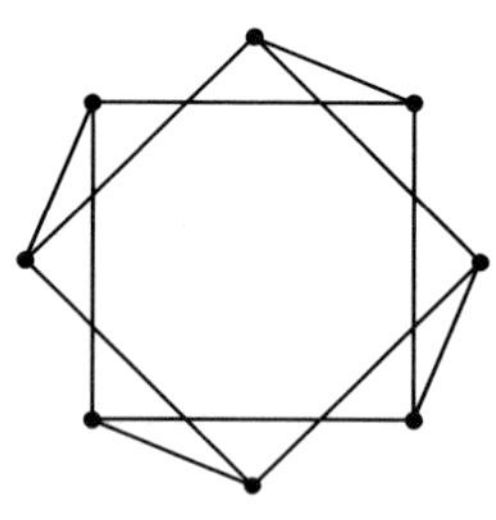

풀이 (1)은 평면 그래프이므로 바로 $r=4$임을 알 수 있다.

(2)는 평면 그래프가 아니므로 이 경우에는 그 그래프를 동형인 평면 그래프로 바꾸지 않으면 r을 구하기가 쉽지 않다. 이 그래프는 다음과 동형인 평면 그래프로 바꿀 수 있으므로 $r=6$을 얻을 수 있다.

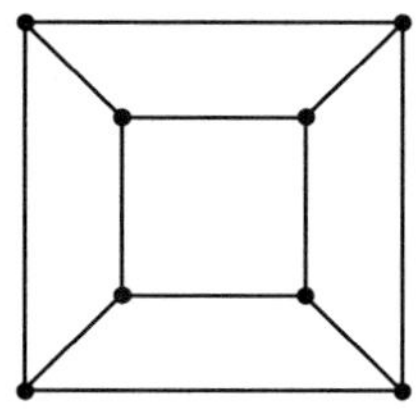

예제 8

아래와 같은 K_5는 평면 그래프가 아니지만 혹시 동형인 평면 그래프로 바꿀 수 있을지도 모른다. 그러나 아래 그림과 같은 그래프 K_5에서는 평면이 아니므로 r을 구할 수 없다.

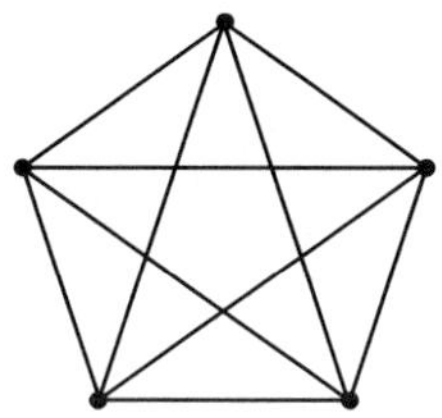

따라서 위 정리를 이용하면 K_5는 $v = 5$, $e = 10$을 가지고 있다. $3 \cdot 5 < 10 + 6$이다.
즉, $3v < e + 6$이므로 K_5 는 비평면(nonplanar)이다.

정리 3

G가 연결 단순 그래프이고 이분 평면 그래프(bipartite planar graph)라면 $2v \geq e + 4$이다.

증명 생략

예제 9

$K_{3,3}$ (Thomsen graph 또는 utility graph)은 평면 그래프가 아니다.

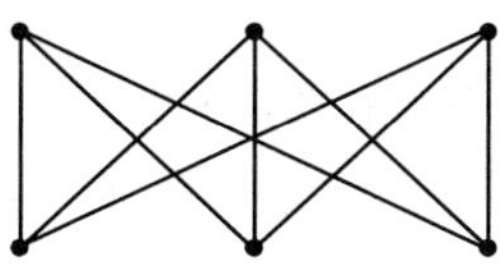

$K_{3,3}$은 $v = 6$, $e = 9$를 가지고 있다. $3v \geq e + 6$에서 $3 \cdot 6 \geq 9 + 6$ 즉 $18 \geq 15$이다.
이 방법으로는 판별이 안 된다. 따라서 정리 3을 이용하면

$$2 \cdot 6 \geq 9 + 4$$

$12 \not\geq 13$ 이므로 모순이다. 그러므로 $K_{3,3}$ 은 평면 그래프가 아니다. ■

보조정리 1

$e \leq 3v - 6$ 이 성립한다. 그리고 그래프가 triangle(C_3)을 포함하지 않으면 $e \leq 2v - 4$가 성립한다.

정리 4

K_v ($v \geq 5$)은 평면 그래프가 아니다.

증명 K_v가 평면 그래프라고 가정하자. 그러면 $2e \geq 3r$과 $v - e + r = 2$에서 $3v \geq e + 6$이 성립한다. 그런데 $e = \binom{v}{2}$ 이므로(왜냐하면 K_v가 완전그래프이므로)

$$\begin{aligned} 3v - (e + 6) &= 3v - \frac{v(v-1)}{2} - 6 \\ &= \frac{-v^2 + v + 6v - 12}{2} \\ &= \frac{-(v^2 - 7v + 12)}{2} \\ &= -\frac{1}{2}(v-3)(v-4) < 0 \end{aligned}$$

$v \geq 5$ 이면 $3v < e + 6$ 이다. 이는 모순이다.

그러므로 K_v ($v \geq 5$)는 평면 그래프가 아니다.

정리 5

모든 단순 평면 그래프는 꼭짓점의 차수가 많아야 5인 꼭짓점을 하나 포함한다.

증명 만일 모든 꼭짓점이 적어도 차수 6을 가진다면, $6v \leq 2e$ 즉, $3v \leq e$가 된다. 그러면 이것은 $e \leq 3v - 6$에 의해 $3v \leq 3v - 6$이 되어 모순이 된다.

폴란드 수학자인 카시미에시 쿠라토프스키(Kazimierz Kuratowski, 1896~1980)에 의한 다음 정리는, 어떤 임의의 그래프가 평면 그래프일 필요충분조건을 말해준다.

정리 6 Kuratowski

G가 평면 그래프이다. $\Leftrightarrow$ G가 K_5 또는 $K_{3,3}$을 부분그래프로 포함하지 않는다.
(G is planar $\Leftrightarrow$ G has no subgraph isomorphic to a subdivision of K_5 or $K_{3,3}$.)

증명 ($\Rightarrow$) K_5나 $K_{3,3}$는 너무 많은 변을 가지고 있다.
($\Leftarrow$) (Thomassen) 수학적 귀납법을 이용

예제 10

정리 6을 이용하면 아래 왼쪽 그래프는 평면 그래프가 아님을 알 수 있다.

(1)

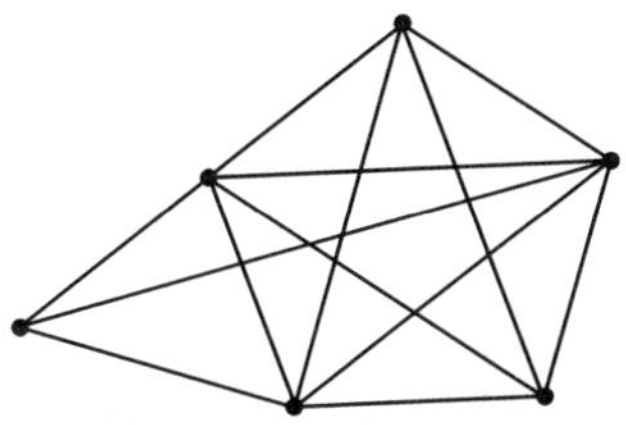

$\Rightarrow$

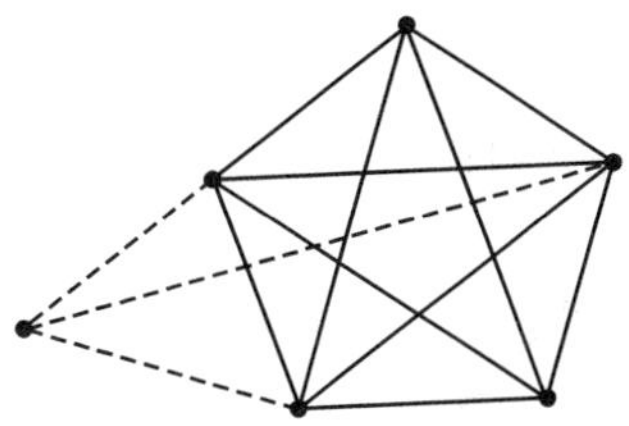

왼쪽 그래프에서 한 꼭짓점과 그와 연결된 모든 변을 제거한 부분그래프가 K_5이므로 원래 그래프는 nonplanr이다.

(2)

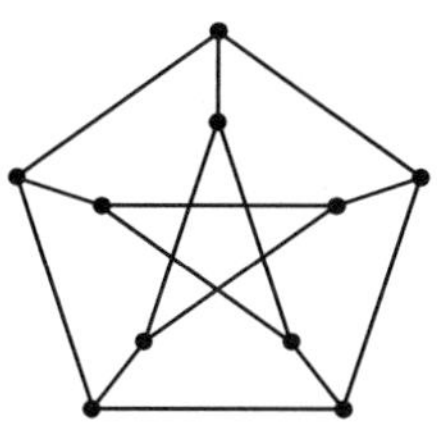

$\Rightarrow$

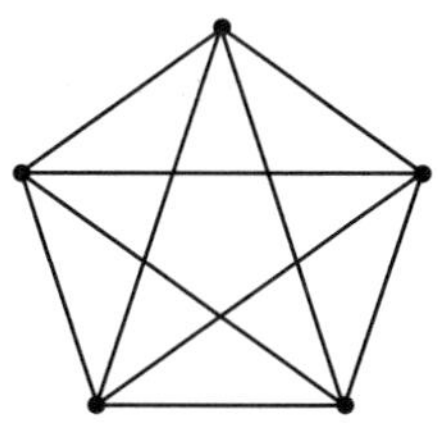

피터슨 그래프에서 밖의 오각형과 안의 별 모양을 연결한 변을 점점 줄여서 길이가 0이 되도록 이어 붙인 것이 오른쪽 그래프 K_5이므로 원래 그래프는 nonplanr이다. ■

예제 11

피터슨 그래프는 평면 그래프가 아니다.

풀이 피터슨 그래프에서 $\overline{id}$ 와 $\overline{jh}$ 의 두 변을 제외하고, i, j, d, h 를 제외한 그래프가 $K_{3,3}$ 이 된다. Kuratowski 정리(정리 6)에 의해 평면 그래프가 아니다.

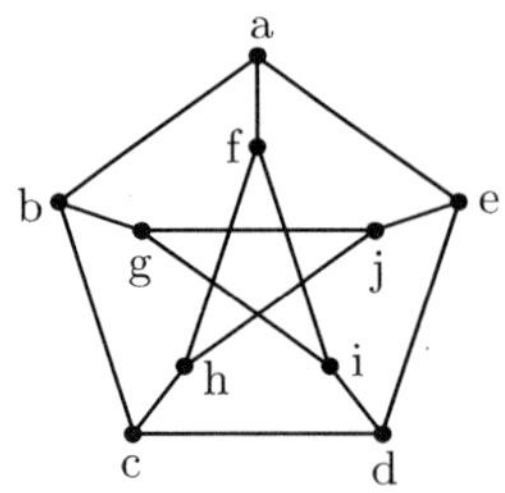

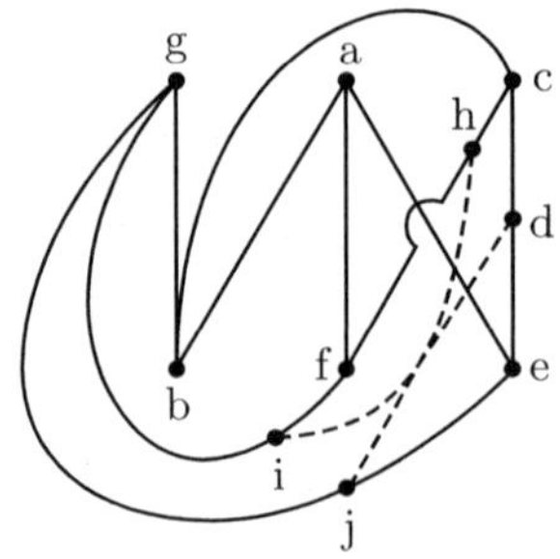

오른쪽 그래프는 왼쪽에 대응하는 그래프에서 점선 부분으로 표시한 id와 jh를 제거하였다. ■

예제 12

다음 그래프는 planar인가?

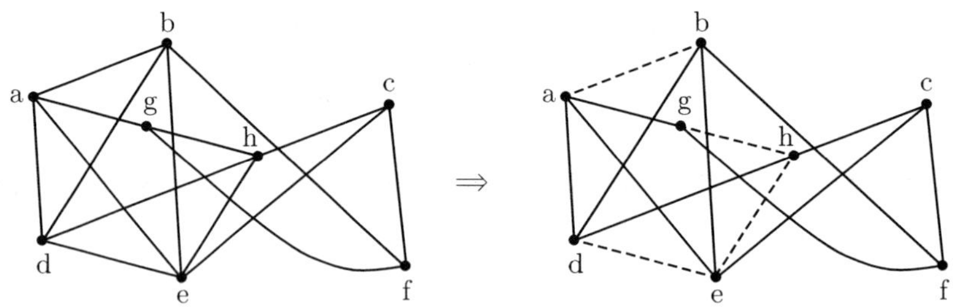

풀이 오른쪽 그래프는 $K_{3,3}$이므로 nonplanar이고 따라서 왼쪽 그래프도 nonplanar이다. ■

정리 7

G가 단순 평면 그래프이면, G의 꼭짓점 차수의 평균은 6 이상이 될 수 없다.

증명 G가 v개의 꼭짓점을 갖고 e개의 변을 갖는다고 하자. 만일 $v \leq 6$이라 하면, 결과는 바로 나온다. 그러므로 $v > 6$이라고 가정하자.

그러면 10장의 정리 1에 의해 $\sum_{v \in V} \deg(v) = 2e \leq 2(3v-6) = 6v-12$이므로 만일 각 꼭짓점의 차수가 6 또는 그 이상이라면 $6v-12 \geq 6v$이므로 불가능하다. 그러므로 꼭짓점의 평균 차수가 6보다 작아야 한다.

예제 13

모든 꼭짓점의 차수가 5인 평면 그래프를 그려라.

풀이 정이십면체의 골격 그래프를 참조하여라. ■

오일러 공식은 연결되지 않은 그래프(disconnected graph)에서는 성립하지 않는다.

정리 8

G가 그래프이고 k개의 성분(component)을 가진다면, 즉 $comp(G) = k$이면,
$v - e + r = 1 + k$가 성립한다.

정리 9

오일러 공식을 이용하면 정다면체의 종류는 5개를 초과하지 못한다.

증명 s를 각면의 변(side)의 수라 하고, t를 각 꼭짓점에서의 면의 수라고 하자.
각 꼭짓점에 t개의 면이 있으므로 각 꼭짓점에는 t개의 변이 있다.

$$tv = 2e,\ 즉\ \frac{v}{\frac{1}{t}} = \frac{e}{\frac{1}{2}}$$

$$sr = 2e,\ 즉\ \frac{r}{\frac{1}{s}} = \frac{e}{\frac{1}{2}}$$

이다. 이 두 식에 의해 $\frac{v}{\frac{1}{t}} = \frac{e}{\frac{1}{2}} = \frac{r}{\frac{1}{s}}$이 된다. 가비의 리(또는 가비의 법칙)에 의해

$$\frac{v}{\frac{1}{t}} = \frac{-e}{-\frac{1}{2}} = \frac{r}{\frac{1}{s}} = \frac{v-e+r}{\frac{1}{t}-\frac{1}{2}+\frac{1}{s}}$$

이 성립한다. 오일러 공식에 의해 $v-e+r=2$이므로

$$\frac{v}{\frac{1}{t}} = \frac{-e}{-\frac{1}{2}} = \frac{r}{\frac{1}{s}} = \frac{2}{\frac{1}{t}-\frac{1}{2}+\frac{1}{s}}.$$

이 식을 v, e와 r에 대하여 풀면

$$v = \frac{4s}{2s+2t-st}$$

$$e = \frac{2st}{2s + 2t - st}$$

$$r = \frac{4t}{2s + 2t - st}$$

를 얻을 수 있다. 모든 문자는 양숫값을 가지므로 우변의 분모인 $2s + 2t - st > 0$이어야 한다. 여기서

$$(s-2)(t-2) < 4$$

를 얻을 수 있다. 그리고 $s \geq 3$, $t \geq 3$이므로 $s - 2$와 $t - 2$는 양수이다. 따라서 다음과 같은 표를 얻을 수 있다.

$(s-2)(t-2)$	$(s-2)$	$(t-2)$	s	t	v (꼭짓점)	e (변)	r (영역)	명 칭	4원소
1	1	1	3	3	4	6	4	정사면체	불
2	2	1	4	3	8	12	6	정육면체	흙
2	1	2	3	4	6	12	8	정팔면체	공기
3	3	1	5	3	20	30	12	정십이면체	하늘
3	1	3	3	5	12	30	20	정이십면체	물

예제 14

아래의 정다면체(regular polyhedra)의 골격 그래프(skeleton graph)는 모두 연결된 평면 그래프이다. 따라서 오일러 공식을 이용할 수 있다. (위 표 참조)

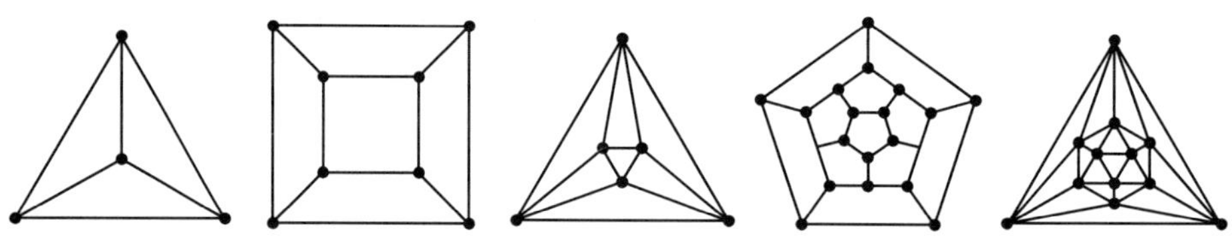

정의 2

쌍대 그래프(dual graph)는 평면 그래프에서 각 영역에 대하여 꼭짓점을 주고 같은 경계를 가지는 두 영역에 대응하는 꼭짓점을 변으로 연결하여 나타나는 그래프이다. 쌍대 그래프는 고리를 가지고 있거나 다중 그래프에서도 생각할 수 있다.

예제 15

다음 평면 그래프 각각에 대해 쌍대 그래프를 구하여라.

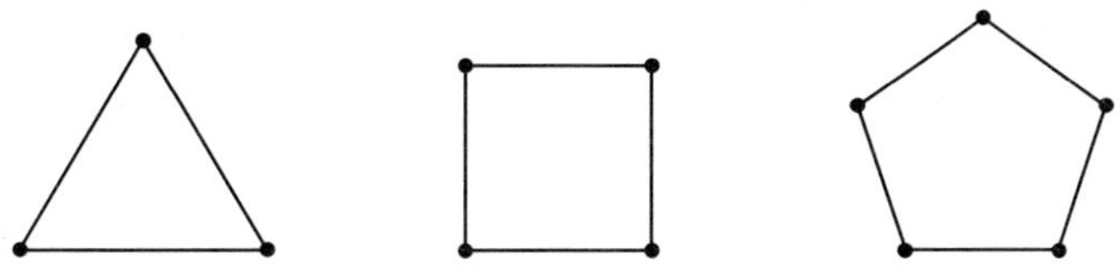

풀이

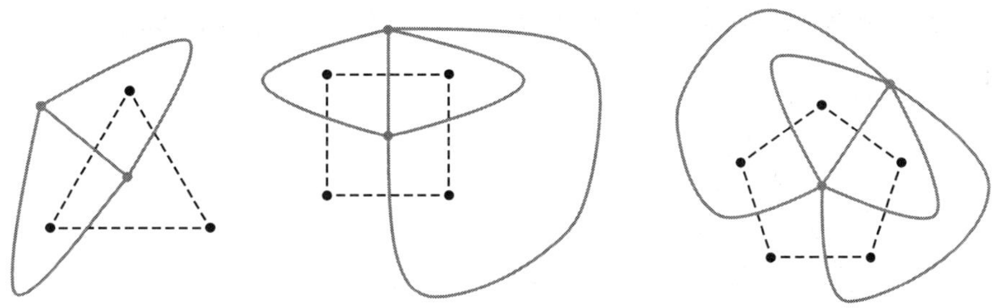

따라서 위 그래프의 쌍대 그래프는 차례대로 D_3, D_4, D_5가 된다. ■

정의 3

그래프 G의 **쌍대 그래프**(dual graph)를 G^d로 표시하고 G의 dual graph(a dual graph for G)라고 한다. 두 그래프가 서로 동형이라도 그들의 dual graph는 서로 동형이 아님을 알 수 있다. 즉,

$$G_1 \cong G_2 \;\Rightarrow\; G_1{}^d \ncong G_2{}^d$$

이다. 따라서 the는 독특하거나 하나밖에 없을 때 쓰는 관사로, 막연히 어떤 하나를 나타내는 관사인 a와는 구별되므로 G의 dual graph를 the dual graph for G라고 하지 않고 a dual graph for G라고 한다.

정리 10

G가 단순 그래프이면, $\overline{G}$(complement of G)도 역시 단순 그래프이고, $\overline{\overline{G}} = G$이다.

예제 16

다음 두 그래프는 서로 동형이다. 그러나 두 그래프의 쌍대(dual)를 그려보면 이들은 서로 동형이 아님을 쉽게 알 수 있다.

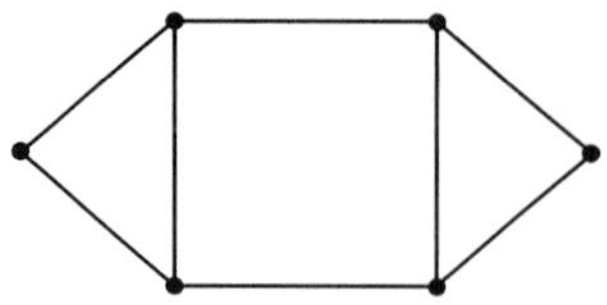

G_1

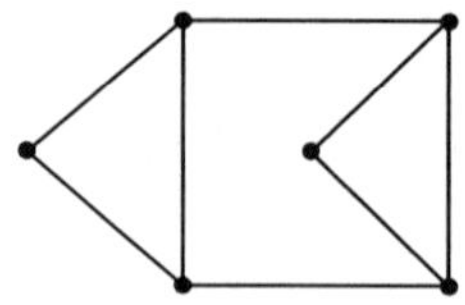

G_2

예제 17

5개의 정다면체에 대하여 각각 그 평면 그래프의 쌍대 그래프를 구하여라.

풀이

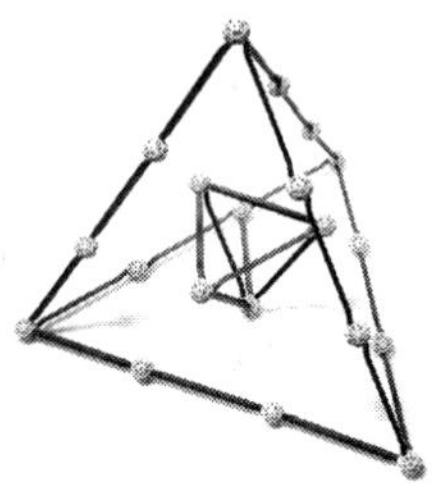

정사면체의 dual은 정사면체이다.

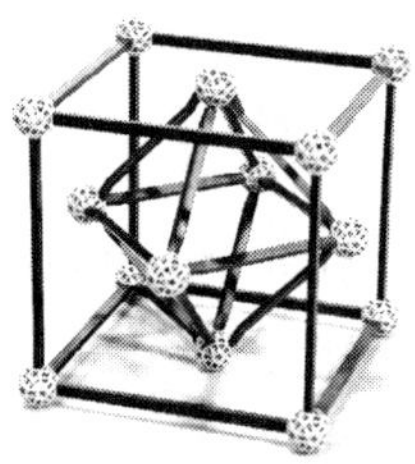

정육면체의 dual은 정팔면체이다.

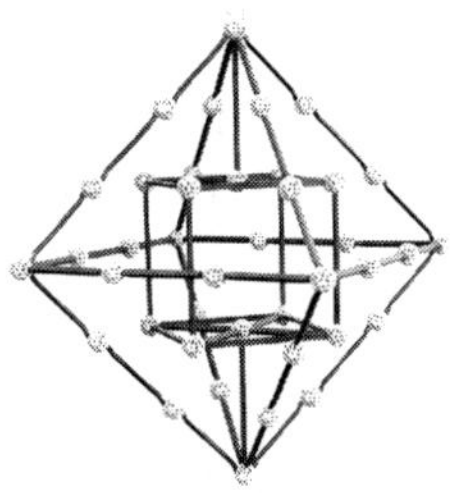

정팔면체의 dual은 정육면체이다.

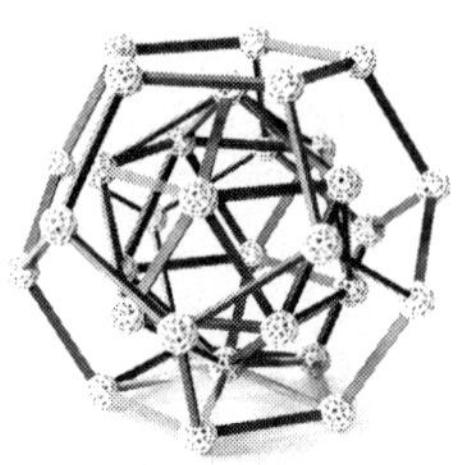

정십이면체의 dual은 정이십면체이다.

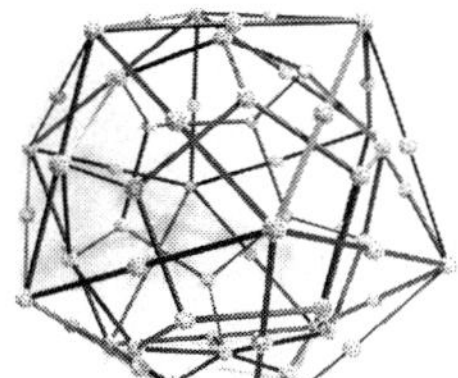

정이십면체의 dual은 정십이면체이다.

예제 18

Herschel graph G에 대해 그 dual graph를 구하여라.

풀이 Herschel graph는 꼭짓점 11개, 변 18개, 영역 9개 가지고 있으므로, 그 dual은 꼭짓점 9개, 변 18개, 영역 11개 가지고 있으며 아래 그래프와 같은 모양이다.

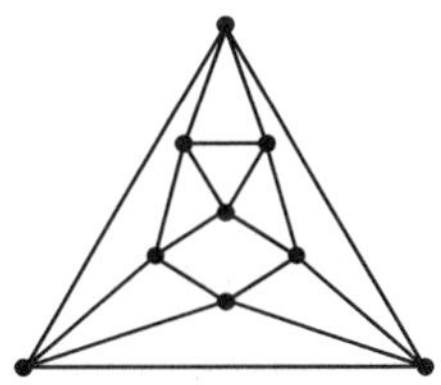

예제 19

(1) W_n (wheel graph)의 쌍대 그래프(dual graph)는 W_n 이다.

(2) 피라미드(pyramid)를 평면 그래프로 나타내면 wheel graph가 된다. 따라서 피라미드는 self-dual이다. 피라미드의 골격 그래프는 wheel graph이다.

예제 20

다음 그래프는 self-dual graph가 됨을 확인할 수 있다.

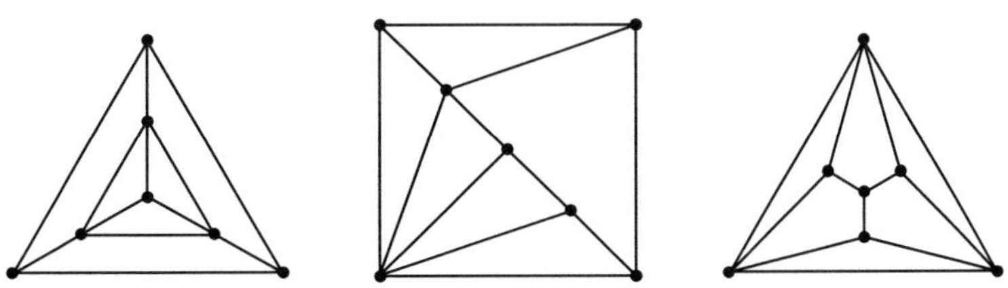

쌍대 그래프의 성질

(1) 평면 그래프의 쌍대 그래프는 항상 평면 그래프이다.

(2) G^d 가 G 의 쌍대 그래프이면, G 는 G^d 의 쌍대 그래프이다.

(3) 쌍대성(dualism)은 변의 개수는 변화하지 않고, 영역의 개수와 꼭짓점의 개수가 서로 교환된 것으로 나타나며, 이것은 다면체에서 오일러의 공식 $v - e + r = 2$ 에서 v와 r의 값이 교환되는 것이다.

정의 4

G 의 변과 일대일 대응되는 꼭짓점을 가지며 이 꼭짓점을 연결하는 변을 G 의 변과 같은 꼭짓점을 공유하는 경우로 하는 그래프를 G 의 edge graph라고 하고 $L(G)$ 로 나타낸다.

예제 21

K_4 에서 그 edge graph $L(K_4)$를 구하기 위해서는, K_4의 6개의 변 a, b, c, d, e, f에 대응하는 점 a, b, c, d, e, f를 $L(K_4)$의 꼭짓점으로 한다. 그리고 K_4에서 각 변마다 꼭짓점으로 이웃한 변이 4개씩이므로, 이 대응하는 변을 $L(K_4)$에서 꼭짓점끼리 연결하면 된다.

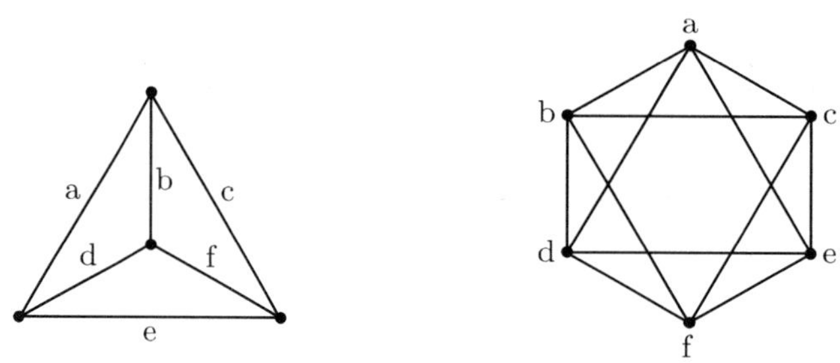

K_4 $L(K_4)$

예제 22

다음을 보여라.

(1) $L(K_3) = K_3$

(2) $L(K_{1.5}) = K_5$, (3) $L(C_6) = C_6$

풀이 방법은 유사하므로 (2)만 보이기로 한다.

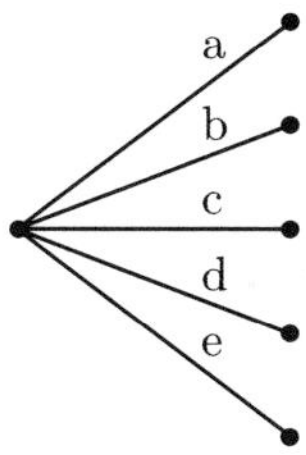

$K_{1.5}$

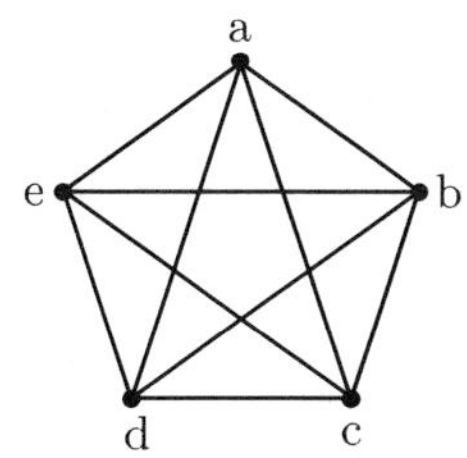

$L(K_{1.5})$

예제 23

$K_{3.3}$ 은 토러스(torus) 표면에 변이 교차되지 않도록 그릴 수 있다. 아래 그림은 $K_{3.3}$ 을 토러스 표면 위에 그린 것이다. 같은 방법으로 K_5 , K_6 , K_7 에 대해서도 변이 교차되지 않도록 토러스 표면에 그릴 수 있다.

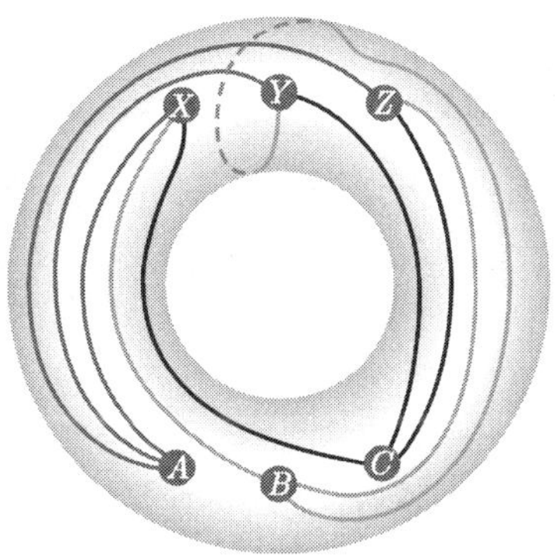

정의 5

다면체(polyhedron)란 모든 면이 다각형으로 이루어진 입체(solid figure)이다. **볼록다면체**(convex polyhedron)란 구멍(hole)이나 움푹 들어간 곳(dent)이 없는 다면체를 말한다.

오일러 공식은 구와 연결 상태가 같은 다면체에서 성립하며, 움푹 들어간 다면체일 경우에도 구멍을 가지고 있지 않으면 오일러 공식을 만족한다. 다면체에서 편의상 r(영역, region) 대신 f(면, face)를 사용하기도 한다.

예제 24

다음 그림의 각각에 대해 오일러 공식이 성립하는지 조사하여라.

(1)

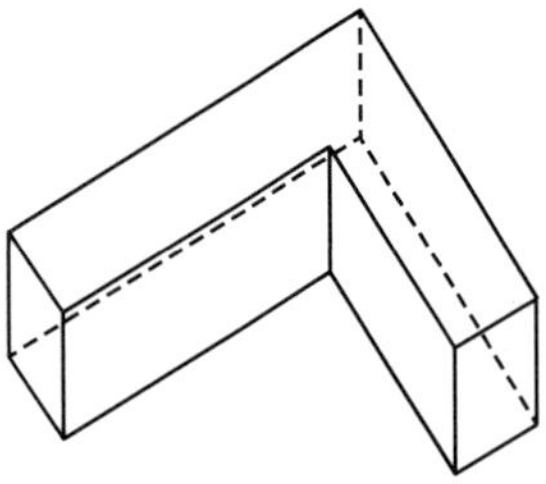

(2)

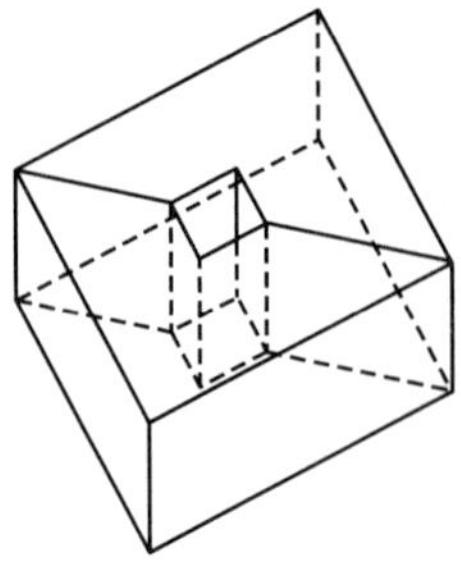

풀이 (1) $f = 8$, $v = 12$, $e = 18$ 이므로 $v + f - e = 2$ 가 성립한다.

(2) $f = 12$, $v = 16$, $e = 28$ 이므로 $v + f - e = 0$ 이 된다. 구멍(hole)을 하나 가지고 있는 경우에는 $v + f - e = 0$ 이 됨을 주목하여라. 일반적으로 n개의 구멍을 가진 다면체는 $v + f - e = 2 - 2n$이 성립한다. ■

예제 25

7개의 모서리를 가지는 다면체가 존재하지 않음을 보여라.

풀이 그와 같은 다면체가 존재한다고 가정하자. 그러면 다면체는 한 꼭짓점에 3개 (이상)의 모서리가 모여 있어야 하므로 각 꼭짓점의 차수는 3 이상이 된다. 이때 꼭짓점의 개수를 n 이라 하면

$$3v \leq 2 \times 7 = 14$$

에 의해서 $v \leq 4.666\cdots$ 이므로 이를 만족하는 v는 4보다 작거나 같게 된다. 그런데 모든 다면체의 꼭짓점의 개수는 4 이상이어야 하므로 $v = 4$가 유일한 경우가 된다. $v = 4$인 경우는 모서리가 6개가 되므로 가정에 모순이 된다. 따라서 모서리가 7개인 다면체는 존재할 수 없다. ■

연습문제 15

1. 다음 그림을 보고 각각에 대해 v, f, e, $v+f-e$를 구하여라.

(1)

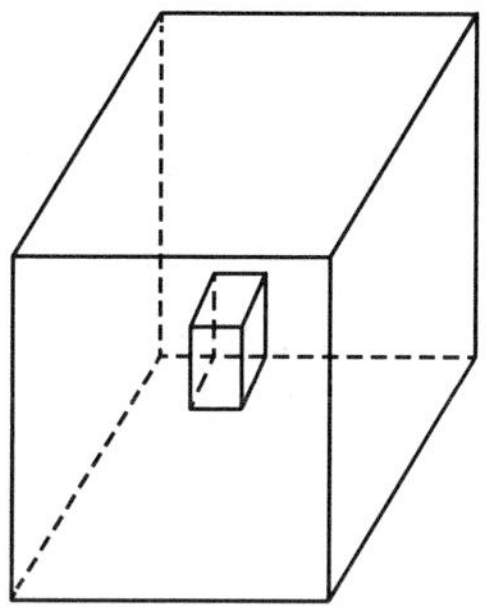

(2)

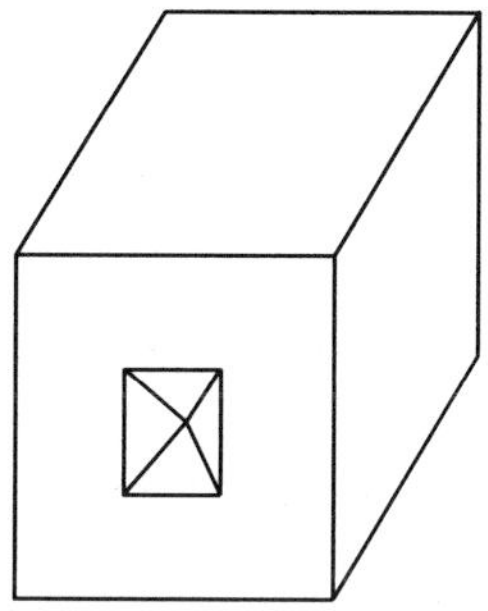

2. 다음 그래프는 이분 그래프인가? 평면 그래프인가? Euler circuit를 가지는가? Hamilton cycle을 가지는가? 평면 그래프이면 그와 동형인 평면 그래프를 그려라.

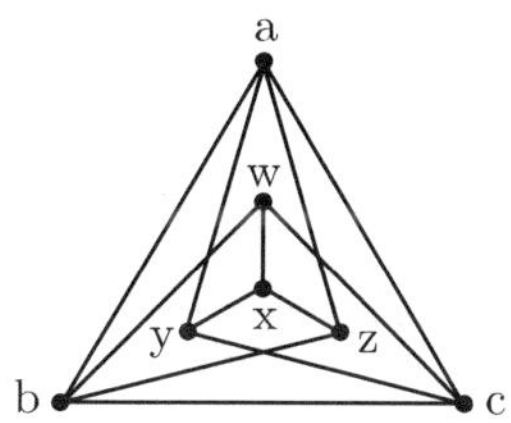

3. 다음 그래프를 Heawood graph라 한다. 이 그래프에 대하여 planar, Euler circuit, Hamilton cycle을 가지는가를 조사하여라.

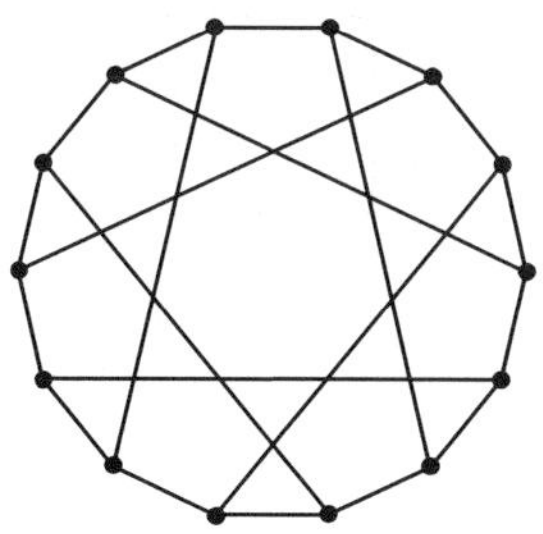

4. (1) 꼭짓점 개수와 변의 개수가 같은 볼록다면체가 존재하지 않는 이유를 설명하여라.

(2) 볼록다면체에서 v와 f가 짝수이면, e도 짝수임을 보여라.

5. 그래프 $K_{3,3}$과 피터슨 그래프의 인접행렬을 각각 구하고 그 행렬의 고윳값을 구하여라.

6. $K_{l,m,n}$이 평면 그래프가 될 조건을 구하여라.

7. 원은 평면 그래프인가? 오일러 공식을 사용하면 어떤 결과를 얻게 되는가?

8. 6개의 꼭짓점을 가지는 4 -정규(regular)인 단순 그래프를 구하여라.

9. Jordan curve theorem이란 평면 위에 있는 단순 닫힌곡선(simple closed curve)은 평면을 내부(interior region)와 외부(exterior region)의 두 영역으로 분할한다는 정리이다. 따라서 이와 같은 곡선에서 내부의 점과 외부의 점을 연결하면 이 곡선상의 어느 점과 만나야 한다. 이 정리를 이용하여 K_5와 $K_{3,3}$이 nonplanar임을 보여라.

10. 그래프 G에서 $|V| \geq 11$ 이면, G 또는 $\overline{G}$ 중 적어도 하나는 nonplanar임을 보여라.

11. 그래프 G에서 $|E| < 30$이며 모든 꼭짓점의 차수가 4 이하인 단순평면 그래프가 존재하는가? 존재하면 그와 같은 그래프를 하나 구하여라.

12. 다음 그래프는 nonplanar임을 보여라.

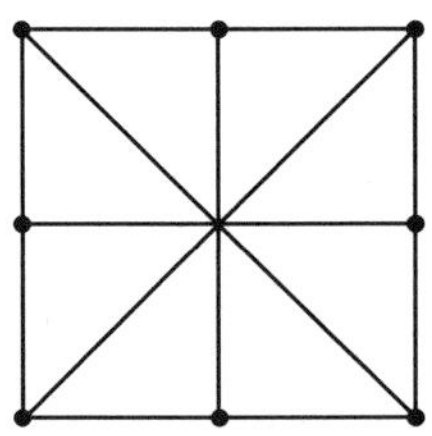

연습문제 15 – 문제풀이

1. 풀이 (1) $v = 16$, $f = 12$, $e = 24$, $v + f - e = 4$

(2) $v = 13$, $f = 10$, $e = 20$, $v + f - e = 3$

2. 풀이 위 그래프에서 가운데 4개의 꼭짓점을 좌우로 틀고, 위아래로 바꾸면 아래와 같은 평면 그래프가 된다.

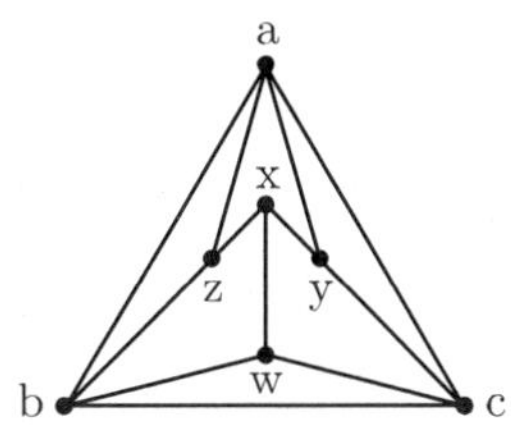

위 그래프는 $|E| = 12$, $|V| = 7$ 이며, 이분 그래프이고, 평면 그래프이며, Euler circuit는 가지지 않지만, Hamilton cycle을 가진다.

4. 풀이 (1) 오일러 공식 $v - e + f = 2$에서 $v = e$이면 $f = 2$가 된다. 다면체가 되기 위해서는 $f \geq 4$가 됨을 주목하여라.

(2) 오일러 공식에서 이항하면 $v + f - 2 = e$가 된다. 이때 좌변이 짝수이므로 우변도 짝수가 되어야 한다.

8. 풀이 정팔면체 골격 그래프

10. 힌트 G가 적어도 2개의 변을 가지는 단순 연결 평면 그래프이면 $e \leq 3v - 6$이 성립한다는 사실을 이용한다.

16장 그래프 응용문제

미로찾기 문제

앞이 안 보이는 미로를 통과하는 방법으로 깊이우선탐색(depth first search) 방법과 오른손 법칙을 이용하여 미로를 탈출할 수 있다. 즉, 입구에서부터 오른손을 벽에 붙이면서 벽에서 손이 떨어지지 않도록 진행하여 출구까지 도착할 수 있으면 탈출이 가능하다. 아래 그림에서 출발점부터 이 방법을 사용하여 도착점까지 이동하여라.

그러나 안과 밖이 연결되지 않은 미로인 경우 이 방법으로 탈출할 수 없는 경우가 있다. 미로 내부에서 벽이 연결되지 않은 부분이 많이 나타날수록 어려운 미로가 된다.

용액 나누기 문제

용액 나누기 문제는 주로 Three Jars Problem으로 나타나며, 이는 눈금이 없는 서로 다른 용량을 가지는 3개의 용기를 이용하여 원하는 용액의 양을 정확히 구하는 문제이다.

정리 1

눈금이 없는 3개 용기의 크기를 A, B, C라고 할 때
$A = B + C$이고 B와 C가 서로 소이면, $0 \le q \le A$인 모든 정수 q에 대한 용량을 정확히 얻을 수 있다.

용액 나누기 알고리즘

크기 순서대로 큰 것부터 A, B, C라 하자. 그러면

① B가 비어 있으면 A에서 B로 가득 채운다.
   B에 용액이 들어 있으면
② C가 가득 차 있지 않으면 B를 가지고 C로 가득 채운다.
③ C가 가득 차게 되면 C에 있는 것을 A에 붓는다.

(원하는 결과를 얻을 때까지) 이 과정을 반복한다.

예제 1

눈금이 없는 $8l$, $5l$, $3l$의 3개 용기가 있다. $8l$에 가득 들어 있는 용액을 나머지 용기를 사용하여 두 용기에 $4l$씩 정확히 담을 수 있는 방법을 설명하여라. 이와 같은 이동이 최소로 이루어지도록 하는 방법을 구하여라. [이 문제는 Nicolas Chuquet(1484~1500) 책에 실려 있다.]

풀이

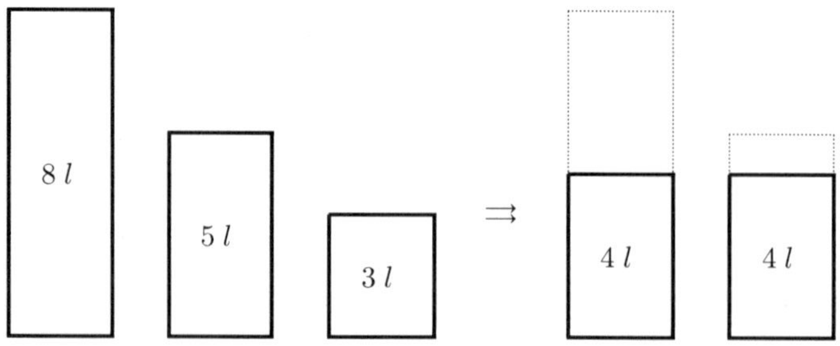

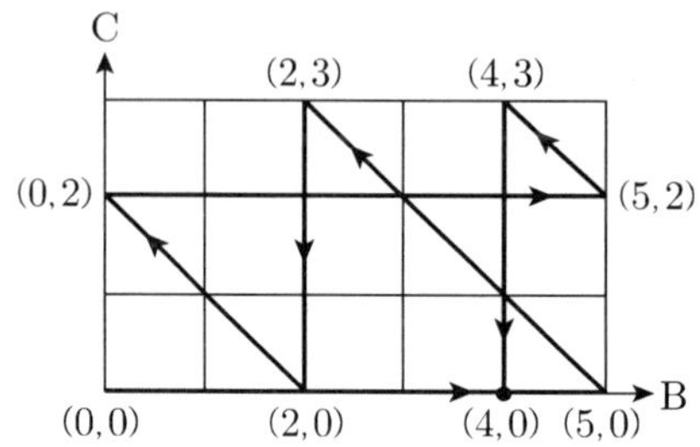

여기서

→는 8 l 를 5 l 로

↖는 5 l 를 3 l 로

↓는 3 l 를 8 l 로

여기서 $(b,\ c)$ 는 각각 5 l 와 3 l 의 용기에 들어가는 양이며, 아래의 $(a,\ b,\ c)$는 각각 8 l , 5 l, 3 l의 3개의 용기에 들어가는 양을 나타낸다. 따라서 $a+b+c=8$에서 $(a,\ b,\ c)$ $=(8-b-c,\ b,\ c)$ 가 된다. 이 그림에서 화살표를 따라가면

: (8,0,0)→(3,5,0)→(3,2,3)→(6,2,0)→(6,0,2)→(1,5,2)→(1,4,3)→(4,4,0). ■

다른 방법은 예제 1에 있는 A, B, C의 용기를 A, C, B로 바꾸어 생각한다.

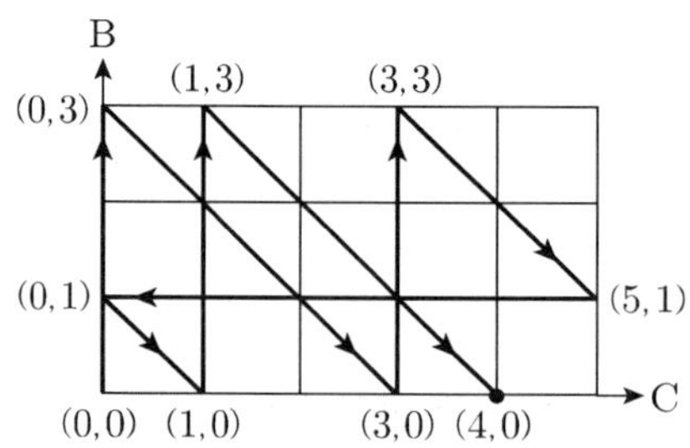

여기서

↑는 8 l 를 3 l 로

↘는 3 l 를 5 l 로

←는 5 l 를 8 l 로

이 그림에서 화살표를 따라가면

: (8,0,0)→(5,0,3)→(5,3,0)→(2,3,3)→(2,5,1)→(7,0,1)→(7,1,0)
→(4,1,3)→(4,4,0)

예제 1에서는 일곱 번 만에 원하는 결과를 얻었지만, 이 방법으로는 여덟 번 만에 결과에 도달하였다.

예제 2

눈금이 없는 $19\,l$, $13\,l$, $7\,l$의 3개 용기 중에 $13\,l$와 $7\,l$의 용기에 가득 찬 용액을 $19\,l$와 $13\,l$의 용기에 정확히 $10\,l$씩 나눌 수 있는가?

풀이 (a, b, c)를 차례대로 $19\,l$, $13\,l$, $7\,l$의 3개의 용기에 담긴 용액의 양이라고 하면

$(0, 13, 7) \to (13, 0, 7) \to (13, 7, 0) \to (19, 1, 0) \to (12, 1, 7) \to (12, 8, 0) \to (5, 8, 7) \to$
$(5, 13, 2) \to (18, 0, 2) \to (18, 2, 0) \to (11, 2, 7) \to (11, 9, 0) \to (4, 9, 7) \to (4, 13, 3) \to$
$(17, 0, 3) \to (17, 3, 0) \to (10, 3, 7) \to (10, 10, 0)$ ■

Kirkman's Schoolgirls Problem

Kirkman(Thomas Penyngton Kirkman, 1806~1895; 영국의 수학자)는 1850년 "Lady's and Gentleman's Diary"에 발표(p.48, query 6)한 15명의 여학생 문제(Fifteen Schoolgirls Problem)로 다음과 같다.

어떤 여교사가 자기반 여학생 15명을 7일 연속으로 다음과 같은 규칙으로 산보를 하는 것이 가능한가?

(1) 산보할 때는 5줄로 각 줄마다 3명씩 오도록 한다.

(2) 어떤 여학생도 같은 줄에 두 번 이상 오지 않도록 해야 한다.

이 문제의 풀이는 특별히 어렵지는 않다. 케일리(Cayley, 1821~1895; 영국 수학자)가 최초로 그 풀이를 발표했으며, 그런 다음 컬크만(Kirkman, 1806~1895; 영국 수학자)도 이 문제를 발표하기 전에 이미 알고 있었던 자신의 풀이를 발표했다. 실베스터(Sylvester, 1814~1897; 영국 수학자) 역시 이런 형태의 문제를 연구했으며 나중에 이 문제로 누가 먼저 생각했는가로 컬크만과 논쟁이 되었다.

이 문제는 n명의 여학생을 $\frac{n-1}{2}$일 동안, $\frac{n}{3}$씩 짝을 지어 같은 줄에 두 번 이상 오지 않도록 하는 방법으로 일반화시킬 수 있다. $n \equiv 3 \pmod 6$일 경우에만 이런 배열

이 가능할거라고 생각하였는데, 1971년에 모든 n에 대하여 가능하다는 논문이 발표되었다.

예제 3

9명의 학생을 4일 동안 위 규칙으로 산보하려면 어떻게 해야 하는가?

풀이 이 9 명의 학생을 $A, B, C, D, E, F, G, H, I$라고 하자. 그러면 그중 하나의 가능한 해는

1일 ABC DEF GHI

2일 BFH EIA CGD

3일 FAG IDB HCE

4일 ADH BEG FIC ■

참고 예제 3과 같은 문제는 참고로 Steiner Triple System에 대해 조사해보고, 최근에는 아래 소개하는 방법 이외에 이와 관련된 멋진 논문들이 소개되고 있다.

예제 4

다음 각 경우에 대해 n명의 여학생이 l명씩 짝지어 k일 동안 산보를 하였는데, 매일 서로 다른 여학생들이 짝지어 산보를 하려면 어떻게 해야 하는가?

(1) $n=4$, $l=2$, $k=3$

(2) $n=6$, $l=2$, $k=5$

(3) $n=9$, $l=3$, $k=4$

(4) $n=15$, $l=3$, $k=7$

(5) $n=16$, $l=4$, $k=5$

풀이 (1)

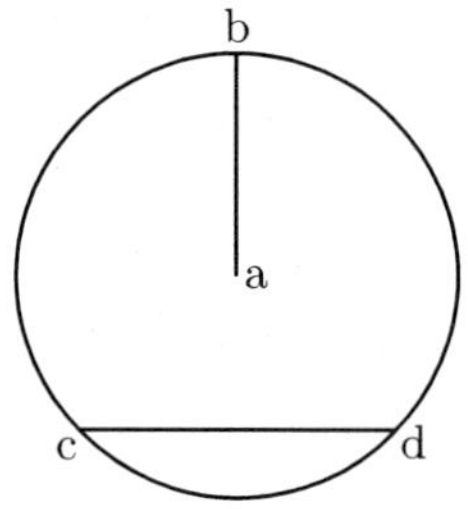

1일	2일	3일
ab cd	ac bd	ad bc

(2)

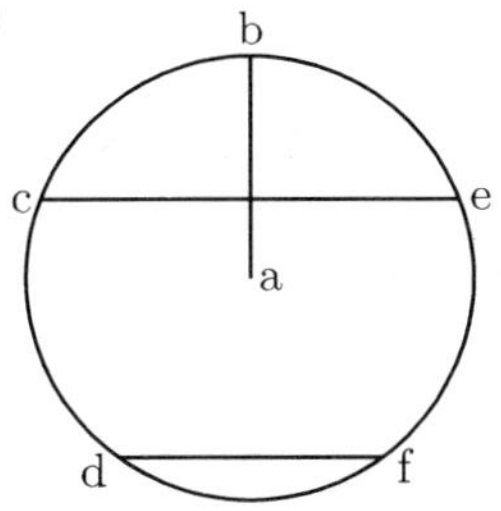

1일	2일	3일	4일	5일
ab	*ac*	*ad*	*ae*	*af*
ce	*bd*	*be*	*bf*	*bc*
df	*ef*	*cf*	*cd*	*de*

(3)

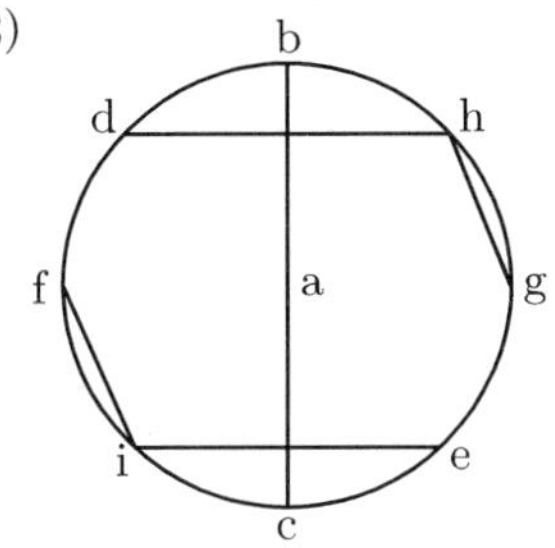

1일	2일	3일	4일
abc	*ade*	*afg*	*ahi*
dgh	*bfh*	*bdi*	*beg*
efi	*cgi*	*ceh*	*cdf*

다른 해

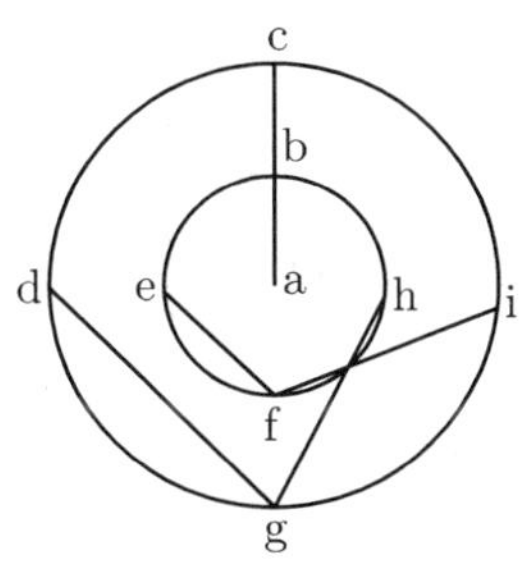

1일	2일	3일	4일
abc	*ade*	*agi*	*ahf*
dgh	*bgf*	*bhe*	*bdi*
efi	*chi*	*cdf*	*cge*

(4)

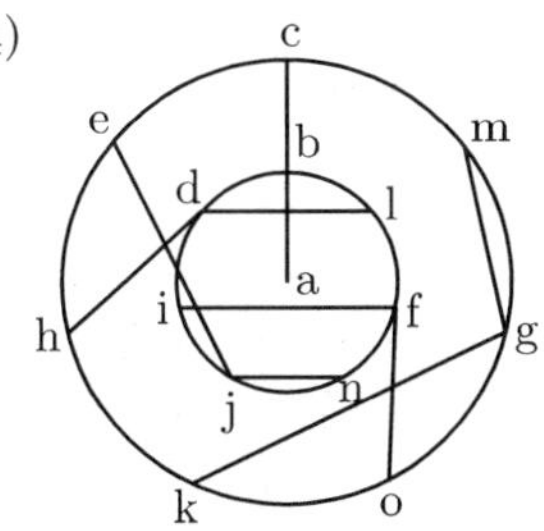

1일	2일	3일	4일	5일	6일	7일
abc	*ade*	*afg*	*ahi*	*ajk*	*alm*	*ano*
dhl	*bik*	*bhj*	*bmn*	*blo*	*bef*	*bdg*
ejn	*cmo*	*cln*	*ceg*	*cdf*	*cij*	*chk*
fio	*fhn*	*dim*	*djo*	*ehm*	*dkn*	*eil*
gkm	*gjl*	*eko*	*fkl*	*gin*	*gho*	*fjm*

(5)

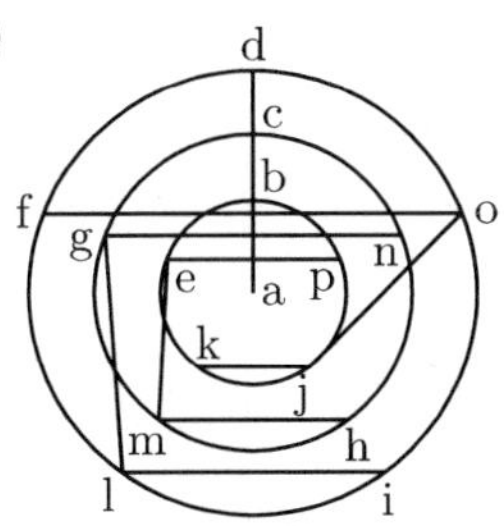

1일	2일	3일	4일	5일
abcd	*aefg*	*ahij*	*aklm*	*anop*
ehmp	*bhkn*	*belo*	*bfip*	*bgjm*
fjko	*cimo*	*cgkp*	*cejn*	*cfhl*
giln	*djlp*	*dfmn*	*dgho*	*deik*

Instant Insanity

그 기원을 한 동안 "The Great Tantalizer"라고 불렸던 게임에 두고 있는, Instant Insanity 게임은, 4개의 정육면체(cube)로 이루어져 있는데, 각 (여섯)면에는 4가지 색 중에 1가지가 칠해져 있다. 이 게임의 목표는 4개의 정육면체를 일렬로 배열하여 4개의 긴 면에는 모두 다른 색이 배열되도록 하는 것이다. 이때 정육면체의 순서에는 상관이 없다. 이렇게 4개의 정육면체를 나열하는 방법은 생각보다 많이 나온다. 그 방법은 $\frac{1}{2}(6^4 \times 4^3) = 41,472$가지가 된다.

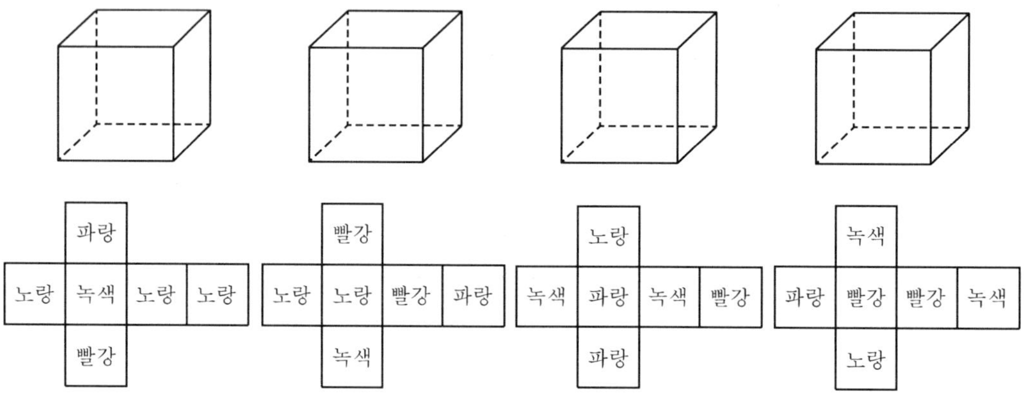

현재 인터넷이나 시중에서 구할 수 있는 Instant Insanity는 위와 같은 형태로 구성되어 있다. 이 경우 아래 표에서 순서대로 주사위를 나열하면

특징	노랑 3면 나머지 각 1면	노랑,빨강 2면 나머지 각 1면	녹색,파랑 2면 나머지 각 1면	녹색,노랑 2면 나머지 각 1면
뒤(back)	파랑	빨강	노랑	녹색
위(up)	녹색	노랑	파랑	빨강
앞(front)	빨강	녹색	파랑	노랑
밑(bottom)	노랑	파랑	빨강	녹색
좌(left)	노랑	노랑	녹색	노랑
우(right)	노랑	빨강	녹색	빨강

이 표에서 뒤, 위, 앞, 밑의 4면은 모두 다른 색으로 나타나있음을 알 수 있다. 위에서 4가지 색 대신에 주사위에 1, 2, 3, 4 의 4개의 숫자로 대응하고 4개의 긴 면마다 합이 10이 되도록 하기도 한다.

label graph

정의 1

단순 그래프 $G(V, E)$ 에서 0부터 $|E|$ 까지의 서로 다른 정수를 이용하여 (이용되지 않는 정수도 있을 수 있다) 꼭짓점에 번호를 붙이고, 변에는 두 꼭짓점의 값의 차이(절댓값)의 값을 번호로 붙일 경우, 그래프의 변이 1부터 $|E|$ 까지 계속되면 그 그래프를 **gracefully numbered**라 하고 이와 같이 번호를 붙일 수 있는 그래프를 graceful graph라고 한다.

주의 graceful graph가 되기 위해서는 그 그래프는 고리나 다중변을 가지고 있어서는 안 된다. 연속이 아닌 그래프도 graceful graph가 될 수 있다.

예제 5

K_2 , K_3 , K_4 는 graceful graph가 됨을 보여라.

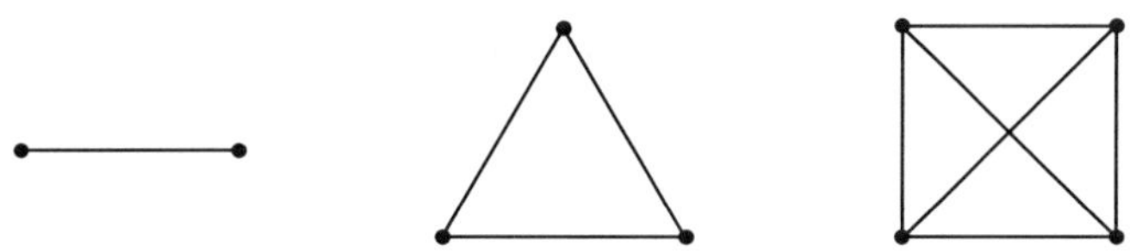

풀이

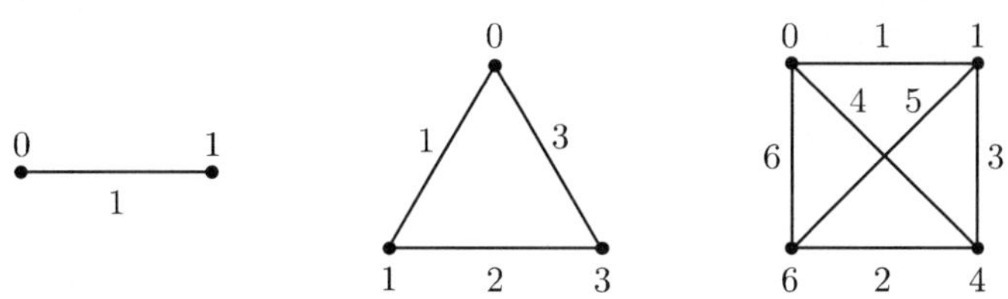

예제 6

O (또는 octahedron graph), $K_{3,3}$ (또는 Thomsen graph)는 graceful graph가 됨을 보여라.

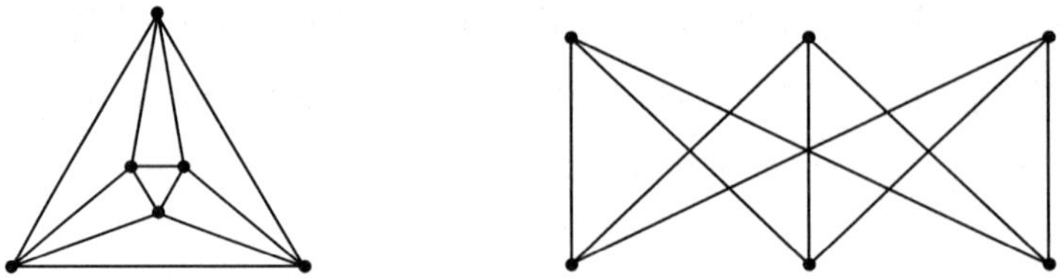

풀이

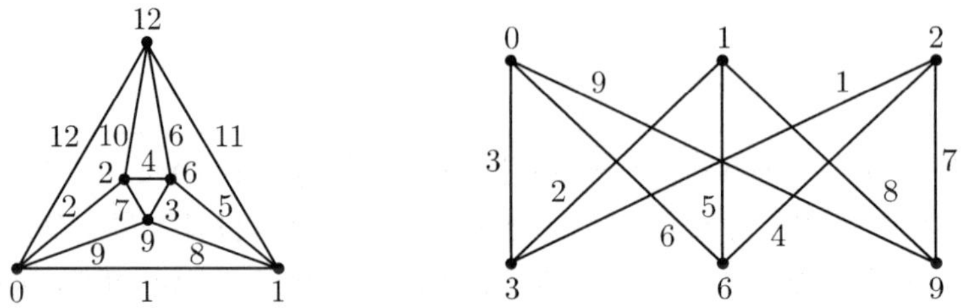

예제 7

꼭짓점을 5개 이하로 갖는 단순 그래프 중에서 graceful graph가 아닌 그래프는 단지 다음과 같이 3개가 있다.

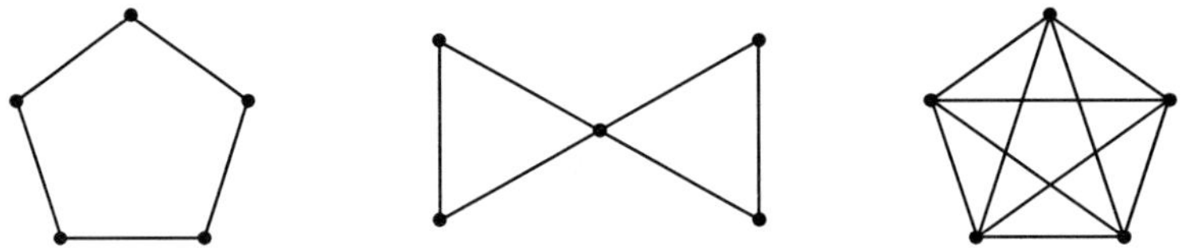

C_5 bow tie graph K_5

정리 2

e개의 변을 가지는 그래프 G가 eulerian일 때, G가 graceful일 필요충분조건은 $e = 0, 3 \pmod 4$일 경우이다.

따름정리 1

C_n이 graceful일 필요충분조건은 $n = 0, 3 \pmod 4$이다.

예제 8

C_6와 C_7은 graceful이 아니다.

연습문제 16

1. 눈금이 없는 12 l , 7 l , 5 l 의 3개의 용기만을 이용하여 12 l 용기에 가득 담긴 우유를 나머지 두 빈 용기를 이용하여 어느 용기에 정확히 6 l만 담을 수 있도록 할 수 있겠는가?

2. 눈금이 없는 10 l , 7 l , 4 l 의 3개의 용기만을 이용하여 10 l 용기에 가득 담긴 우유를 나머지 두 빈 용기를 이용하여 어느 용기에 정확히 2 l만 담을 수 있도록 할 수 있겠는가?

3. 눈금이 없는 9 l 와 4 l 용기를 가지고 강가에서 정확하게 6 l 의 물을 담을 수 있는 방법을 설명하여라.

4. 모든 완전이분그래프는 graceful임을 보여라. 이를 이용하여 $K_{2,3}$ 이 graceful graph임을 보여라.

5. 다음 C_4 , Petersen graph, C (또는 cube graph)는 graceful임을 보여라.

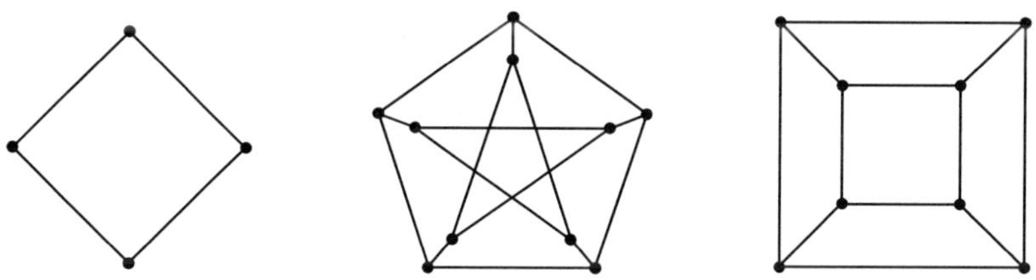

6. 다음 W_5 , W_6 , W_7 이 graceful임을 보여라.

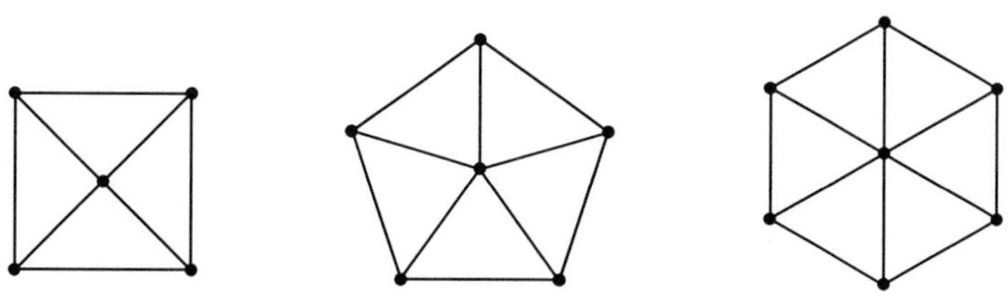

7. K_5 , C_6 는 graceful이 아님을 보여라.

연습문제 16 – 문제풀이

5. 풀이

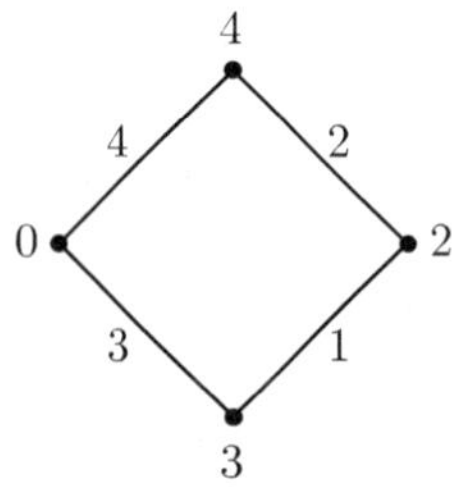

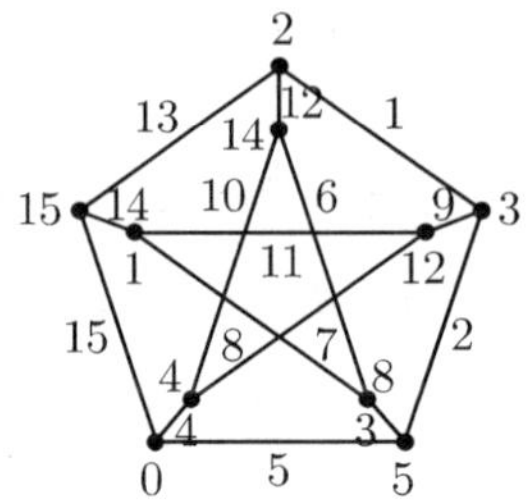

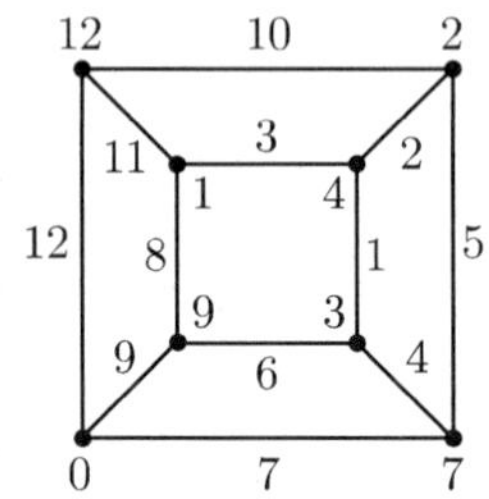

6. 풀이

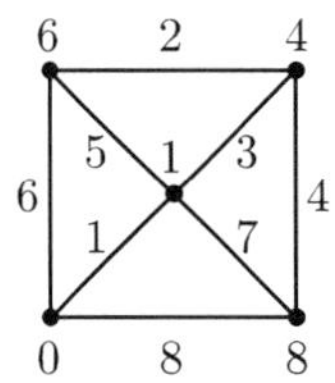

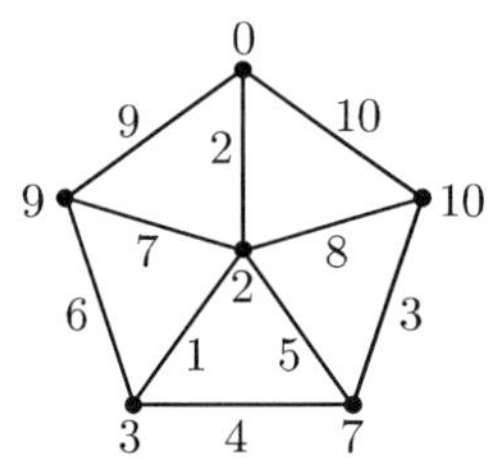

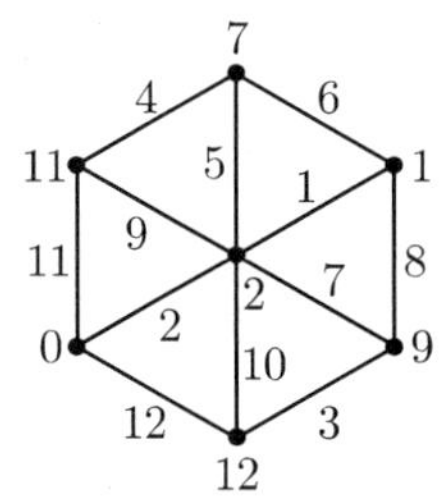

17장 그래프 색채 문제

그래프 색채 문제는 원래 상호작용을 일으키는 화학약품을 효율적으로 저장하는 문제로부터 시작되었다고 한다.

지도에 영역별로 색칠을 할 때 인접한 국경이 색에 의하여 구분될 수 있도록 서로 다른 색깔로 칠해야 할 것이다. 이때 가장 작은 수의 색으로 색칠을 하려 한다면 최소한 몇 가지 색으로 칠하는 것이 가능할까 하는 것이 사색 문제이다.

사색 문제(four color theorem)

"모든 평면 그래프의 색채수(chromatics number)가 4 이하이다."라는 문제이다.

이 사색 문제는 1840년 뫼비우스가 강의에서 처음 문제를 제기하였다. 그런데 드모르간(Augustus De Morgan, 1806~1871)에 의하면 지도를 만드는 인쇄업자들은 4가지 색으로 모든 지도의 구분이 가능함을 경험에 의하여 이미 알고 있었다고 한다.

영국의 수학자 아서 케일리(Arthur Cayley, 1821~1895)는 1878년 런던 수학회에서 어떤 지도도 4가지 색만으로 국경이 구별되도록 칠할 수 있음을 증명하도록 문제를 제시하였고, 1879년 켐프(Kempe)가 증명을 발표하였으나. 증명과정에서 약간의 오류가 있음이 발견되었다.

그 후 100여 년간 많은 연구가 계속되었지만 증명되지 못하다가 일리노이 대학의 하켄(Wolfgang Haken)이 켐프의 증명을 보완하여 증명하였다. 하켄은 처음에는 혼자서 이 문제를 연구하였는데 모든 지도를 1,936종류의 표준형으로 환원시켜 발전하는 과정에서 사람의 힘으로는 불가능함을 알게 되었다. 그래서 그는 같은 대학의 아펠(Kenneth Appel) 교수와 전자계산기를 1,200시간 가동하여 4년 만에 공동으로 문제를 해결(1976년 6월)하였다. 따라서 학자들은 이와 같은 증명 방법에 대해 실증(實證)은 완료되었으나 논증(論證)의 여지가 아직 남아 있는 문제라고 한다. (참고문헌 [17])

꼭짓점 색칠 문제(vertex-coloring problem)

꼭짓점 색채는 가장 중요한 것이다. 왜냐하면 다른 색채 문제는 꼭짓점 색채로부터 출발하기 때문이다. 변색채(edge coloring)는 그의 선그래프(line graph)에서의 꼭짓점 색채가 되고, 평면 그래프에서 면색채(face coloring)는 단지 그의 평면 쌍대 그래프(dual graph)에서의 꼭짓점 색채이기 때문이다. 많아야 k개의 색을 사용하여 색칠(coloring)을 할 수 있으면 k-coloring이라 한다.

정의 1 **꼭짓점 색채수(vertex chromatic number, 꼭짓점 채색수)**

그래프의 꼭짓점 색채수란 그래프의 꼭짓점들을 서로 인접(adjacent)하는 것들은 다른 색을 갖도록 칠할 때 필요한 색의 수 중 최솟값을 말하며 $\chi(G)$ [chi of G]로 나타낸다.

예제 1

다음 그래프 K_5 에서 인접한 꼭짓점을 서로 다른 색으로 칠하여라.

풀이

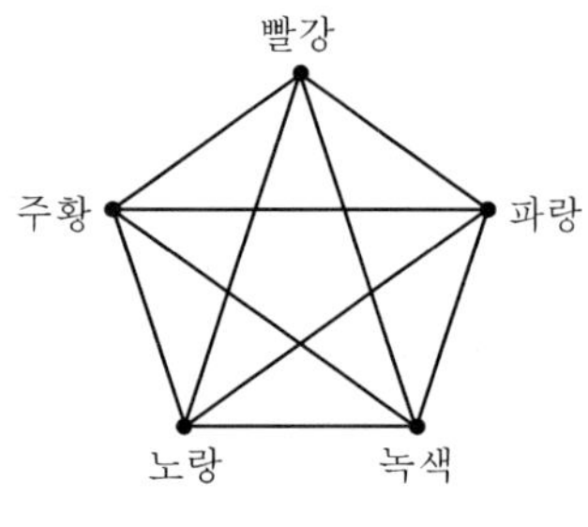

위에서 K_5 는 위와 같이 빨강, 주황, 노랑, 녹색, 파랑의 5가지 색으로 꼭짓점을 칠할 수 있으며, 이보다 작은 색으로는 인접한 꼭짓점에 다른 색이 되도록 칠할 수 없다. ▨

정리 1

$\chi(K_n) = n$ (n은 자연수)이다.

정의 2

그래프가 적당한 꼭짓점 $k-$ 색칠이 가능하면, **꼭짓점 $k-$ 색칠가능**(vertex $k-$ colorable)이라고 한다.

정의 2에 의하면 그래프 G 의 색채수가 k 라면, 즉 $\chi(G)=k$ 이면 G 가 $k-$색칠가능이지만 $(k-1)-$색칠불가능임을 뜻한다.

예제 2

다음 두 그래프는 모두 꼭짓점 3-색칠가능이다.

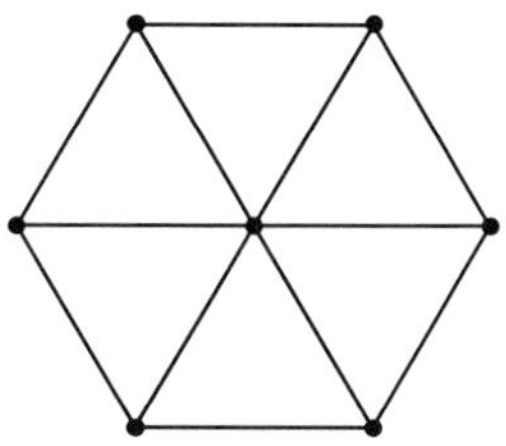

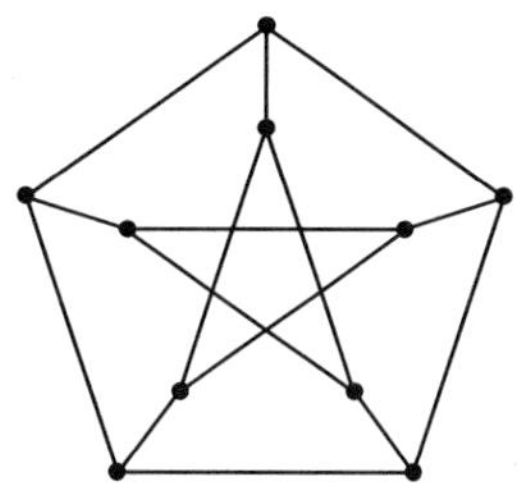

예제 3

다음 그래프의 꼭짓점 색채수를 구하여라.

(1) (2) (3)

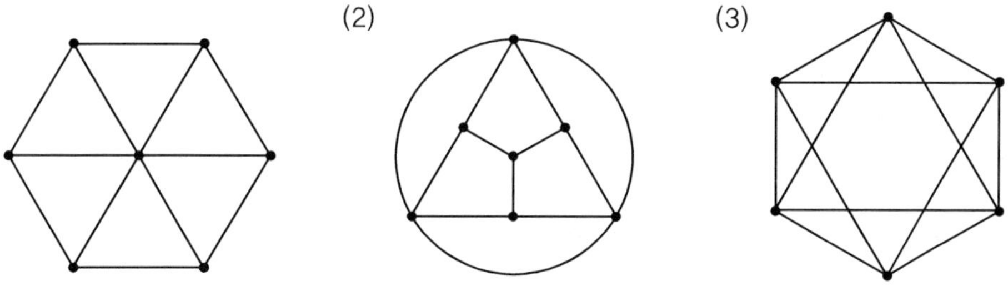

풀이 (1) 3 (2) 4 (3) 3

정리 2

$G=(V, E)$ 가 단순 그래프일 때, 다음이 성립한다.

(1) $\chi(G)=1 \Leftrightarrow E=\varnothing$

(2) $\chi(G)=2 \Leftrightarrow G=K_{m,n}$ (m, n 은 자연수)

정리 3

$\chi(G)=2 \Leftrightarrow G$는 홀수 길이의 순환로를 가지지 않는다.

정리 4

$G=(V, E)$에서 $|V|=n \geq 1$이면, $1 \leq \chi(G) \leq n$이다.

정리 5

G가 단순 그래프이고, $d=\max\{\deg(v) \mid v \in V\}$ 이면, $\chi(G) \leq d+1$ 이다.

$\chi(G)$ 에 대해 다음과 같은 성질이 알려졌다.

(1) G 가 완전불연속(totally disconnected) $\Leftrightarrow$ $\chi(G)=1$.

(즉 G 가 변이 하나도 없거나 고리(loop)만 가지고 있는 경우이다.)

(2) G 가 홀수 cycle을 가진다. $\Leftrightarrow$ $\chi(G) \geq 3$.

(3) $\chi(G) \geq w(G)$, 여기서 $w(G)$ 는 G 의 clique number이다. clique란 완전부분그래프를 말한다.

(4) $\chi(G) \leq \Delta(G)+1$, 여기서 $\Delta(G)$ 는 G 의 최대 차수이다.

(5) $\chi(G) \leq \Delta(G)$.

변 색칠 문제(edge-coloring problem)

정의 3 **변 색채수(edge chromatic number, 변 채색수)**

고리(loop)를 가지지 않는 그래프에서 변 색채수란 그래프의 인접한 두 변에 각각 다른 색을 갖도록 칠할 때 필요한 색의 수 중 최솟값을 말하며 $\chi'(G)$ 로 나타낸다.

예제 4

다음 그래프의 변 색채수를 구하여라.

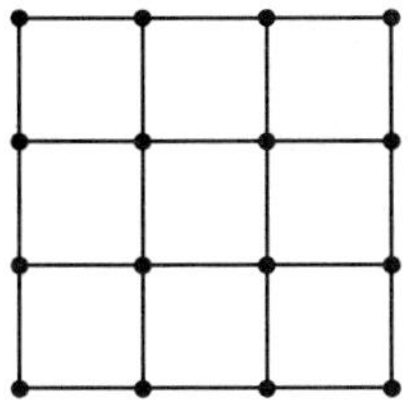

풀이 그래프 내부의 점은 4개의 변으로 연결되어 있고 이를 4개의 색으로 구별되게 칠하면 나머지 변들도 모두 가능하므로 $\chi'(G) = 4$ 가 된다. ■

정리 6

그래프 G가 고리(loop)를 갖지 않는 이분그래프(bipartite graph)라고 하면, $\chi'(G)$ 는 G의 꼭짓점의 최고차수가 된다.

정의 4

그래프가 적당한 변 $k-$ 색칠이 가능하면, 변 $k-$ 색칠가능(edge $k-$ colorable)이라고 한다.

예제 5

다음 그래프의 변 색채수를 구하여라.

(1)

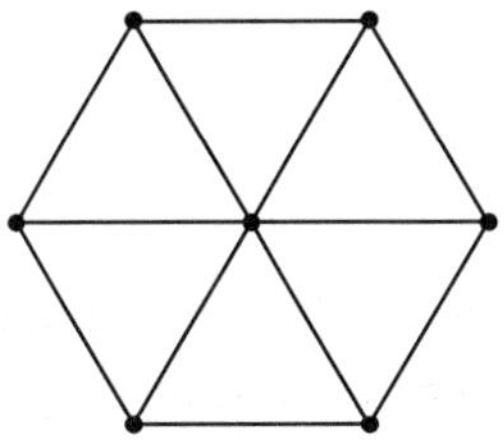

(2)

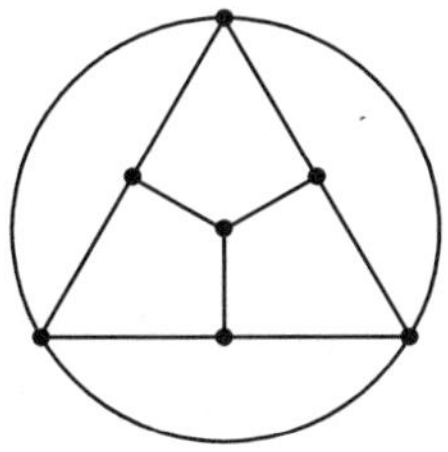

(3)

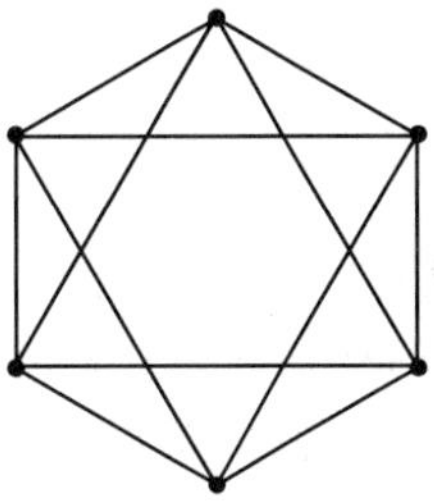

풀이 (1) 6 (2) 4 (3) 4 ■

정리 7 Vizing

(1) 단순 그래프 G의 꼭짓점의 최대 차수가 d 라면, $\chi'(G)$ 는 d 또는 $d+1$ 이다. 이때 d 색으로 칠할 수 있으면 **제1종 그래프**(class 1 graph)라 하고, $d+1$ 색으로 칠할 수 있으면 **제2종 그래프**(class 2 graph)라 한다.

(2) 그래프(또는 다중그래프) G의 꼭짓점의 차수가 d이고 한 쌍의 꼭짓점을 연결하는 변의 최대수가 m이면 $d \le \chi'(G) \le d+m$이다.

예제 6

다음 그래프에서 변 색채수 $\chi'(G)$ 의 범위를 구하여라.

(1)

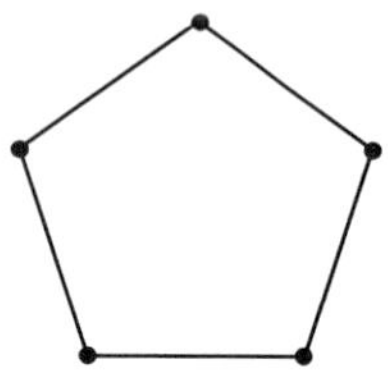

(2)

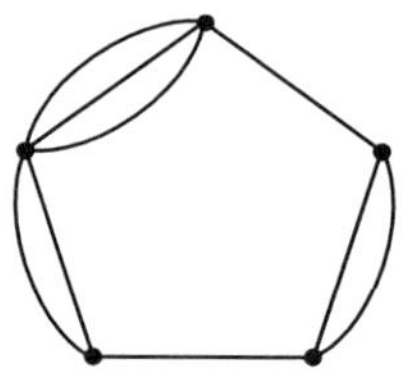

풀이 (1) 이 그래프는 꼭짓점의 최대 차수가 2이므로 $2 \le \chi'(G) \le 2+1$ 이다.

(2) 이 그래프의 꼭짓점의 최대 차수는 5이고, 한 쌍의 꼭짓점을 이어주는 변의 최대수는 3이 된다. 따라서 $5 \le \chi'(G) \le 5+3$ 이다.

정리 8

완전 그래프에 대하여 다음이 성립한다.

$$n\text{이 홀수이면 } \chi'(K_n) = n$$

$$n\text{이 짝수이면 } \chi'(K_n) = n-1$$

정의 5

그래프에서 어떤 변을 제거하였을 때 그 그래프의 성분(component)이 증가하면 그 변을 **bridge**라고 한다. 변 색체수가 4 이상인 bridge를 갖지 않는 3-정규그래프를 **snark**이라고 한다.

예제 7

피터슨 그래프는 가장 작은 snark이다.

정리 9

모든 snark는 nonplanar이고 Hamiltonian이 아니다.

예제 8

제2종 그래프에는 피터슨 그래프와 완전 그래프 $K_n(n=3, 5, 7, \cdots)$와 snark 가 있다. ■

다음은 독일수학자 Grötzsch(1902~1993)에 의한 정리이다. 무방향 그래프에서 어떤 3개의 꼭짓점도 변에 의해 삼각형을 이루지 않을 경우 triangle-free graph라고 한다.

정리 10 Grötzsch 정리

모든 평면 그래프에서 triangle-free graph는 꼭짓점 3-색칠가능(3-colorable)이다.

사색정리는 서로 이웃한 두 나라는 색을 구분하여 칠한다고 가정하면, 모든 지도는 4가지 색으로 색칠가능하다는 것이다. 이를 개략적으로 조사하려면 미국수학회(AMS)의 Notices, 1998년 8월호를 참고하면 도움이 될 것이다.

정리 11 사색정리(Four Color Theorem)

모든 평면 그래프는 4-색칠가능(4-colorable)이다.

예제 9

어느 대통령 인수위원회에는 10명의 핵심위원들이 8개의 분과위원회에 소속되어 있다. 모든 위원회의가 빠지는 핵심위원이 없도록 회의를 개최하도록 하려면 적어도 몇 번 회의가 열려야 하는지를 구하여라. 편의상 10명의 핵심위원을 a, b, c, d, e, f, g, h,i, j라 하자.

① 국정기획조정분과위원회	a, b, c, d
② 정무분과위원회	a, e, f, g
③ 외교, 국방, 통일분과위원회	f, h, i, j

④ 경제분과위원회	b, e, j
⑤ 법질서,사회안전분과위원회	d, f
⑥ 교육과학분과위원회	a, d
⑦ 고용복지분과위원회	g, i
⑧ 여성문화분과위원회	c, h

풀이 위 표를 이용하여 각 핵심위원에 대해 가입된 분과위원회별로 다음과 같은 표를 작성한다.

핵심위원	가입한 분과위원회
a	① ② ⑥
b	① ④
c	① ⑧
d	① ⑤ ⑥
e	② ④
f	② ③ ⑤
g	② ⑦
h	③ ⑧
i	③ ⑦
j	③ ④

가입한 위원을 각분과위원회를 꼭짓점으로 같은 핵심위원이 속한 위원회끼리 변으로 연결한 그래프를 그리면 다음과 같다.

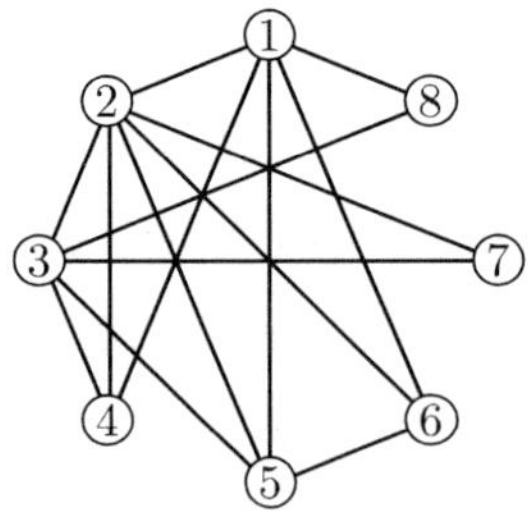

이 그래프의 꼭짓점 색채수를 구한다. 그 값은 4가 됨을 알 수 있다. 그중 한 가지 방법은 ①과 ③/②와 ⑧/④와 ⑤와 ⑦/⑥으로 나누어지는데, 이와 같이 4번에 나누어 위원회를 개최하면 모든 핵심위원들이 다 참석할 수 있게 된다. ■

정리 12

이분 그래프의 꼭짓점의 최대 차수가 k이면 $\chi'(K_{m,n}) = k$이다.

다음 표는 G와 그의 꼭짓점 색채수 $\chi(G)$와 변 색채수 $\chi'(G)$를 정리한 것이다.

그래프 G	$\chi(G)$	$\chi'(G)$
완전그래프 K_n	n	n (n이 홀수), $n-1$ (n이 짝수)
이분 그래프	2	꼭짓점의 최대 차수
P_n ($n \geq 3$)	2	2
tree T	2	꼭짓점의 최대 차수
Q_n	2	n
C_n	3(n이 홀수), 2(n이 짝수)	3(n이 홀수), 2(n이 짝수)
W_n	4(n이 홀수), 3(n이 짝수)	$n-1$
피터슨 그래프		4

색채수 다항식(chromatic polynomials)

주어진 그래프에 대해 색채수 다항식은 다항식으로 나타나는데 그것은 n개의 다른 색을 이용하여 그래프의 꼭짓점을 다른 색으로 구별할 수 있는 방법을 보여준다. 그것은 1946년에 Birkhoff와 Lewis가 사색 문제를 풀기 위해 사용하였다.

같은 색채수 다항식을 갖는 그래프들의 특성을 부여하는 문제는 미해결 문제이고 간단히 어떤 다항식이 색채수 다항식인가를 결정짓는 문제도 미해결 문제이다.

정의 6

그래프 $G=(V, E)$를 t개의 색채에 대하여, 함수 $f(G;t)$를 t개의 색을 사용하여 그래프 G를 색칠하는 방법의 수로 나타내기로 한다. 일반적으로 $f(G;t) > 0$인 최솟값 t가 G의 색채수 $\chi(G) = t$이다. t개의 색으로 칠하는 방법이 없다면 $f(G;t) = 0$이다.

임의의 그래프에서 인접한 꼭짓점에 다른 색으로 가지도록 꼭짓점을 표시할 때,

최소의 색의 수를 찾는 것은 NP-hard(참고문헌 [15])이다.

정리 13

G를 그래프라 하고, t를 색의 수라 할 때 $f(G, t)$를 서로 다른 색채의 수로 나타내면 $f(G, t)$는 t의 다항식으로 나타나며 이를 색채수 다항식이라고 한다.

예제 10

$f(K_3, t) = t(t-1)(t-2)$이다. 왜냐하면 처음 꼭짓점은 t가지 색으로, 두 번째 꼭짓점은 $t-1$가지 방법으로 나타낼 수 있기 때문이다. ■

예제 11

$f(K_n, t) = \Pi_{i=0}^{n-1}(t-i) = t(t-1)(t-2)\cdots(t-n+1)$ ■

예제 12

n개의 꼭짓점을 갖는 tree graph T일 때 $f(T, t) = t(t-1)^{n-1}$ ■

예제 13

순환 그래프(cycle graph) C_n일 때 $f(C_n, t) = (t-1)^n + (-1)^n(t-1)$이다. ■

성질 $t < \chi(G)$이면 $f(G, t) = 0$이다.

p개의 꼭짓점을 갖고 q개의 변을 가지며, k개의 성분(component)을 갖는 그래프를 $G_1, G_2, \cdots, G_k$라 하자. 그러면

(1) $f(G, t)$는 p차 다항식(degree p)을 갖는다.

(2) $f(G, t)$에서 t^p의 계수는 1이다.

(3) $f(G, t)$에서 t^{p-1}의 계수는 $-q$이다.

(4) $f(G, t)$에서 상수항은 0이다.

(5) $f(G, t) = \Pi_{i=1}^{k} f(G_i, t)$.

(6) $f(G, t)$에서 0이 아닌 계수를 갖는 t의 가장 작은 지수는 k이다.

정리 14

p개의 꼭짓점을 갖는 그래프 G가 tree가 될 필요충분조건은 $f(G, t) = t(t-1)^{p-1}$ 이다.

예제 14

$f(C_4, t) = t^4 - 4t^3 + 6t^2 - 3t$

$f(K_3, t) = t^3 - 3t^2 + 2t$

$f(K_{3,3}, t) = t^6 - 9t^5 + 36t^4 - 75t^3 + 78t^2 - 31t$

특징 (1) 음이 아닌 계수 중 최고차항의 차수는 그 그래프의 변의 수와 같다.

(2) 그래프의 변의 수를 e라 하면 두 번째 최고차항의 계수는 항상 $-e$이다.

(3) null graph의 경우 색채수 다항식의 계수의 합은 1이다.

(4) null graph가 아닌 경우 색채수 다항식의 계수의 합은 항상 0이다.

(5) 모든 색채수 다항식의 계수는 부호가 교대로 +, −로 된다.

예제 15

n개의 꼭짓점을 갖는 tree graph의 색채수 다항식은 $t(t-1)^{n-1}$ 이다.

$P_G(x)$ 를 그래프 G 의 색채수 다항식으로 나타내고, $G-e$는 G에서 변 e를 제거한 것이고, $G+e$는 G에서 변 e를 첨가한 것이고, $G|e$ 는 G에서 e 와 접속하는 (incident) 두 변을 같게 하여 얻어지는 그래프를 나타낸다.

예제 16

$P_G(x) = P_{G-e}(x) - P_{G|e}(x)$

$P_G(x) = P_{G+e}(x) + P_{G|e}(x)$

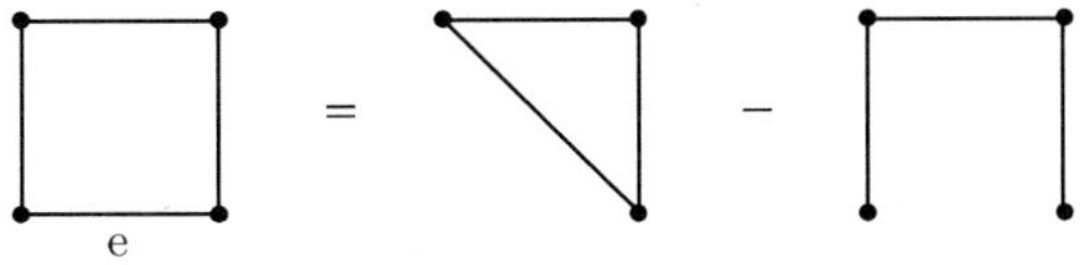

예제 17

$$f(\text{cubic graph}, t) = t^8 - 12t^7 + 66t^6 - 214t^5 + 441t^4 - 572t^3 + 423t^2 - 133t$$

예제 18

$$\begin{aligned} f(\text{Petersen graph}, t) &= t^{10} - 15t^9 + 105t^8 - 455t^7 + 1353t^6 \\ &\quad - 2861t^5 + 4275t^4 - 4305t^3 + 2606t^2 - 704t \\ &= t(t-1)(t-2)(t^7 - 12t^6 + 67t^5 - 230t^4 \\ &\quad + 529t^3 - 814t^2 + 775t - 352) \end{aligned}$$

다음 표는 그래프와 그의 색채수 다항식을 정리한 것이다.

그래프	색채수 다항식(chromatic polynomial)
K_2	$(\lambda-1)\lambda$
K_3	$(\lambda-2)(\lambda-1)\lambda$
K_4	$(\lambda-3)(\lambda-2)(\lambda-1)\lambda$
K_n	$\prod_{k=0}^{n-1}(\lambda-k)$
C_3	$(\lambda-2)(\lambda-1)\lambda$
C_4	$(\lambda-1)\lambda(\lambda^2-3\lambda+3)$
C_5	$(\lambda-2)(\lambda-1)\lambda(\lambda^2-2\lambda+2)$
C_n	$(\lambda-1)^n+(-1)^n(\lambda-1)$
정육면체 그래프	$\lambda(\lambda-1)(\lambda^6-11\lambda^5+55\lambda^4-159\lambda^3+282\lambda^2-290\lambda+133)$
정팔면체 그래프	$(\lambda-2)(\lambda-1)\lambda(\lambda^3-9\lambda^2+29\lambda-32)$
정사면체 그래프	$(\lambda-3)(\lambda-2)(\lambda-1)\lambda$
W_5	$(\lambda-2)(\lambda-1)\lambda(\lambda^2-5\lambda+7)$
W_6	$(\lambda-3)(\lambda-2)(\lambda-1)\lambda(\lambda^2-4\lambda+5)$
tree graph (n 개의 꼭짓점)	$\lambda(\lambda-1)^{n-1}$

연습문제 17

1. 다음 그래프에서 꼭짓점 색채수와 변 색채수를 각각 구하여라.

(1)

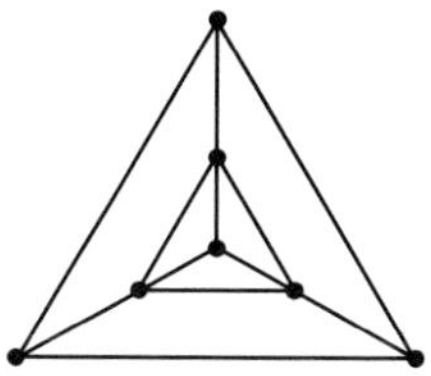

(2)

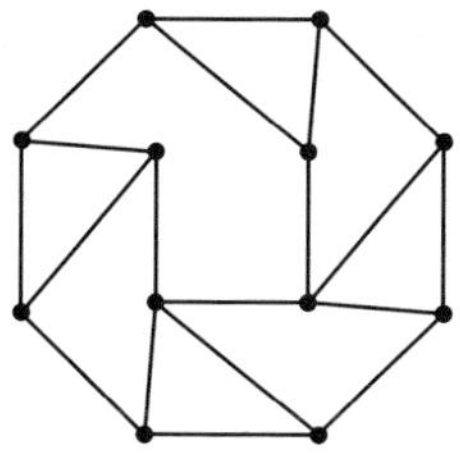

(3)

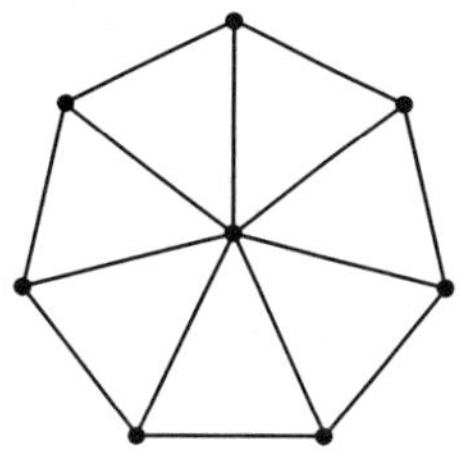

(4)

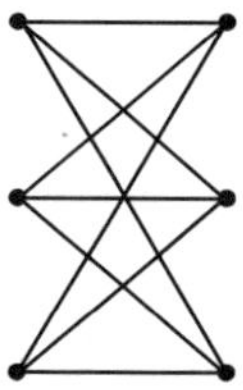

(5)

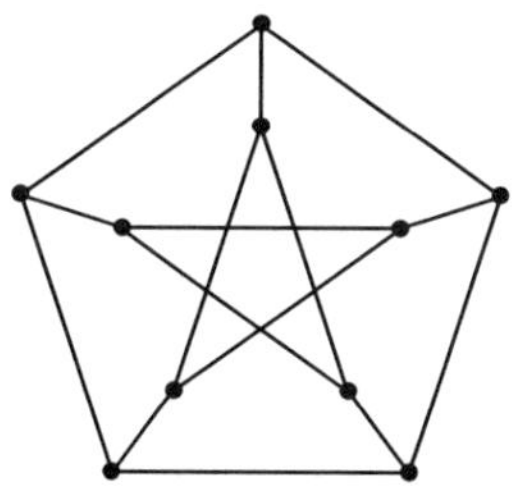

(6)

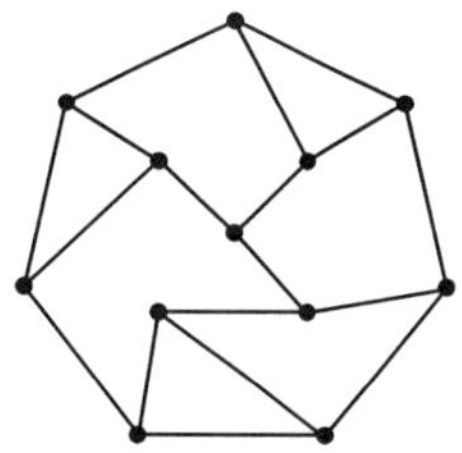

2. 다음 그래프에서 꼭짓점 색채수와 변 색채수를 각각 구하여라.

(1)

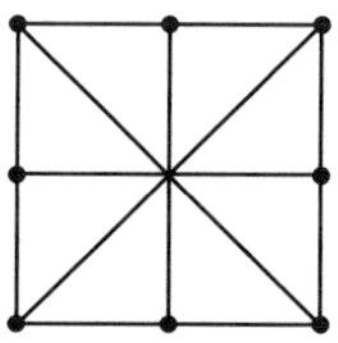

(2)

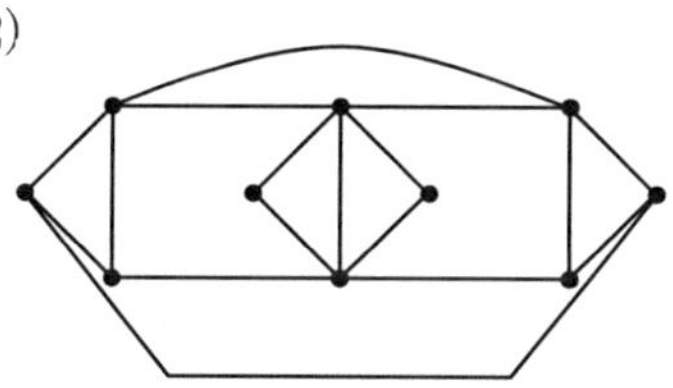

(3)

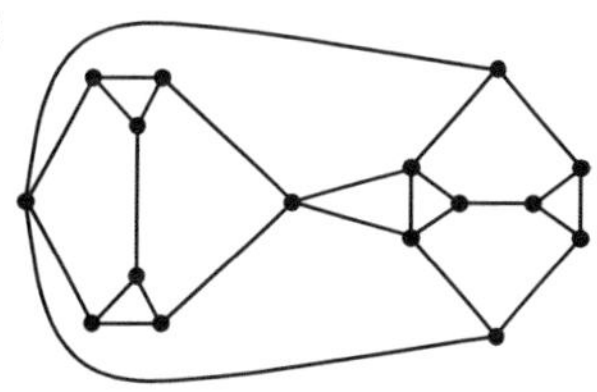

3. 다음 그래프의 변 색채수를 구하여라.

(1)

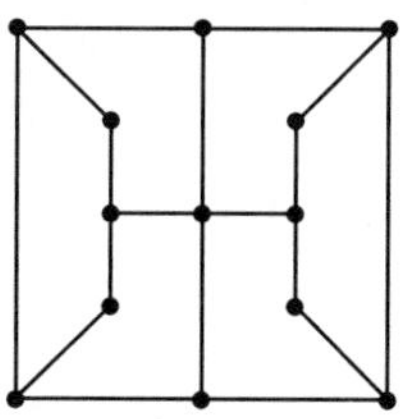

(2)

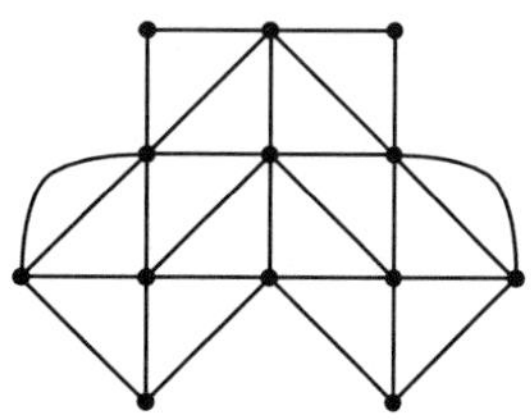

4. 다음 두 그래프에서 꼭짓점 색채수와 변 색채수를 각각 구하여라.

(1)

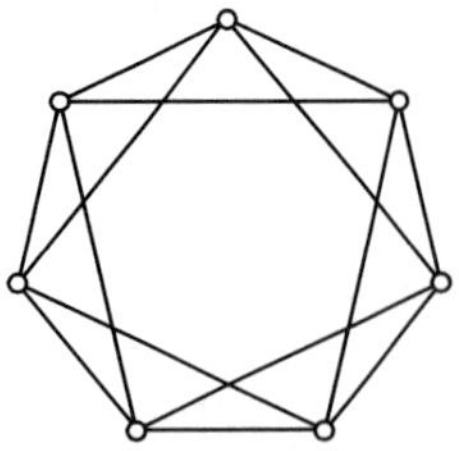

(2)

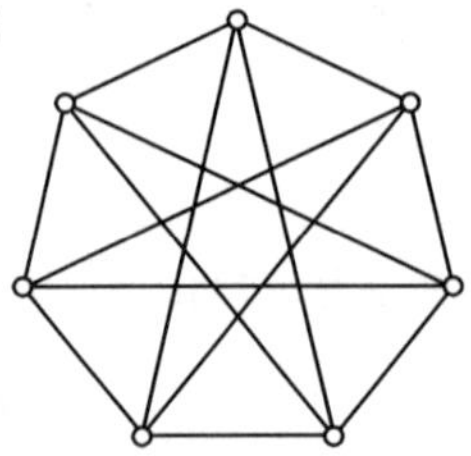

(3)

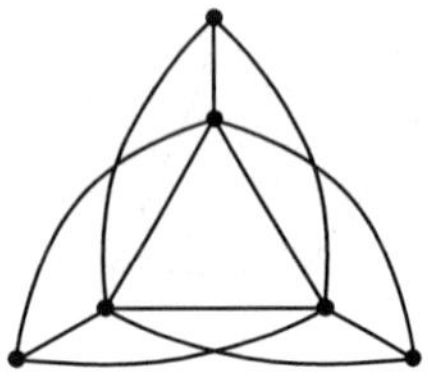

(4)

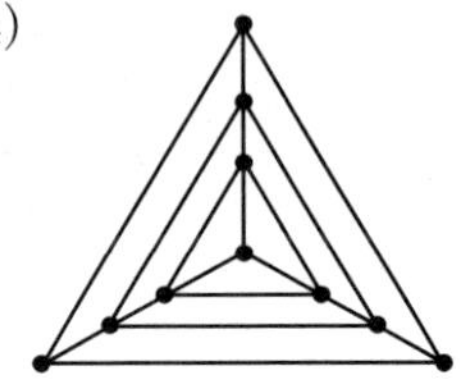

연습문제 17 – 문제풀이

1. 풀이 (3) 꼭짓점 색채수 4, 변 색채수 7

(4) 꼭짓점 색채수 2, 변 색채수 4

(5) 꼭짓점 색채수 3, 변 색채수 5

(6) 꼭짓점 색채수 3, 변 색채수 3

18장 정다면체와 준정다면체

평면도형에서 선분으로 둘러싸인 폐곡선으로 다각형을 정의하는 것과 같이 입체도형에서도 다각형으로 둘러싸인 닫힌 입체들을 다면체라고 한다. 2차원 평면에서는 무수히 많은 정다각형이 존재한다. 정삼각형, 정사각형, 정오각형, … . 그러나 3차원 공간에서는 단지 5개의 정다면체가 존재할 뿐이다.

다각형이나 다면체에서 꼭짓점, 면(또는 영역), 변의 관계는 오일러의 정리에 의해 점, 선, 면을 각각 v, e, f라고 하면, 평면도형에서는 $v - e + f = 1$, 입체도형에서는 $v - e + f = 2$가 성립한다. 면 f 대신 영역 r을 사용하기도 한다.

정의 1

정다면체(regular polyhedra)란 각각이 합동인 길이와 각을 가지는 정다각형(regular polygon)을 (평면의 일부분으로서) 면으로 가지는 유한한 입체도형(solid figure)을 말한다.

따라서 정다면체는, 모든 면이 합동인 정다각형이고, 각 꼭짓점에 모인 면의 개수가 동일한 입체도형이다.

정다면체는 ① 정다면체의 한 꼭짓점에는 면이 3개 이상 모여 있어야 한다. ② 정다면체를 이루는 면은 정삼각형, 정사각형, 정오각형 등의 3가지뿐이다. (정육각형은 한 내각이 120도이므로 정다면체의 면이 될 수 없다)는 2가지 사실을 이용하여 다음을 얻는다.

영문명	이름	면의 모양	면수 r	변수e	꼭짓점 수 v	한 꼭짓점 구성
tetrahedron	정사면체	삼각형	4	6	4	3개의 면, 변
cube	정육면체	사각형	6	12	8	3개의 면, 변
octahedron	정팔면체	삼각형	8	12	6	4개의 면, 변
dodecahedron	정십이면체	오각형	12	30	20	3개의 면, 변
icosahedron	정이십면체	삼각형	20	30	12	5개의 면, 변

정다면체의 골격 그래프는 평면 그래프이므로, 오일러 공식을 이용하여 주어진 정다면체가 몇 개의 꼭짓점, 면, 변을 갖는지 살펴보기로 하자.

예제 1

정십이면체는 정오각형으로 이루어졌으며, 하나의 꼭짓점은 정오각형 3개로 이루어졌다. 따라서 정오각형의 개수를 x라 하면, 평면 그래프에서의 오일러 공식인 $v-e+r=2$를 이용하여 꼭짓점, 변과 영역(면)의 개수를 구한다. 오일러 공식에서 v는 꼭짓점(vertex)의 개수, e는 변(edge)의 개수이고 r은 영역(region)의 개수이다.

정오각형은 5개의 변을 가지고 있으므로, 모든 변의 합은 $5x$이다. 그런데 한 꼭짓점에 3개의 변이 모여 있으므로, 실제 축구공의 모든 꼭짓점의 개수는 $v=\frac{5x}{3}$이다. 그리고 한 변은 두 영역의 경계를 이루므로, 실제 축구공의 모든 변의 개수는 $e=\frac{5x}{2}$이다. f는 정오각형의 영역 수를 합한 것이므로 $f=x$가 된다.

이 관계를 오일러 공식에 대입하면

$$2=v-e+r=\frac{5x}{3}-\frac{5x}{2}+x=\frac{1}{6}x$$

에서 $2=\frac{1}{6}x$. 따라서 $x=12$이고,

$$v=\frac{5x}{3}=20,\ e=\frac{5x}{2}=30,\ r=x=12$$

이다. ■

정의 2

정다면체에서 모든 꼭짓점이 동일하다는 조건과 볼록하다는 조건을 유지한 채로 "한 가지 정다각형으로 이루어진."는 조건을 제거하였을 경우에도 입체도형군을 생각할 수 있는데, 이를 **아르키메데스 입체**(Archimedian solids) 또는 **준정다면체**(semiregular solids)라고 하는데 13가지가 알려져 있다.

13가지 준정다면체에 대해서도 오일러 공식을 이용하여 주어진 준정다면체가 몇 개의 꼭짓점, 면, 변을 갖는지 구할 수 있다.

예제 2

깎은 정이십면체(축구공)는 정오각형과 정육각형으로 이루어졌으며, 하나의 꼭짓점은 정오각형이 1개, 정육각형이 2개로 이루어졌다. 그리고 하나의 정오각형 주위에는 5개의 정육각형이 있고, 하나의 정육각형 주위에는 3개의 정오각형과 3개의 정육각형으로 이루어져 있다. 정오각형의 개수를 x, 정육각형의 개수를 y라 하고 평면 그래프에서의 오일러 공식인 $v-e+r=2$를 이용하여 꼭짓점, 변과 영역의 개수, 정오각형의 개수와 정육각형의 개수를 구하여라.

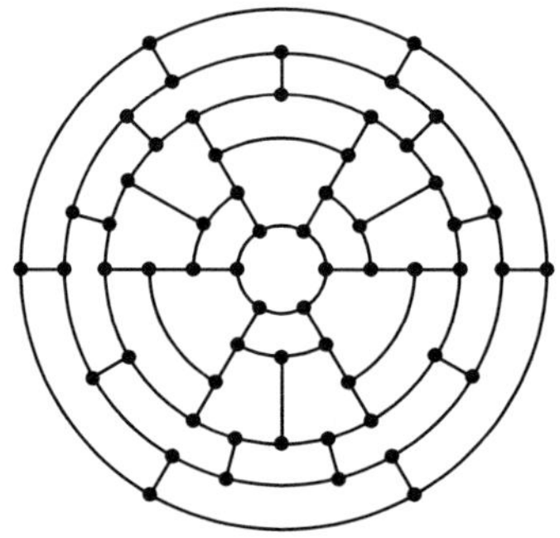

풀이 정오각형은 5개의 변을, 정육각형은 6개의 변을 가지고 있으므로, 모든 변의 합은 $5x+6y$이다. 그런데 한 꼭짓점에 3개의 변이 모여 있으므로, 실제 축구공의 모든 꼭짓점의 개수는 $v=\dfrac{5x+6y}{3}$ 이다. 그리고 한 변은 두 영역의 경계를 이루므로, 축구공의 모든 변의 개수는 $e=\dfrac{5x+6y}{2}$ 이다. r은 정오각형의 면수와 정육각형의 면수를 합한 것이므로 $r=x+y$ 가 된다.

하나의 정오각형 주위에는 5개의 정육각형이 있고, 하나의 정육각형 주위에는 3개의 정육각형과 3개의 정오각형으로 이루어져 있으므로, x와 y의 관계는 $5x = 3y$가 된다. 이 관계를 오일러 공식에 대입하면

$$2 = v - e + r = \frac{5x + 6y}{3} - \frac{5x + 6y}{2} + (x + y) = \frac{1}{6}x$$

에서 $2 = \frac{1}{6}x$. 따라서 $x = 12$이고, $5x = 3y$에 의해 $y = 20$을 얻을 수 있다. 그리고

$$v = \frac{5x + 6y}{3} = 60$$

$$e = \frac{5x + 6y}{2} = 90$$

$$r = x + y = 32$$

참고 (1) 축구공은 20개의 정육각형과 12개의 정오각형으로 이루어져 있다. 1985년에 축구공과 같은 모양을 가지는 화학물질을 3명의 과학자들이 발견하여 세상을 놀라게 하였는데, 발견자들이 그것을 buckyball이라고 이름 붙였고, 그것으로 인하여 노벨상을 수여하였다.

(2) "볼록다각형에서의 외각의 합은 360도"이다. "볼록다면체에서의 외각의 합은 720도"이다. 이 사실을 이용하면 축구공의 한 외각은

360도 − 120도 − 120도 − 108도 = 12도

이다. 따라서 축구공은 $\frac{720}{12} = 60$개의 꼭짓점을 가진다.

다음은 학습에 참고하기 위해 준정다면체 13가지에 대해서 정리한 것이다. 이들 각각에 대해 오일러 공식을 이용하여, f, e, v를 구할 수 있다. 다만 마지막 2개(⑫와 ⑬)의 경우는 특히 주의하여야 한다. (18장 연습문제 2(4)와 (5)번)

준정다면체(semiregular solids) 또는
아르키메데스의 다면체(Archimedean solids)

아르키메데스의 다면체는 2종류 이상의 다른 정다각형으로 이루어진 다면체로, 각 꼭짓점이 볼록하다. 따라서 같은 다각형으로 이루어진 정다면체와 다르며, 각 꼭짓점의 모양이 다른 존슨 다면체(Johnson solids)와도 차이가 있다.

고유 번호	영문명	이름	면의 모양	면수 f	변수 e	꼭짓점 수 v	꼭짓점 구성	기타
①	truncated tetrahedral graph	깎은 정사면체	육각형-4개 삼각형-4개	8	18	12	3,6,6	
②	truncated cubical graph	깎은 정육면체	팔각형-6개 삼각형-8개	14	36	24	3,8,8	
③	truncated octahedral graph	깎은 정팔면체	육각형-8개 사각형-6개	14	36	24	4,6,6	
④	truncated dodecahedral graph	깎은 정십이면체	십각형-12개 삼각형-20개	32	90	60	3,10,10	
⑤	truncated icosahedral graph	깎은 정이십면체 (축구공)	육각형-20개 오각형-12개	32	90	60	5,6,6	
⑥	cuboctahedral graph	육팔면체	삼각형-8개 사각형-6개	14	24	12	3,4,3,4	
⑦	icosidodecahedral graph	십이이십면체	오각형-12개 삼각형-20개	32	60	30	3,5,3,5	
⑧	great rhombicuboctahedral graph	깎은 육팔면체	팔각형-6개 육각형-8개 사각형-12개	26	72	48	4,6,8	
⑨	small rhombicuboctahedral graph	부풀린 육팔면체	사각형-18개 삼각형-8개	26	48	24	3,4,4,4	
⑩	great rhombicosidodecahedral graph	깎은 십이이십면체	십각형-12개 육각형-20개 사각형-30개	62	180	120	4,6,10	
⑪	small rhombicosidodecahedral graph	부풀린 십이이십면체	오각형-12개 사각형-30개 삼각형-20개	62	120	60	3,4,5,4	
⑫	snub cubical graph	다듬은 정육면체 (다듬은 육팔면체)	삼각형-32개 사각형-6개	38	60	24	3,3,3,3,4	2대칭형
⑬	snub dodecahedral graph	다듬은 정이십면체 (다듬은 십이이십면체)	오각형-12개 삼각형-80개	92	150	60	3,3,3,3,5	2대칭형

역사적으로 그리스 수학자 아르키메데스가 발견하였다고 하며, 르네상스 시기인 1619년 요하네스 케플러가 재발견하였다고 한다. 케플러는 볼록하지 않은 다면체도 발견하였는데, 이를 케플러-푸앵소 다면체라고 한다. 아르키메데스의 다면체는 다음과 같이 13종류(대칭을 고려하면 15종류)가 있다. 설명을 위해 편의상 13개의 고유번호를 원문자로 1부터 13까지 나타내었다.

① truncated tetrahedral graph(**절단 정사면체**) - **정육각형** 4**개**, **정삼각형** 4**개**

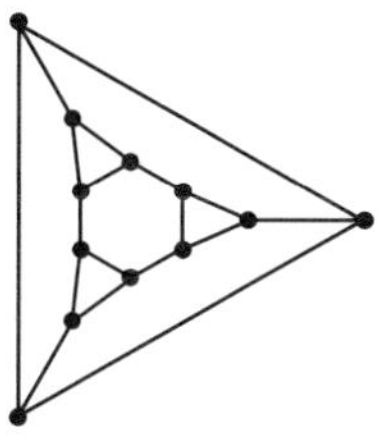
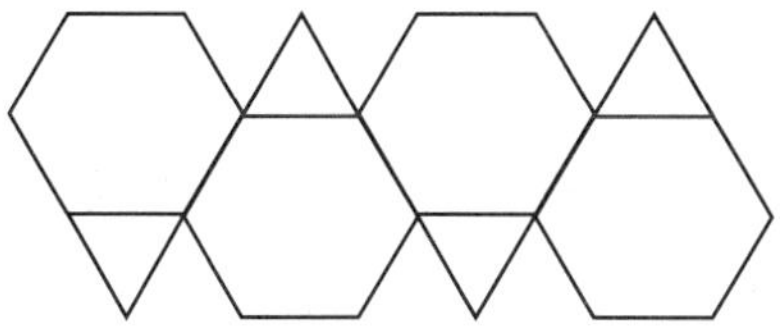

정사면체의 모서리를 중점이 아닌 지점을 절단하였을 때

② truncated cubical graph(**절단 정육면체**) - **정팔각형** 6**개**, **정삼각형** 8**개**

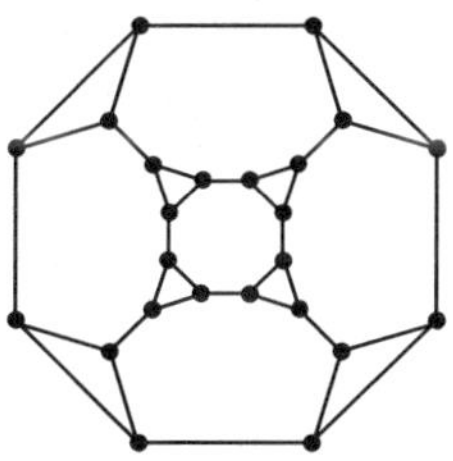
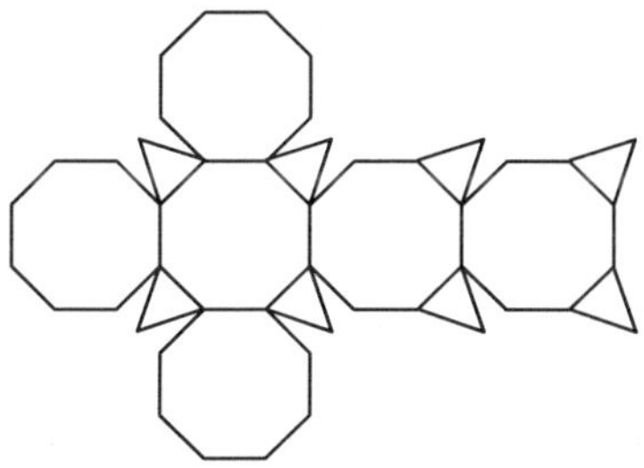

정육면체의 모서리를 중점이 아닌 지점을 절단하였을 때

③ truncated octahedral graph(**절단 정팔면체**) - **정육각형** 8**개**, **정사각형** 6**개**

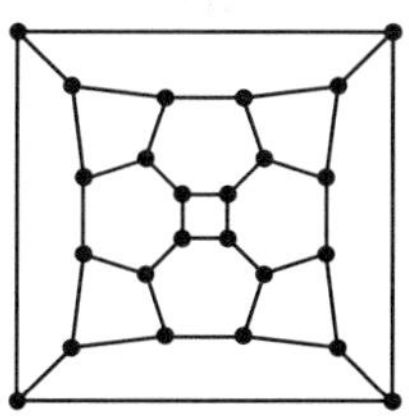
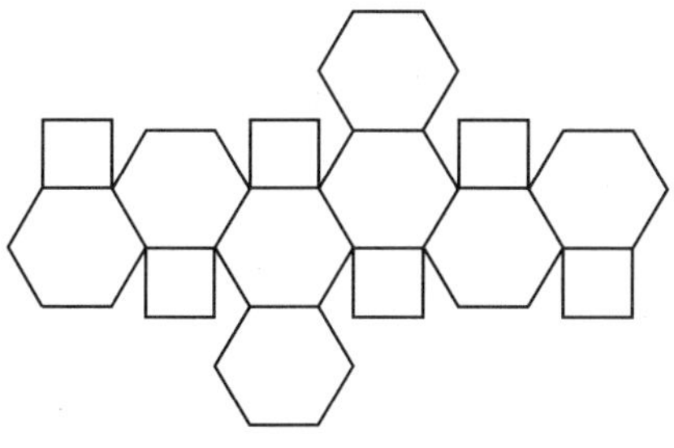
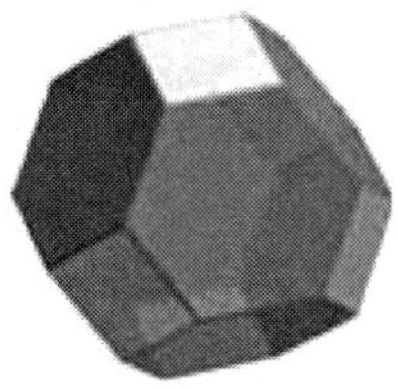

정팔면체 모서리를 중점이 아닌 지점을 절단하였을 때

④ truncated dodecahedral graph(**절단 정십이면체**)

- **정십각형** 12개, **정삼각형** 20개

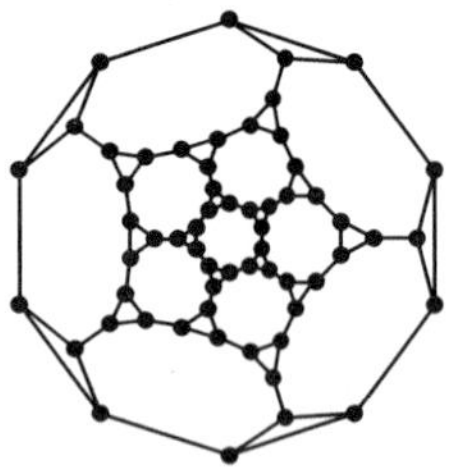

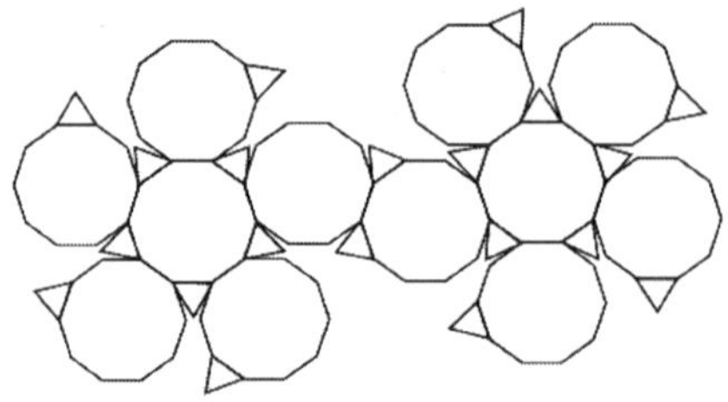

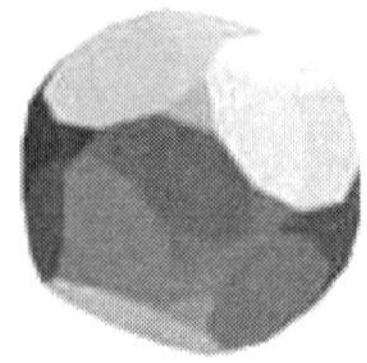

정십이면체의 모서리를 중점이 아닌 지점을 절단하였을 때

⑤ truncated icosahedral graph(**절단 정이십면체(축구공)**)

- **정육각형** 20개, **정오각형** 12개

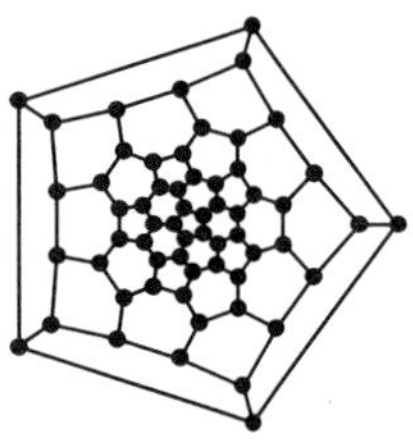

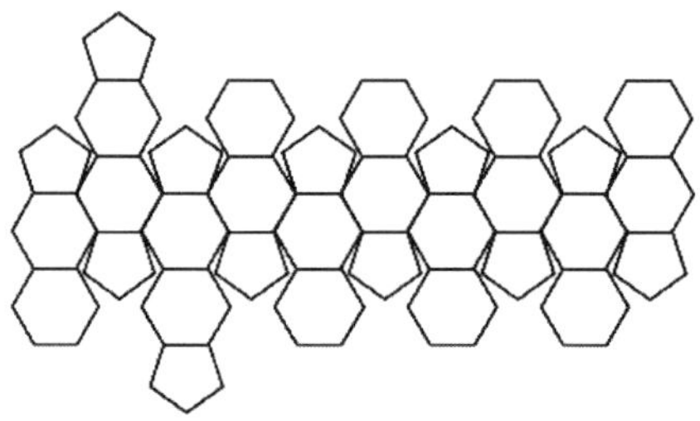

정이십면체의 모서리를 중점이 아닌 지점을 절단하였을 때

⑥ cuboctahedral graph(**육팔면체**) - **정삼각형** 8개, **정사각형** 6개

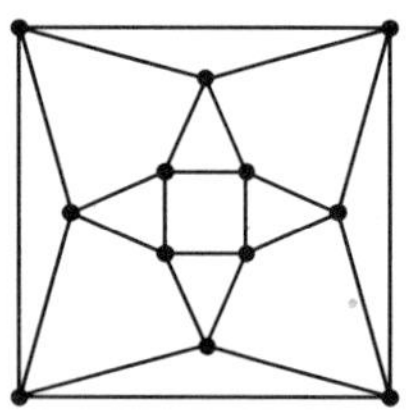

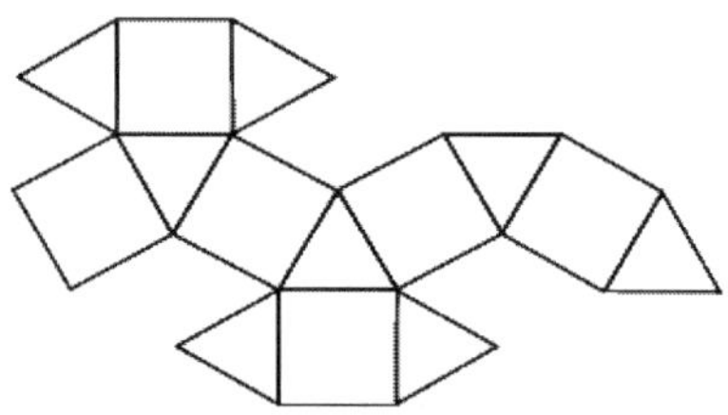

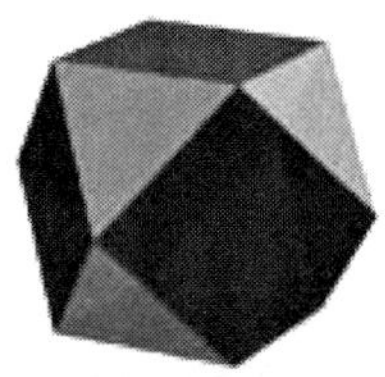

정육면체의 모서리 중점을 절단하였을 때 또는
정팔면체의 모서리 중점을 절단하였을 때

⑦ icosidodecahedral graph(**십이이십면체**) - **정오각형** 12**개**, **정삼각형** 20**개**

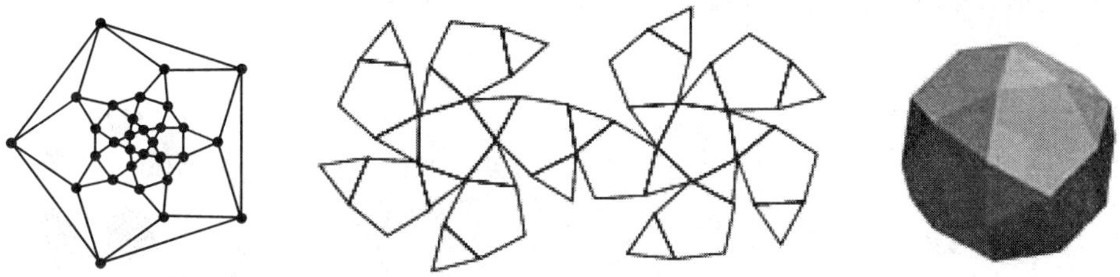

정십이면체의 모서리 중점을 절단하였을 때 또는
정이십면체의 모서리 중점을 절단하였을 때

⑧ great rhombicuboctahedral graph(**절단 육팔면체**)
- **정팔각형** 6**개**, **정육각형** 8**개**, **정사각형** 12**개**

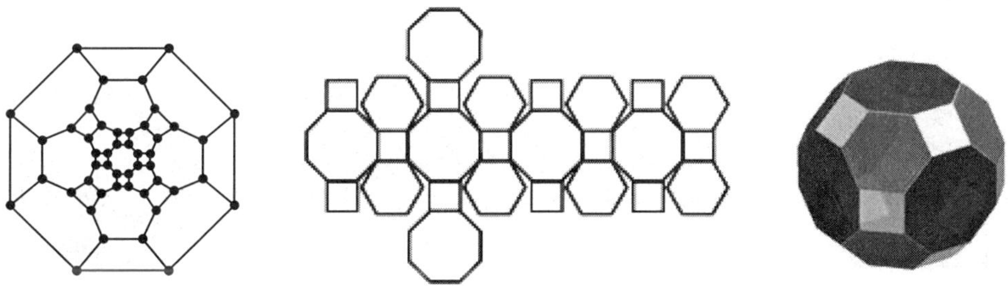

육팔면체의 모서리를 중점이 아닌 지점을 절단하였을 때

⑨ small rhombicuboctahedral graph(**중점 절단 육팔면체**, **부풀린 육팔면체**)
- **정사각형** 18**개**, **정삼각형** 8**개**

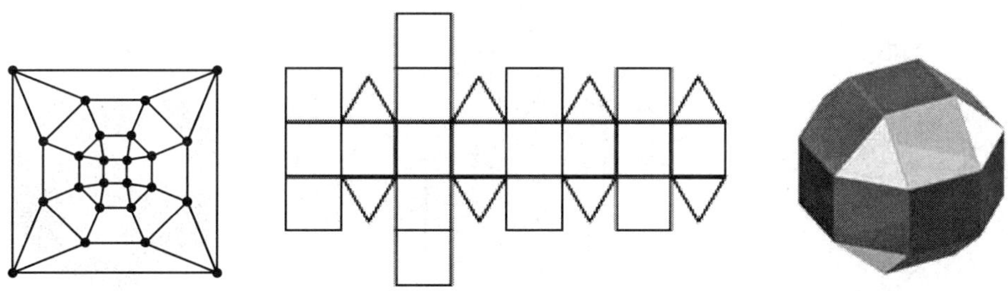

육팔면체의 모서리 중점을 절단하였을 때

⑩ great rhombicosidodecahedral graph(**절단 십이이십면체**)

- 정십각형 12**개, 정육각형** 20**개, 정사각형** 30**개**

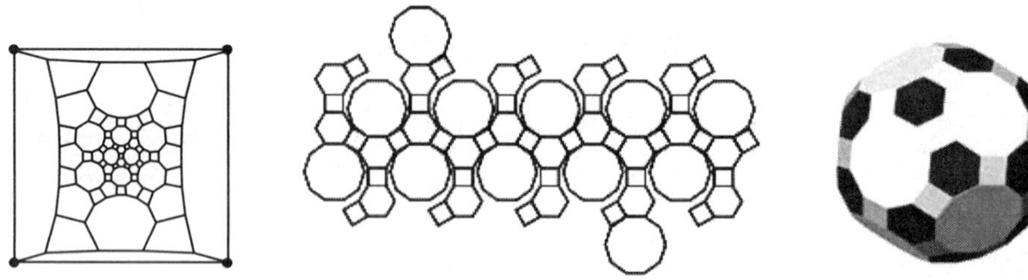

십이이십면체의 모서리를 중점이 아닌 지점을 절단하였을 때

⑪ small rhombicosidodecahedral graph(**중점절단 십이이십면체, 부풀린 십이이십면체**) **- 정오각형** 12**개, 정사각형** 30**개, 정삼각형** 20**개**

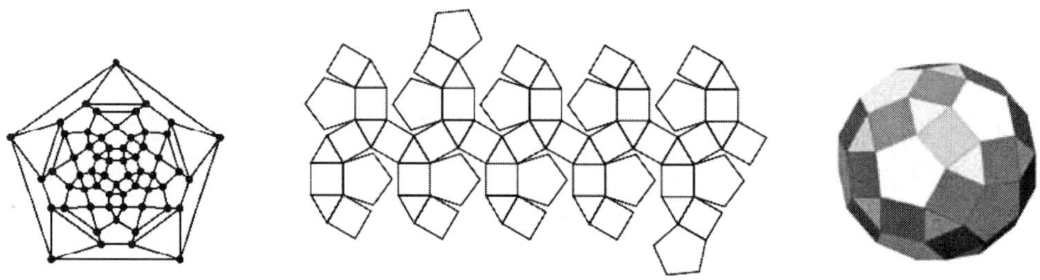

십이이십면체의 모서리 중점을 절단하였을 때

⑫ snub cubical graph(**부풀린 정육면체, 다듬은 정육면체(다듬은 육팔면체)**)

- 정삼각형 32**개, 정사각형** 6**개**

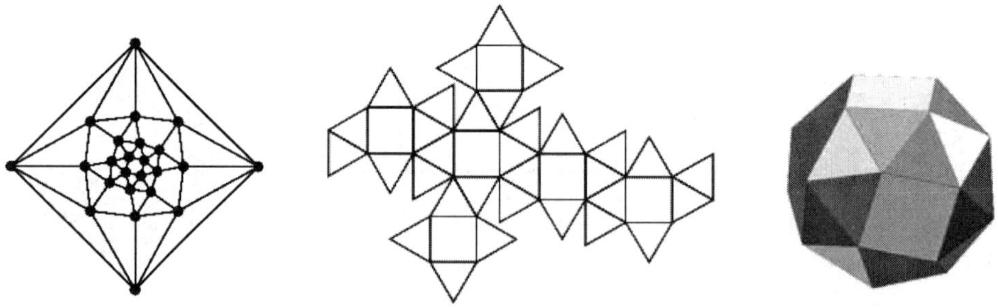

정육면체의 각 면을 밖으로 들어낸 다음 삼각형의 띠로 메운 모양

⑬ snub dodecahedral graph(**부풀린 정십이면체, 다듬은 정이십면체 (다듬은 십이이십면체)) - 정오각형** 12**개, 정삼각형** 80**개**

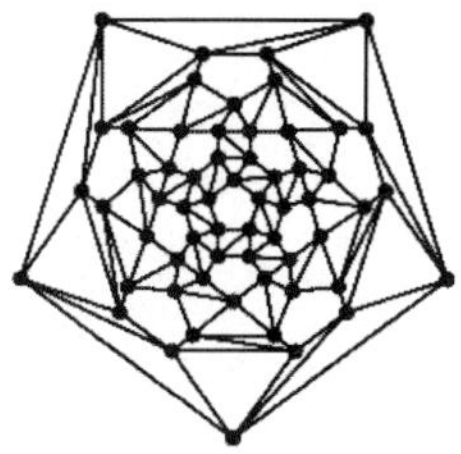

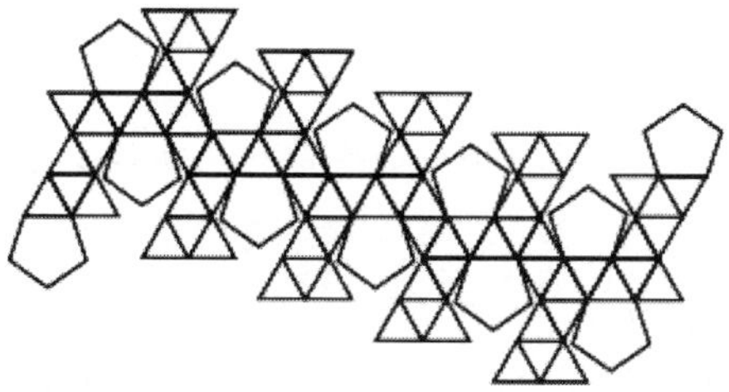

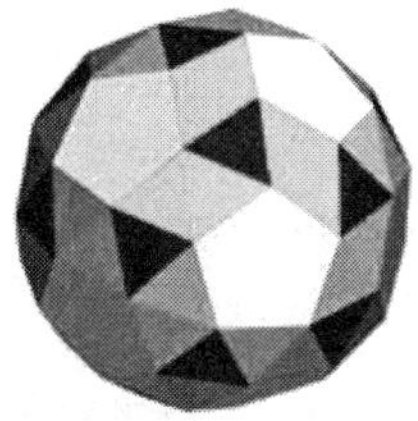

정십이면체의 각면을 밖으로 들어낸 다음 삼각형의 띠로 메운 모양

연습문제 18

1. 오일러 공식을 이용하여 정다면체가 5가지만 존재함을 보여라.

2. 13가지 준정다면체 중 다음에 대하여 한 꼭짓점에서의 점 구성과 오일러의 공식을 이용하여 그 다면체의 면, 변, 꼭짓점과 면의 모양을 구하여라.
   (1) 절단 정팔면체 (고유번호 그림 ③)
   (2) 육팔면체 (고유번호 그림 ⑥)
   (3) 절단육팔면체 (고유번호 그림 ⑧)
   (4) 부풀린 정육면체 (고유번호 그림 ⑫)
   (5) 부풀린 정십이면체 (고유번호 그림 ⑬)

3. 13가지 준정다면체 중 Euler cycle이 존재하는 것은 어느 것인가? 그리고 이들 준정다면체는 모두 Hamilton cycle이 존재하는가?

연습문제 18 – 문제풀이

2. 주의 (4)에서는 정사각형의 개수를 x개, 이 정사각형과 인접한 정삼각형의 개수를 y, 이 정사각형과 인접하지 않은 정삼각형의 개수를 z로 놓고 풀이하여라. (5)도 이와 유사한 방법을 이용하여라.

풀이 (1) 절단 정팔면체에서 정육각형이 x개, 정사각형이 y개 있다고 하면

$$v = \frac{6x + 4y}{3},\ e = \frac{6x + 4y}{2},\ r = x + y,\ 3x = 4y$$

를 연립하여 x, y, v, e, r을 구할 수 있다.

(3) 절단 육팔면체에서 정팔각형이 x개, 정육각형이 y개, 정사각형이 z개 있다고 하면 $8x + 6y + 4z = 3v$에서

$$v = \frac{8x + 6y + 4z}{3},\ e = \frac{8x + 6y + 4z}{3},\ r = x + y + z$$

Euler 공식에 의해 $z - x = 6$, 팔각형과 육각형의 관계는 $4x = 3y$, 육각형과 사각형의 관계는 $3y = 2z$, 사각형과 팔각형의 관계는 $2z = 4x$이다. (참고로 이 중 마지막 관계식 $2z = 4x$는 정사각형 2개가 정팔각형과 만나고 정팔각형 4개가 정사각형과 만나기 때문에 얻어진다. 나머지도 같은 방법으로 얻을 수 있다.) 이들 식을 연립하여 x, y, z, v, e, r 을 구할 수 있다.

(5) 부풀린 정십이면체에서 정오각형의 개수를 x, 정오각형과 인접한 정삼각형의 개수를 y, 정오각형과 인접하지 않은 정삼각형의 개수를 z라고 하면

$x : y = 1 : 5$, $y : z = 3 : 1$ 이므로 $x : y : z = 3 : 15 : 5$ 이다.

$v = \dfrac{5x + 3y + 3z}{5}$, $e = \dfrac{5x + 3y + 3z}{2}$, $v = x + y + z$ 을 이용하여 구할 수 있다.

부록 간단한 미분방정식의 풀이

1계와 2계의 간단한 형태의 미분방정식 풀이에 대해 복습하기로 하자.

1. 변수분리형 미분방정식(separable variables)

좌변은 y만의 함수이고 우변은 x만의 함수로 분리될 수 있는 경우

$g(y)\,y' = f(x)$ 인 경우 $y' = \dfrac{dy}{dx}$ 를 이용하여 다음과 같이 변수분리한다.

$$g(y)\,\frac{dy}{dx} = f(x)$$

$$g(y)\,dy = f(x)\,dx$$

좌변을 y 로, 우변을 x 로 적분하면 $\int g(y)\,dy = \int f(x)\,dx + C$를 얻는다.

예제 1

$y' = -\,x\,y$ 를 풀이하여라.

풀이 준식은 $\dfrac{dy}{dx} = -\,x\,y$ 이므로 $\dfrac{dy}{y} = -\,x\,dx$ 이다. 따라서 $\log y = -\,\dfrac{1}{2}\,x^2 + \log c$

$$\therefore\quad y = c\,e^{\frac{-1}{2}x^2}$$

2. 완전미분방정식(exact differential equations)

$u(x, y) = c$ 를 전미분하여 $M(x, y)\,dx + N(x, y)\,dy = 0$ 와 같은 형태가 되었을 때 원래 방정식 u를 구하는 방법이다. 따라서 이 미분방정식이 완전미분방정식이 되기 위한 필요충분조건은 $\dfrac{\partial M}{\partial y} = \dfrac{\partial N}{\partial x}$ 이다. 그러면 풀이는

$$u = \int M\,dx + \int\left(N - \frac{\partial}{\partial y}\int M\,dx\right)dy = c$$

이다.

(식유도) $u(x, y) = c$ 를 해라고 하면

$$du = \frac{\partial u}{\partial x}dx + \frac{\partial u}{\partial y}dy = 0 \text{ 이므로}$$

$$M = \frac{\partial u}{\partial x}, \quad N = \frac{\partial u}{\partial y} \text{ 가 된다. 따라서}$$

$$u = \int M\,dx + g(y) \quad \leftarrow \quad \text{상수 대신 } g(y) \text{ 가 붙음에 주의}$$

$$\frac{\partial u}{\partial y} = \frac{\partial}{\partial y}\left[\int M\,dx + g(y)\right] = N\,.$$

이다. 그러므로

$$g'(y) = N - \frac{\partial}{\partial y}\int M\,dx$$

이를 y 에 대해 적분하면

$$g(y) = \int\left(N - \frac{\partial}{\partial y}\int M\,dx\right)dy + c$$

$$\therefore \quad u = \int M\,dx + \int\left(N - \frac{\partial}{\partial y}\int M\,dx\right)dy = c$$

예제 2

$(y-1)\,dx + (x-3)\,dy = 0$ 를 풀이하여라.

풀이 $M = y - 1$, $N = x - 3$, $\dfrac{\partial M}{\partial y} = 1 = \dfrac{\partial N}{\partial x}$ 이므로 완전미분방정식이다.

위 공식에 대입하여 정리하면 방정식의 해는 $u = xy - x - 3y = c$. ■

3. 1계 선형미분방정식(first order linear differential equations)

$\dfrac{dy}{dx} + f\,y = r$ (여기서 f, r 은 x 만의 함수) 형태의 미분방정식일 경우

$$y\,e^{\int f\,dx} = \int r\,e^{\int f\,dx}\,dx + c$$

를 얻는다.

예제 3

$y' = y - x$ 를 풀이하여라.

풀이 준식은 $\dfrac{dy}{dx} - y = -x$ 이므로 $f = -1$, $r = -x$ 인 1계 선형 미분방정식이다. 따라서 해는 $y = x + 1 + ce^{x}$.

4. 베르누이 미분방정식(Bernoulli's differential equation)

$\dfrac{dy}{dx} + f(x)\,y = r(x)\,y^{n}$ 과 같이 1계 선형미분방정식에서 우변에 y^{n} 을 포함하는 경우 베르누이 미분방정식이라고 한다.

양변을 y^{n} 으로 나누면

$$y^{-n}\frac{dy}{dx} + y^{1-n}f(x) = r(x) \qquad \cdots \quad \text{(a)}$$

이고 $y^{1-n} = t$ 로 치환하면 $(1-n)\,y^{-n}\,dy = dt$ 즉 $y^{-n}\,dy = \dfrac{dt}{1-n}$ 가 된다. 따라서 (a)는

$$\frac{1}{1-n}\frac{dt}{dx} + f(x)\,t = r(x)$$

즉, $\dfrac{dt}{dx} + (1-n)\,f(x)\,t = (1-n)\,r(x)$가 되는데 이것은 선형미분방정식이다. ($(1-n)\,f(x) = F(x)$, $(1-n)\,r(x) = R(x)$로 생각하여라.)

예제 4

$y' + xy = \frac{x}{y}$ 를 풀이하여라.

풀이 y 를 양변에 곱하고, $y^2 = t$ 로 치환한다. 이 선형미분방정식을 위 공식에 대입하여 정리하면

$$y^2 = 1 + ce^{-x^2}$$

■

5. 2계 상수 계수 동차(제차)미분방정식(second order homogeneous, DE)

$y'' + ay' + by = 0$ (a, b 는 실수)인 형태의 미분방정식을 말한다.

이 경우 $y = e^{\lambda x}$ 라 하면

$$\text{특성방정식 } \lambda^2 + a\lambda + b = 0 \qquad \cdots \quad \text{(b)}$$

(b)가 ① 서로 다른 실근 λ_1, λ_2 이면 해는 $y = c_1 e^{\lambda_1 x} + c_2 e^{\lambda_2 x}$.

$\lambda_2 = -\lambda_1$ 이면 해는 $y = A\cosh\lambda_1 x + B\sinh\lambda_1 x$.

② 실근인 중근 λ 를 가지면 해는

$$y = (c_1 + c_2 x)e^{\lambda x}$$

③ 공액인 두 허근 $p + iq$, $p - iq$ 이면 해는

$$y = e^{px}(A\cos qx + B\sin qx).$$

예제 5

위 3가지 경우의 미분방정식에 대하여 해를 구하기로 하자.

① $y'' + y' - 2y = 0$ 이면 $\lambda^2 + \lambda - 2 = 0$ 이므로 $\lambda = 1$, $\lambda = -2$ 가 된다. 따라서

$y = c_1 e^x + c_2 e^{-2x}$

② $y'' + y = 0$ 이면 $\lambda^2 + 1 = 0$ 이므로 $\lambda = \pm i$ 가 된다. 따라서

$y = A\cos x + B\sin x$

③ $y'' - 2y' + y = 0$ 이면 $\lambda^2 - 2\lambda + 1 = 0$ 이므로 $\lambda = 1$ (중근)이 된다. 따라서

$y = (c_1 + c_2 x)e^x$

■

6. Cauchy 미분방정식 또는 Euler 미분방정식

$x^2 y'' + axy' + by = 0$ (a, b 는 실수)의 형태의 미분방정식을 말한다.

이 경우 $y = x^m$ 이라 하고 준식에 $y' = m x^{m-1}$, $y'' = m(m-1)x^{m-2}$ 를 같이 대입하면,

$$\text{특성방정식 } m^2 + (a-1)m + b = 0 \qquad \cdots \quad \text{(c)}$$

을 얻는다. (c)가

① 서로 다른 두 실근 m_1, m_2를 가지면 해는 $y = c_1 x^{m_1} + c_2 x^{m_2}$ (c_1, c_2 는 상수)

② 중근 m을 가지면 해는 $y = (c_1 + c_2 \ln x) x^m$

③ 공액인 두 허근 $p + iq$, $p - iq$ 을 가지면 해는

$y = x^p \{c_1 \cos[q \ln(x)] + c_2 \sin[q \ln(x)]\}$, $x > 0$

7. 2계 비동차(비제차)방정식의 일반해법

$y'' + f(x) y' + g(x) y = r(x)$ 에서 $r(x) \neq 0$일 경우에는

$y'' + f(x) y' + g(x) y = 0$ 의 일반해를 $y_h(x)$ 라 하면

(구하는 일반해 y) = (동차방정식의 일반해 $y_h(x)$) + (임의의 특수해 $y_p(x)$)

가 된다.

비동차방정식의 일반해법에는 크게 미정계수에 의한 방법과 매개변수변화법이 있다. 미정계수에 의한 방법은 특수한 경우에만 적용된다.

미정계수법(method of undetermined coefficient)

몇 가지 가능한 $r(x)$에 대해 $y_p(x)$를 나타내었다.

다음에서 c_i, c, α, β, A_i, A, B_i는 상수이다.

$r(x)$	$y_p(x)$
$c_n x^n + \cdots + c_1 x + c_0$	$A_n x^n + \cdots + A_1 x + A_0$
$ce^{\lambda x}$	$Ae^{\lambda x}$
$c\sin\beta x$ 또는 $c\cos\beta x$	$A\sin\beta x + B\cos\beta x$
$(c_n x^n + \cdots + c_1 x + c_0)\sin\beta x$ 또는 $(c_n x^n + \cdots + c_1 x + c_0)\cos\beta x$	$(A_n x^n + \cdots + A_1 x + A_0)\sin\beta x +$ $(B_n x^n + \cdots + B_1 x + B_0)\cos\beta x$
$(c_n x^n + \cdots + c_1 x + c_0)e^{\alpha x}\sin\beta x$ 또는 $(c_n x^n + \cdots + c_1 x + c_0)e^{\alpha x}\cos\beta x$	$(A_n x^n + \cdots + A_1 x + A_0)e^{\alpha x}\sin\beta x +$ $(B_n x^n + \cdots + B_1 x + B_0)e^{\alpha x}\cos\beta x$

매개변수변화법(method of variation of parameter)

$y_p(x) = u(x)\,y_1(x) + v(x)\,y_2(x)$ 라 놓고

$y_p{}'(x) = u'\,y_1 + u\,y_1{}' + v'\,y_2 + v\,y_2{}'$ 에서

$u'\,y_1 + v'\,y_2 \equiv 0$ 이라 놓는다. 그러면

$$y_p{}'(x) = u\,y_1{}' + v\,y_2{}'$$

$$y_p{}'' = u'\,y_1{}' + u\,y_1{}'' + v'\,y_2{}' + v\,y_2{}''$$

준식에 대입하여 정리하면

$$\begin{cases} u'\,y_1{}' + v'\,y_2{}' = r \\ u'\,y_1 + v'\,y_2 = 0 \end{cases}$$

여기서 먼저 u' 와 v' 를 구한 다음 적분하여 u , v 를 구하고, 그 결과를 y_p 에 대입한다. 따라서 $u(x) = \int \frac{-y_2 r(x)}{y_1 y_2{}' - y_2 y_1{}'}\,dx$, $v(x) = \int \frac{y_1 r(x)}{y_1 y_2{}' - y_2 y_1{}'}\,dx$ 가 된다. 그러므로 미분방정식의 해는 $y = y_h + y_p$에 의해 얻을 수 있다.

예제 6

$y'' + y = \sec x$ 를 풀이하여라.

풀이 $y = u\cos x + v\sin x$ 라 하면

$y' = u' \cos x - u \sin x + v' \sin x + v \cos x$ 이다. 따라서

$u' \cos x + v' \sin x \equiv 0$

$y' = -u \sin x + v \cos x$

$y'' = -u' \sin x - u \cos x + v' \cos x - v \sin x$

준식에 대입하면

$$-u' \sin x + v' \cos x = \sec x$$

$$u' = \frac{\begin{vmatrix} 0 & \sin x \\ \sec x & \cos x \end{vmatrix}}{\begin{vmatrix} \cos x & \sin x \\ -\sin x & \cos x \end{vmatrix}} = \frac{-\tan x}{\cos^2 x + \sin^2 x} = -\tan x$$

$$v' = \frac{\begin{vmatrix} \cos x & 0 \\ -\sin x & \sec x \end{vmatrix}}{\begin{vmatrix} \cos x & \sin x \\ -\sin x & \cos x \end{vmatrix}} = \frac{1}{\cos^2 x + \sin^2 x} = 1$$

$$\therefore \quad y = \left(\int (-\tan x)\, dx\right) \cdot \cos x + \left(\int 1\, dx\right) \cdot \sin x$$

$$= \ln|\cos x| \cdot \cos x + x \sin x$$

참고문헌

[1] Ralph P. Grimaldi, *Discrete and Combinatorial Mathematics - An Applied Introduction*, 2nd ed., Addison-Wesley, 1989.

[2] Miklós Bóna, *Introduction to Enumerative Combinatorics*, McGraw-Hill, 2007.

[3] Albert H. Beiler, *Recreations in the Theory of Numbers*, Dover, New York, 1966.

[4] John H. Conway & Richard K. Guy, *The Book of Numbers*, Springer-Verlag, New York, 1996.

[5] N.N. Vorobyov, *The Fibonacci Numbers*, D.C.Heath and Company (1966년 1월) 1951년 러시아 초판에서 영어로 번역 Norman D. Whaland, Jr. & Olga A. Titelbaum.

[6] Thomas Koshy, *Fibonacci and Lucas Numbers with Applications*, John Wiley & Sons, inc., 2001.

[7] Thomas Koshy, *Catalan Numbers with Applications*, Oxford University Press, 2009.

[8] Peter D. Schumer, *Mathematical Journeys*, Wiley-Interscience, 2004.

[9] R.Balakrishnan and K. Ranganathan, *A Textbook of Graph Theory*, Springer-Verlag, New York, 2000.

[10] George E. Andrews, *The Theory of Partitions*, Addison-Wesley Publishing Company, 1976.

[11] Frank Harary, *Graph Theory*, Reading, MA Addison-Wesley, 1994.

[12] Frank Harary, *Lecture Note of Graph Theory*, Fall 1987, New Mexico State University. Las Cruces, NM.

[13] R. Balakrishnan & K. Ranganathan, *A Textbook of Graph Theory*, Springer, New York, 2000.

[14] John M. Harris, Jeffry L. Hirst & Michael J. Mossinghoff, *Combinatorics and Graph Theory*, Springer, New York, 2000.

[15] Michael R. Garey and David S. Johnson, *Computers and Intractability – A Guide to the Theory of NP–Completeness*, W.H.Freeman and Company, San Francisco, 1979.

[16] Leo Moser, *Notes on Number Theory*, V, Canadian Mathematical Bulletin, Vol 6, 1963, p. 167

[17] Robin thomas, *An update on the Four–color Theorem*, Notices of AMS 45(7), August 1998, pp. 848–859.

[18] 조민형, 《그래프이론》, 금오공과대학교 (2007).

[19] 정치봉 지음, 《이산수학 II 그래프이론입문》, 경문사 (2005).

[20] 박형빈 지음, 《알기쉬운 그래프 수학》, 경문사 (2005).

[21] 김대식 지음, 《레크리에이션 수학》, 경문사 (2001).

[22] 유원석 & 조민형, 《수학교재 연구 및 지도법》, 금오공과대학교 (2002).

[23] 조민형, 《이산수학》, 금오공과대학교 (2004).

[24] 임해철 외 1인 공저, 《이산수학론》, 정익사 (2004).

[25] 조성진 외 2인 공저, 《이산수학》, 경문사 (2008).

찾아보기

기호 용어

$n = R(p, q)$ 램지 수

$p(n)$ n의 분할의 수

$a|b$ a는 b를 나눈다

$[a]$ a를 넘지 않는 가장 큰 정수

$\cap$ 교집합

$\subset$ 부분집합

A^C 집합 A의 여집합

$|A|$ 집합 A의 원소의 개수

$\cup$ 합집합

$n!$ n의 계승, $n \cdot (n-1) \cdot \cdots \cdot 2 \cdot 1$

F_n n 번째 Fibonacci 수

L_n n 번째 Lucas 수

$\deg(v)$ 꼭짓점 v의 차수

$\phi(n)$ 오일러 함수

$\gcd(a, b)$ a와 b의 최대공약수

c_n 상수, 카탈란 수(Catalan number)

$R(x, C)$ rook polynomial

$G = (V, E)$ 그래프

$comp(G)$ 그래프 G의 성분

$\wedge$ 논리곱

$\vee$ 논리합

$C(n; n_1, n_2, \cdots, n_k)$ 다항계수

$\{a, b\} \in E$ 무방향그래프

$(a, b) \in E$ 방향그래프

N 자연수 전체의 집합

$C(m, r) = {}_mC_r$ 조합

$P(m, r) = {}_mP_r$ 순열

Z^+ 양의 정수의 집합

a_n 점화식 또는 차분방정식의 일반해

$P^R(m, r) = {}_m\Pi_r$ 중복순열

$C^R(m, r) = {}_mH_r$ 중복조합

$a \equiv b \pmod{k}$ $a-b$는 k의 배수이다.

$\binom{n}{m}$는 n개 중에서 m개를 뽑는 조합

$< x >$ 를 x에 가장 가까운 정수

$a_n^{(h)}$를 동차방정식의 일반해

$a_n^{(p)}$를 비동차방정식의 하나의 해 (특수해)

B_n n –번째 Bell number

$\begin{bmatrix} n \\ m \end{bmatrix}$ 제1종 Stirling number

$\begin{Bmatrix} n \\ k \end{Bmatrix}$ 제2종 Stirling number

이산수학

2014년 3월 1일 제1판 1쇄 인쇄
2014년 3월 5일 제1판 1쇄 발행

저 자 ◎ **조 민 형**
발 행 자 ◎ **조 승 식**
발 행 처 ◎ (주) 도서출판 **북스힐**
서울시 강북구 한천로 153길 17
등 록 ◎ 제 22-457 호

(02) 994-0071(代)
(02) 994-0073
bookswin@unitel.co.kr
www.bookshill.com

값 16,000원

잘못된 책은 교환해 드립니다.

ISBN 987-89-5526-888-1